生态文明理论与实践研究

陈金清　主编

人民出版社

责任编辑:方国根

图书在版编目(CIP)数据

生态文明理论与实践研究/陈金清 主编. —北京:人民出版社,2016.8
ISBN 978－7－01－016020－7

Ⅰ.①生…　Ⅱ.①陈…　Ⅲ.①生态文明-研究　Ⅳ.①B824.5

中国版本图书馆 CIP 数据核字(2016)第 056299 号

生态文明理论与实践研究

SHENGTAI WENMING LILUN YU SHIJIAN YANJIU

陈金清　主编

人民出版社 出版发行

(100706　北京市东城区隆福寺街 99 号)

北京汇林印务有限公司印刷　新华书店经销

2016 年 8 月第 1 版　2016 年 8 月北京第 1 次印刷
开本:710 毫米×1000 毫米 1/16　印张:20.5
字数:314 千字

ISBN 978－7－01－016020－7　定价:55.00 元

邮购地址 100706　北京市东城区隆福寺街 99 号
人民东方图书销售中心　电话 (010)65250042　65289539

目　录

前　言···1

第一章　从工业文明走向生态文明···1

　　第一节　人类文明的演进历程···1

　　第二节　工业文明的主要特征及其引发的生态危机·······················10

　　第三节　人类生态意识的觉醒···24

　　第四节　工业文明向生态文明转变是历史的必然····························34

第二章　马克思恩格斯关于人与自然关系的生态思想·······················40

　　第一节　人与自然的有机统一···40

　　第二节　资本主义社会人与自然关系的对立····································52

　　第三节　实现人与自然和谐相处的生态理想····································65

　　第四节　马克思恩格斯关于人与自然关系生态思想的当代价值·········75

第三章　中国传统生态文化的现代阐释···87

　　第一节　儒家的"天人合一"思想··91

　　第二节　道家的"道法自然"思想···101

　　第三节　墨家的"兼相爱、交相利"思想······································111

　　第四节　佛教的"众生平等"思想···117

　　第五节　中国传统生态文化的独特价值与时代局限·······················123

第四章　西方生态理论评述··132

　　第一节　非人类中心主义··133

　　第二节　生态马克思主义··145

　　第三节　可持续发展理论 ……………………………………………157

　　第四节　生态现代化理论 ……………………………………………168

第五章　全球生态治理的主要经验及教训 …………………………………179

　　第一节　全球在生态治理上的共识 …………………………………179

　　第二节　全球在生态治理上的分歧 …………………………………188

　　第三节　全球生态治理的主要经验 …………………………………196

　　第四节　全球生态治理的主要教训 …………………………………211

第六章　中国生态文明建设的路径选择 ……………………………………221

　　第一节　生态文明建设的制度设计 …………………………………221

　　第二节　生态文明建设的价值取向 …………………………………242

　　第三节　生态文明建设的体制保障 …………………………………251

　　第四节　生态文明建设中的国际合作 ………………………………260

第七章　推进"生态文明"建设与构筑"美丽中国梦" ……………………271

　　第一节　"美丽中国梦"的生态内涵 ………………………………272

　　第二节　"美丽中国梦"是可持续发展之梦 ………………………279

　　第三节　实现"美丽中国梦"面临的挑战 …………………………290

　　第四节　构筑"美丽中国梦"的重要抓手 …………………………299

结　语 ……………………………………………………………………………309

主要参考文献 ……………………………………………………………………313

后　记 ……………………………………………………………………………319

前　言

　　"我们生活在一个变化得这样迅速和动荡的世界里，是人类有生以来千百万年所未曾见过的。今天自认为是事实的东西，明天可能会被证明是错觉。人们据以生活的许多真理，在一个新的参考系统中也许不得不承认是一种幻觉；虽然我们在使自己的神经系统适应不同的环境方面可能会感到困难，但是，现代的世界的确正在不断地改变旧的参考系统。"美国生态学者威廉·福格特在《生存之路》中表述的这段话非常契合我们当下保护生态环境、建设生态文明这个大系统工程的价值指向，句句珠玑，振聋发聩。无疑，生态文明作为人类文明进步与发展的更高级形态，秉持了人类社会原始文明、农业文明、工业文明的文明基因与历史血脉，贯穿于经济、政治、文化、社会建设的方方面面，从理性思维的角度看，实际上就是一个全新的参考系统。

一

　　一般而言，生态文明是人类为保护和建设美好生态环境而取得的物质成果、精神成果和制度成果的总和，它贯穿于经济建设、政治建设、文化建设和社会建设全过程，彰显了一个社会的文明进步状态和每一个社会个体的文明素质。党的十八大首次把"美丽中国"作为我国未来生态文明建设的宏伟目标，体现了深邃的大国情怀和对世界、对子孙后代负责的精神，是对中国传统文化生态智慧的继承与发扬，也极大地丰富了中国特色社会主义理论体系的时代内涵。在自然面前，我们人类无疑是渺小的，尽管我们多少次陶醉在征服自然的快乐里，但自然每一次都用严厉的惩罚回报了我们。在生态文明这个新的参考系统下，如果我们人类真能与自然环境非常协调地相互适应，从我们的衣食住行等生产生活细节入手，把生态文明建设切实融入到经济、政治、文化、社会建设的具体实践中，集腋成裘，聚沙成塔，在全社会形成共同的生态意识和行为规范，执行统一的生态保障制度和评价标准，才可能为我们人类经济社会的可持续发展创造条件。

　　生态文明不是大自然的附属品，而是千百年来人类社会生产力和社会专业化分工不断发展跃迁的产物。一方面，生态文明是现代工业文明高度发达阶段的价值指向，是一种崭新的文明形态，其产生和发展具有必然的历史演进轨迹，即人类原始文明——农耕文明——工业文明——生态文明，只有在工业文明高度发达的基础上才可能产生现代生态文明。另一方面，人是发展的主体，人不能凌驾于自然之上，人与自然包容兼济、和谐发展才是生态文明始终遵循的核心理念。生态文明价值观坚持"道法自然"和"人道相宜"主张，摒弃过度地向大自然无情索取的败德行为，以大自然生态圈整体运行规律的宏观视角来审视人类社会的发展问题，要求人们坚持"自然生态优先"原则，一切按自然生态规律办事。一句话，一切经济社会发展都要依托生态环境这个基础，从环境承载力的实际出发，尊重自然，爱护自然，积极改善和优化人与自然的关系，实现人类与自然协同发展。

二

　　把生态文明建设放在突出地位，融入经济建设、政治建设、文化建设、社会建设各方面和全过程，这不仅意味着在进行经济、政治、文化和社会建设的时候要注意保护生态环境，更意味着生态文明已经突破了传统的经济建设与自然环境关系的范畴，渗透到包括经济建设、政治建设、文化建设和社会建设的方方面面，从而使得生态文明建设的内涵更丰富，涉及面更广，技术路径更复杂。从整体上看，生态文明建设在"五位一体"发展总布局中具有重要战略地位，它不可能与经济建设、政治建设、文化建设和社会建设割裂开来，自立门户，而是与后者相辅相成，相得益彰。我们需要构建一个人与自然、人与人、人与社会和谐发展的社会主义现代化建设新模式，需要树立一个社会主义发展中大国的新形象。不论是改善人类生存的自然环境，实现生态文明与人的全面和谐发展，从而提高我们生活的幸福指数，还是从制度上确保生态文明建设的质量和效益，我们都必须以发展为第一要务，把"以人为本"、绿色发展、绿色消费和可持续发展等作为根本宗旨和价值取向，这对于始终坚持生态文明建设的正确方向，全面践行社会主义核心价值观有着非常重要的理论与实践意义。

我们加强和推进生态文明建设的出发点，是对传统的高投入、高消耗、高污染和低产出的经济发展方式的根本否定，是从构建新文明的战略高度来实现经济社会体制转型跨越、人与自然和谐发展的多维创新。这样的制度创新不是在作秀，更不是权宜之计，而是蕴含着深刻的政治、经济和文化哲理。就政治层面而言，生态文明建设已成为重大的政治任务，各级党委和政府必须明确自己的责任，踏石留印，守土有责，加强生态文明的执政和社会总动员，建立健全环境监管体制，提高环境监管能力，加大环保执法力度。正如李克强总理所言，环保执法部门也要敢于担当，工作不到位要问责。"执行环保法不是棉花棒，是杀手锏。"就经济层面而言，政府要进一步完善生态补偿机制和绿色国民经济核算体系，以发展循环经济、绿色经济为主线，倡导健康、绿色和节约的生产生活方式，寻求经济发展与生态环境保护的新的平衡，这样，既能最大限度地提高经济效益，又能保证生态系统的良性循环与恢复，真正走出一条科技含量高、经济效益好、生态效益好、人力资源得到充分发挥的经济发展道路。就文化层面而言，要以践行社会主义核心价值观为抓手，大力弘扬生态文化价值，政府主导，全民参与，大兴热爱自然、尊重自然之风，促进生态文明观念在全社会的牢固树立。

从道德的视角看，生态文明建设就是社会道德建设和个体道德操作的有机统一，是道德建设的崭新领域和具体实施。一方面，生态文明建设为道德拓展了更为广阔的空间，道德建设的顺利展开是生态文明建设的重要一环。另一方面，生态文明建设是人们的活动过程，需要从不同层面以各种规范对人们的行为加以约束。我们所要建设的是社会主义生态文明，这种文明形态重视人的主观能动性，包含了人与人、人与自然、人与社会和谐相处的道德素养，其指向是建立可持续的经济发展模式与绿色消费方式，其中当然也包括了我们每一个人的生态责任感。生态文明建设在夯实社会和我们个人道德基础的同时，也会潜移默化地强化这种生态责任感。在生态文明规约体系建设过程中，一般行为准则的尊重，个人职业操守和文明习惯的养成，绿色生产与绿色消费模式的构建，都是一个长期积累的过程，不可能一蹴而就，我们不能采取"一刀切"等简单化的方式方法，而是要区别不同情况，结合刚性规范和柔性规范的不同特点，采取宽猛相济、刚柔并举的方式，对生态文明建设进行全方位的制约监督，要看到人们的道德素养、责任感、认识觉悟水平及实践能力的差异，注意规约体系的层次性，把广泛性与先进性相结合，使各种规约相互照应、相互补充、相辅相成，发挥规约机制的合力作用。值得注意的是，我国传统生态文化的独特价值与时代局限并存，特别是儒家"天人合一"思想、道家"道法自然"思想、墨家"兼相爱、交相利"思想和佛教"众生平等"思想作为中国传统文化的重要组成部分，本身就包含着许多丰富的生态思想，它们与西方天人合一、人类中心主义、追求极端个体价值的观念截然不同，在总体上都主张天人和谐，认为人与天、人道与天道是可以相通的，体现了国际社会"资源、环境与可持续发展"的理论精神。从某种意义上说，一个社会生态文明理念的确立程度如何，一个社会生态文明建设的自觉性如何，标志着这个社会整体的文明程度和发展程度，我们完全可以从中国传统生态文化的智慧中探寻如何合理地配置资源的方式方法，倡导绿色消费，修复被污染的生态系统，实现人与自然的共存共荣。

三

　　人类只有一个地球，我们自己的生产生活方式对生态环境的任何改变及其影响都不是静止的、孤立的，有的在当下就会直接威胁人类的生态安全，破坏有序的自然生态系统；有的会潜移默化，恶化自然环境，颠覆我们子孙后代稳定的生态秩序。在这个意义上说，如何保护生态环境成为人类社会共同面临的最大挑战。生态文明是当今我们人类理性反思的共同产物，人类生产生活方式的调整、生活环境与质量的改善都依赖于生态系统的和谐运转，在科学技术和现代工业快速发展的今天，我们再也不可能陶醉在对大自然的征服里，绿色发展和可持续发展才是世界各国人民利益的最大汇合点。由于目前全球各国政治经济关系错综复杂，各国政府对生态治理的治理责任、治理内容、治理政策和治理手段仍未达成共识。其中，最突出的问题是各国都比较重视本国的生态治理，而对于他国的生态治理大多漠不关心，因而全球在生态治理问题上存在着许多分歧和矛盾。应该说，在大力推进生态文明建设的世界潮流面前，没有谁能成为看客。中国作为一个负责任的发展中大国，在区域环境合作中始终坚持"睦邻、安邻和富邻"政策，大力加强和推动与周边国家或相关地区的合作，参与区域合作机制化建设，在保护环境、建设生态文明的国际合作中，始终恪守共同但有区别的责任原则、公平原则、各自能力原则，深入推进国际环境公约的履约工作，为共同应对全球气候变化，共同推动人类环境与发展事业作出了积极贡献，成为世界环保领域的重要力量。我们要与国际社会携手应对气候变化、能源资源安全、粮食安全等全球性挑战；积极参与可持续发展全球治理行动，增强我国在可持续发展全球治理机制中的话语权，这些都有助于提高我国的环境保护和可持续发展能力。

站在生态文明建设的历史新高度，我们还要练好建设生态文明的"内功"，大力建设资源节约型、环境友好型社会，不断推进绿色发展、低碳发展、循环发展，促进人口、资源、环境与经济社会全面协调可持续发展。要把资源消耗、环境损害、生态效益纳入经济社会发展评价体系，建立体现生态文明要求的目标体系、考核办法、奖惩机制；通过一系列法律法规制度的完善，建立国土空间开发保护制度，完善最严格的耕地保护制度、水资源管理制度、环境保护制度；充分运用市场手段，深化资源性产品价格和税费改革，建立反映市场供求和资源稀缺程度、体现生态价值和代际补偿的资源有偿使用制度和生态补偿制度。这些制度的建立能够纠正在资源环境价格方面出现的错误市场信号，促进资源环境成本真正内部化，避免排污者将污染成本转嫁给社会。

　　"美丽中国"不是一句生动的口号，而是建设生态文明的实实在在的行动；它当然需要依靠我们的生态自觉行动来划定"底线"，更需要依靠政府的制度建设来打好"底色"。生态文明建设永远在路上！

第一章　从工业文明走向生态文明

第一节　人类文明的演进历程

文明是人类文化发展的成果，是人类改造世界的物质和精神成果的总和，是人类社会进步的标志。《周易》里说："见龙在田，天下文明。"唐代孔颖达注疏《尚书》时将"文明"解释为："经天纬地曰文，照临四方曰明。""经天纬地"意为改造自然，属物质文明；"照临四方"意为驱走愚昧，属精神文明。在西方语言体系中，"文明"一词来源于古希腊"城邦"的代称。①

自从人类社会发端以来，人类文明演进经历了漫长的历史过程。从原始文明、农业文明、工业文明到生态文明，每一次新文明的诞生都预示着文明形态的重塑与变更。

文明的实质是人类社会对人与自然关系的认识和行为，把握人类文明演进的关键在于揭示人类文明发展的机制，而揭示人类文明发展机制的要害是如何对待和处理人类与自然的关系。在人类思想史上，占支配地位的一直是"孤立的人类发展观"。20世纪下半叶，由于生态问题的凸显，人们开始在更广大更深远的背景下建立起"大发展观"。"大发展观"的根本特征是把人类的发展与自然的发展相统一，但要真正做到统一，就不能再把人类与自然看成两个相互脱离的事物，必须形成把二者内在结合起来的人类与自然相

---

① 参见黄琳：《人类文明演进与人地关系思想的演变》，成都理工大学硕士学位论文，2010年。

统一的"大自然观"。① 人类文明的发展，是一个由低级向高级演进的历史过程。总的来说，人类文明的演进经历了原始文明→农业文明→工业文明→生态文明的发展趋势。今天，我们正处在工业文明向生态文明的过渡时期。

一、原始文明阶段

人类的第一种文明形态是原始文明。原始文明是人类社会发展的最初阶段，它以石器的生产和使用为主要特征。人类处于原始文明的时间很久，从约300万年前人类诞生，到距今约1万年前，历时达数百万年之久。处于原始文明的人类，生产力水平很低，人口很少。其物质生产活动是直接利用自然物作为人的生活资料，对自然的开发和支配能力极其有限。经济生活以狩猎、采集、渔业为主，或者以简单的自然农业为主。它基本上依赖大自然而生，可以说原始文明是一种原生态的自然文明。

关于原始文明形态下的人与自然问题，许多学者都进行过相关的研究。基本观点是：人与自然的关系处于一种人依附、顺应自然基础上的原始平衡融合状态。原始文明时期，人类还没有改造自然的能力，只能匍匐于大自然的脚下。在原始文明时期，尽管人类已经作为具有自觉能动性的主体呈现在自然面前，但是由于缺乏强大的物质和精神手段，对自然的开发和支配能力都极其有限。他们不得不依赖自然界直接提供食物和其他简单的生活资料，同时也无法抵御各种盲目自然力的肆虐。他们经常忍受饥饿、疾病、寒冷和酷热的折磨，受到野兽的侵扰和危害。因此，在原始文明时期，人类把自然视为威力无比的主宰，视为某种神秘的超自然力的化身。他们匍匐在自然之神的脚下，通过各种原始宗教仪式对其表示顺从、敬畏，祈求它们的恩赐和庇护。马克思在谈到原始人类与自然的关系时指出，自然界起初是作为一种完全异己的、有无限威力的和不可制服的力量而与人类对立的，人们同它的关系完全像动物同它的关系一样，人们像牲畜一样服从它的权力。在这个时期，努力在自然界中求生存是唯一的追求、唯一的目标。人类在求生存的长期实践中深刻地体认到自然的强大和自己的渺小，从而发自内心地对自然产

---

① 参见韩民青：《文明的演进与新工业革命》，《光明日报》2002年4月11日。

生畏惧，从畏惧自然界中的山、水、树、狮、虎、鹰等有生命的和无生命的事物，到畏惧自然界中一切自己不能理解的现象如风、雨、雷、电等，进而在理念上认识到自然界中蕴藏着巨大的、人类不可抵抗的力量。于是，在人类的心目中形成了人类只有敬畏自然并遵从自然界的意志去行动才能得到生存的观念。

但是，原始文明时期，人与自然之间也存在着双向的、多维的互动关系，人与自然的关系不仅包含着人对自然的作用，也内在地包含着自然对人的影响。因此，原始文明形态下的人与自然关系，不仅存在着协调的方面，也包含着巨大的冲突。协调之处表现在：自然客观地为人类生存提供了基本条件，人类依靠自然提供的直接成果维持着基本的生存，人类活动没有对自然造成破坏。冲突之处主要表现在：自然虽然为人类的存在提供了空间，但是这种空间非常狭小。由于生产力水平的极端低下和人类认识水平的极其落后，人类只能依靠自然界提供的天然食物维持基本的生存。人与自然关系是原始文明状态下的主要关系，从人对自然的作用与影响来看，受人类认识自然和改造自然的能力所限，自然几乎不受人类活动影响。从自然对人的影响来看，自然不是人类平静的、融合的伙伴，而是庞大的、严厉的、危险的对立面；在人与自然的对立关系中，自然界处于一种非常重要的主导方面，而人类只是处于一种绝对被统治的地位和服从、被动的方面，人近乎自愿地敬畏与服从自然。

原始文明的本质，归根结底应该从其物质生产方式来确定。原始文明生产方式的基本特点就是对自然界野生动植物的采集和渔猎，原始文明最突出的特点就是对野生动植物的高度依赖。原始文明阶段，人类的生产活动还只是处在生命物质的最浅层，只是采集和渔猎自然界自身生长和存在的各种生物，离开自然界现成的各种动物和植物，人类就不可能生存。正是由于人类受制于大自然，所以，人类的祖先从非洲走向全世界经历了几百万年的时间，但其采集和渔猎的生存方式几乎一直没有发生根本转变。采猎的生活方式进一步影响到人们的社会组合、意识观念等方面，导致其变化也十分缓慢。原始文明的变化几乎是以万年、十万年甚至百万年为单位的，从较小的时段中几乎看不到任何变化。人类经历了几百万年原始文明的演进，战胜了大自然的众多挑战，摆脱了物种灭绝的危险，并且走向了全世界，走向了更高级的文明阶段。

二、农业文明阶段

人类的第二种文明形态是农业文明。农业文明是人类文明发展中的第二个阶段，其持续的时间大约从距今1万年前到公元18世纪第一次工业革命开始。大约在1万年以前，人类开始有意识地从事谷物栽培。他们开辟农田，驯化可食用的植物，标志着人类史上一个崭新的文明时代的开始。有了农耕，人类的食物才在很大程度上得到了保障，才使人类逐步结束了漂泊不定的游猎生活，建立了一座座村庄。在农业文明时期，传统农业是最主要和决定性的经济生产部门，社会结构则是建立在传统农业基础上的自给自足的自然经济模式。在自然经济的模式下，人们采用人力、畜力、手工工具、铁器等为主的手工劳动方式，靠世代积累下来的传统经验、以自然经济生产方式来发展生产。农业文明具有低效率、低产出、低污染等显著特点，曾经在人类文明的发展进程中发挥了极其重要的作用。实际上，即使是到了现代社会，农业依然是主要的经济生产部门之一，在人类的生产与生活中依然发挥着不可替代的作用。

从人与自然的关系来看，农业文明时期人类对自然有了初步的认识，人的主观能动性有了一定程度的发挥。总体而言，人与自然依然保持着较为和谐的关系，虽然这时候还是以自然界为主体，但人的能动因素相对增加，对于自然的活动已导致了自然的某些反应。例如，人类的发展造成了森林的减少，增加了山地的侵蚀速率，一定程度上加剧了水土流失，同时引进了外来物种而导致天然物种的消亡。人们在生产力提高的情况下，一方面改造着身边的自然环境为人类造福，另一方面也在破坏着自然环境。农业文明时代，人类和自然处于初级平衡的状态，物质生产活动基本上是利用和强化自然的过程，缺乏对自然实行根本性变革和改造的手段和能力，对自然的轻度开发没有像后来的工业社会那样造成极为巨大的生态改变和破坏。但由于这一时期社会生产力发展和科学技术进步比较缓慢，没有也不可能给人类带来高度的物质与精神文明和主体的真正解放。

　　与此同时，随着人们改造自然能力的提高，人们对自然的敬畏程度也有所降低，人对自然的看法和对人与自然关系的看法发生了变化。这时，人类虽然继续在习惯性地敬畏自然，但同时也出现了"天变不足畏"的声音，一方面倡导顺其自然，另一方面又相信趋利避害。另外，在人与人的关系上，尝到过分工合作甜头的人提倡合作，而尝到过弱肉强食甜头的人则把竞争说成是自然的法则。在几千年的农业文明时代中，人类的生存方式、主流价值观日趋明确和稳定，社会秩序也逐步被道德和法制固化，并且被奉为是天经地义的。这期间，科学技术得到了迅速发展，许多观念也逐步被异化。比如，维护社会秩序和积累财富，其原初目的和意义在于使所有人的生存都能更有序更高效，更有保障。而后来，积累财富成了生存的目的；维护秩序变成少数人控制、剥削多数人以聚敛财富的合法外衣。这种观念发展到极端，科学技术也不再是人类对养育了自己并受到自己敬畏的自然环境的了解和认识的活动，而成了人类为聚敛财富向自然界进行无度索取的工具和手段。

　　农业文明时期发生了农业革命。农业革命是指人类开始栽培农作物与饲养家畜的崭新的劳动实践活动，以及由此引起的在生产生活方式乃至整个社会制度、思想文化上所发生的一次巨大革命。在长期的实践中，人们逐步观察和熟悉了某些植物的生长规律，慢慢地懂得了如何栽培作物。世界各地的人民，在采集经济的基础上，积累经验，各自独立地发明了农业。农业革命的最主要成就在于从此建立起以土地资源开发为中心的种植业和畜牧业，使人类从游牧开始走上定居生活。就"农业革命"而言，它对人类历史产生的影响无疑是重大而深远的。农业革命不仅是社会文明与人类原始野蛮状态的最显著的历史分水岭，而且是人类文明赖以迅速成长的巨大驱动力。与原来粗陋的"采集经济"和"狩猎经济"中自发的生产生活方式不同，农业革命给人带来了较为精致的农业经济与畜牧经济，开始了自觉的生产生活方式。人类由过去的那种简单、被动的自然资源的索取者，逐渐转化为有头脑的、主动的自然资源的开发者、生产者，进而获得了稳定的生活来源。由此，人类的人口数量急剧增长，分布的区域空间不断扩展，相应的产品交换与社会分工也就必然要发生，村庄、城镇、城市的建立才成为可能。正是农业革命使得人类最终与动物界彻底分离，真正开始了文明历史的演进过程；

也正是农业革命的强大张力，为人类社会文明不断发展奠定了坚实的基础。从原始社会开始，经奴隶社会到封建社会这一漫长的整个前资本主义时期，整个人类的文明史实际上也是一部围绕着农业而发展交替的社会文明史，从而传统农业文明向近现代工业文明的演进更新，实际上也是以农业文明的发展变革为历史前提的。

　　总之，从总体上看，农业文明尚属于人类对自然认识和变革的幼稚阶段，所以，尽管农业文明在相当程度上保持了自然界的生态平衡，但这只是一种在落后的经济水平上的生态平衡，是和人类能动性发挥不足与对自然开发能力薄弱相联系的生态平衡，因而并不是人们应当赞美和追求的理想境界。但此时人类社会发展比较缓慢，对自然界尚未造成质的破坏，自然界能够在一定的时间范围内实现自我修复。因此，农业文明仍属于绿色文明，人类与自然的关系仍是协调的。

三、工业文明时代

　　工业文明是指近代以来，以机械化、电气化、自动化、信息化为标志的工业生产所带来的人类文明。工业文明是人类文明形态的第三个阶段，它是以工业化为重要标志、机械化大生产占主导地位的一种现代社会文明形态。其主要特点大致表现为工业化、城市化、法制化与民主化、社会阶层流动性增强、教育普及、信息传递加速、非农业人口比例大幅度增长、经济持续增长等。这些特征也可视作推动传统农耕文明向工业文明转轨的重要因素。迄今为止，工业文明是最富活力和创造性的文明。工业文明以英国的第一次工业革命为起点，至今只有300多年的历史，但却使人类社会发生前所未有的变化。工业文明历经了三次工业革命的浪潮：第一次工业革命开始于18世纪60年代，从英国的纺织业开始，以蒸汽机的发明和应用为标志；第二次工业革命开始于19世纪70年代，以电力和内燃技术的发展为标志，革命的中心从英国转向美国和德国，工业重心由轻纺工业转为重工业；20世纪中叶以后，第三次工业革命的浪潮席卷全球。这次工业革命起源于美国，以原子能、电子计算机和空间技术的发明与应用为主要标志，以信息技术为主导，涉及新能源技术、新材料技术、生物技术、空间技术和海洋技术等诸多领域。

工业革命极大地促进了生产力的迅速发展，创造出了此前无法比拟的物质财富；工业革命广泛地推动了机器工厂的建立，排挤和取代了以前的家庭手工作坊和手工工场，促使资本主义生产从手工业工场过渡到机器大工业大工厂；工业革命使资本主义制度建立在强大的物质技术基础之上，从而最终战胜了封建制度而居于统治地位；工业革命加速了工业资产阶级和工业无产阶级的形成和发展，使它们成为资本主义社会最主要的两大对立阶级，社会面貌从此发生了根本性的改变，工业革命使欧美国家实力猛增，发展大大加速，从此西方拉大了与东方的差距。就人与自然的关系而言，工业文明造就了人类征服自然、改造自然的巨大社会生产力，把人类社会从农业时代推进到工业化时代，促进了人类社会的进步与发展。蒸汽机的发明让货轮和火车等交通工具迅速出现并为人类服务；电的发明，使电灯、电话等电器被广泛应用到人类生活当中。

工业文明立足于人类的创造力和人类自身的生存需求，以人类征服自然为基本的价值取向。正是在这种人定胜天的价值取向驱动之下，工业化以前所未有的速度为人类社会创造了大量的物质财富。自然界不再具有以往的神秘和威力，自然对人无论施展和动用怎样的力量——寒冷、凶猛的野兽、火灾、水患，人总是会找到对付这些力量的手段。人类再也无需像中世纪那样借助上帝的权威来维持自己对自然的关系。随着科学探索活动中分析和实验方法的兴起，人类开始对自然进行"审讯"与"拷问"，对自然的超限度开发又造成深刻的环境危机。在人类中心主义的支配下，人们认为，大自然是上帝赋予人类的，人类是地球的主人。人们一方面认为自然资源是取之不尽、用之不竭的，于是毫无节制地向自然界大量索取；另一方面，人类又把自然界当作天然垃圾场，任意向环境排放废弃物，破坏自然环境，自然界成为人类发展的牺牲品。如果说在原始文明时代人是自然之神的奴隶，在农业文明时代人是在自然之神支配下的自然的主人，那么在工业文明时代，人类仿佛觉得自己已经成为征服和驾驭自然的"神"。从人类诞生到今天，在300多万年的时间中，人对自然过度索取的历史实际上是很短的，人类对自然真正构成威胁只是工业革命发生以后的事情，而工业革命距今不过300来年的时间。这 300 年，是人类科学技术突飞猛进的 300 年，也是人类对大自然索取最多的 300 年。卢梭曾对使工业文明过分膨胀的工具理性侵蚀了人的道德理性、破坏了人与自然和谐的可能性和危害性发出警告，马克思、恩格斯也对资本主义工业文明所导致的人与人、人与自然的异化现象作出过深刻的反思。恩格斯在《自然辩证法》中说，我们不要过分陶醉于我们对自然界的胜利。对于每一次这样的胜利，自然界都报复了我们。每一次胜利，在第一步确实都取得了我们预期的结果，但是在第二步和第三步都有了完全不同的、出乎意料的影响，常常把第一个结果又取消了。并且指出：要实行人与自然关系的协调，仅仅认识是不够的，还需要对我们迄今为止存在过的生产方式以及和这种生产方式联系在一起的整个社会制度实行完全的变革。毫不夸张地说，人类在最近 100 年中的生产的经济总量，远远超过了全部人类历史所创造的经济总量，但人类对自然破坏的程度，也超过了以往的人类文明历史对自然破坏程度的总和。

四、生态文明时代

生态文明是指人类遵循人、自然、社会和谐发展这一客观规律而取得的物质与精神成果的总和；是以尊重和维护生态环境为主旨，以未来人类的继续发展为着眼点的一种社会进步状态。这种人类文明观强调人的自觉与自律，强调人与自然、人与生态的一种全球性共生共荣，是人类文明的崭新形态。生态文明是人类文明发展的一个新的阶段，即工业文明之后的文明形态。从人与自然和谐的角度，结合我国的情况，吸收党的十八大报告中关于生态文明的阐述，我们认为，生态文明是人类为保护和建设美好生态环境而取得的物质成果、精神成果和制度成果的总和，是贯穿于经济建设、政治建设、文化建设、社会建设全过程和各方面的系统工程，反映了一个社会的文明进步状态。

生态文明强调人的自觉与自律，强调人与自然环境的相互依存、相互促进、共处共融。这种文明同以往的农业文明、工业文明具有相同点，那就是它们都主张在改造自然的过程中发展物质生产力，不断提高人的物质生活水平。但它们之间也有着明显的不同点，即生态文明突出生态的重要性，强调尊重和保护环境，强调人类在改造自然的同时必须尊重和爱护自然，而不能随心所欲、盲目蛮干、为所欲为。很显然，生态文明同物质文明与精神文明既有联系又有区别。说它们有联系，是因为生态文明既包含物质文明的内容，又包含精神文明的内容：生态文明并不是要求人们消极地对待自然，在自然面前无所作为，而是在把握自然规律的基础上积极地能动地利用自然、改造自然，使之更好地为人类服务，在这一点上，它是与物质文明相一致的。而生态文明所要求的人类要尊重和爱护自然，将人类的生活建设得更加美好；人类要自觉、自律，树立生态观念，约束自己的行动，在这一点上，它又是与精神文明相一致的，毋宁说它本身就是精神文明的重要组成部分。说它们有区别，则是指生态文明的内容无论是物质文明还是精神文明都不能完全包容，也就是说，生态文明具有相对的独立性。因为在生产力水平很低或比较低的情况下，人类对物质生活的追求总是占第一位的，所谓"物质中心主义"的观念也是很自然的。然而，随着生产力的巨大发展，人类物质生活水平的提高，特别是工业文明造成的环境污染、资源破坏、沙漠化、"城市病"等全球性问题的产生和发展，人类越来越深刻地认识到，发展生产力是必要的，但不能破坏生态，人类不能一味地向自然索取，而必须保护生态平衡。

自 20 世纪 50 年代以来，随着各种全球性问题的加剧以及"能源危机"的冲击，在世界范围内开始了关于"增长的极限"的讨论，各种环保运动逐渐兴起。正是在这种情况下，1972 年 6 月，联合国在斯德哥尔摩召开了有史以来第一次"人类与环境会议"，讨论并通过了著名的《人类环境宣言》，从而揭开了全人类共同保护环境的序幕，也意味着环保运动由群众性活动上升为政府行为。伴随着人们对一系列全球性环境问题达成共识，可持续发展的思想也随之形成。1983 年 11 月，联合国成立了世界环境与发展委员会，1987 年该委员会在其长篇报告《我们共同的未来》中，正式提出了可持续发展的模式。1992 年联合国环境与发展大会通过的《21 世纪议程》，更是高度凝结了人们对可持续发展的认识。由此可知，生态文明的提出，是人们对可持续发展问题认识深化的必然结果。严酷的现实告诉我们，人与自然都是生态系统中不可或缺的重要组成部分，人与自然不存在统治与被统治、征服与被征服的关系，而是存在相互依存、和谐共处、共同促进的关系。人类的发展应该是人与社会、人与环境、当代人与后代人的协调发展。人类的发展不仅要讲究代内公平，而且还要讲究代际公平，亦即不能以当代人的利益为中心，甚至为了当代人的利益而不惜牺牲后代人的利益，而是必须讲究生态文明，牢固树立可持续发展的生态文明观和科学发展观。

从前面的阐述中，我们可以知道，文明是对社会的存在形态和其主流价值观的整体表述，不同的文明代表着社会的不同存在形态和不同的主流价值观。同时我们也知道，社会是以秩序为根本标志的，所以，从认识社会秩序的演化与改变入手，可以真正认识到人类文明的演变与更替。从整体论的视角看，自然、人和社会构成一个三元互动的整体，即环境—社会系统。这个系统处于不停的运动、变化之中，其原动力来自于人类对更加健康、幸福和安宁生存的本能追求。在这一追求的驱动下，社会用它已有的秩序去处理人与自然的关系和人与人的关系，从而使环境—社会系统运动起来，而运动的结果当然是自然、人与社会都会发生变化。

第二节　工业文明的主要特征及其引发的生态危机

工业文明是指近代以来，以机械化、电气化、自动化、信息化为标志的工业生产所带来的人类文明。工业文明是人类文明形态的第三个阶段，它是以工业化为重要标志、机械化大生产占主导地位的一种现代社会文明状态。其主要特点大致表现为工业化、城市化、法制化与民主化、社会阶层流动性增强、教育普及、消息传递加速、非农业人口比例大幅度增长、经济持续增长等。

一、工业文明演进的轨迹

工业文明以英国的第一次工业革命为起点，迄今为止已有300多年的历史，历经了三次革命的浪潮。第一次工业革命开始于18世纪60年代，从英国的纺织业开始，以蒸汽机的发明与应用为标志。蒸汽机的广泛使用，使人类实现了有史以来的第一次能动地、大规模地改造自然的活动。在工业革命的推动下，英国的生产力有了惊人的发展，工业化程度迅速提高。第一次工业革命既改变了生产技术和劳动工具，也改变了产业结构。第一次工业革命宣告了工业文明时代的到来，从此，西方从农业文明时代进入一个崭新的工业文明时代。第二次工业革命开始于 19 世纪 70 年代，以电力和内燃技术的发展为标志，革命的中心从英国转向美国和德国，工业重心由轻纺工业转为重工业。从此，电能取代了蒸汽动力，世界由"蒸汽时代"进入"电气时代"。由于发电机、电动机的相继发明，远距离输电技术的出现，电气工业迅速发展起来，电力在生产和生活中也得到了广泛的应用。在这一阶段，汽轮机和内燃机技术沿着第一次工业革命的热机技术发展，电气技术则得益于新兴的电磁理论科学。因此，它是第一次工业革命的延伸和继承发展。20世纪中叶以后，第三次工业革命的浪潮席卷全球。这次工业革命起源于美国，以原子能、电子计算机和空间技术的发明与应用为主要标志，以信息技术为主导，涉及新能源技术、新材料技术、生物技术、空间技术和海洋技术等诸多领域。在这次工业革命中，人们开始利用过去从来不曾利用过的天然乃至人造材料，如轻金属、新合金和塑料等合成品；利用了以前不可想象的新能源，如核能、太阳能等。随着以电子计算机为代表的信息技术的发展，在机械化的基础上产生了全自动化生产，并推广至办公自动化和家庭自动化。因此，就其规模、深度和影响来说，这次工业革命远远超过了前两次工业革命。电子计算机的出现拓展了人的脑力，科学全面进入思维领域，自动控制进入新阶段。各种新材料科学技术、新能源科学技术的出现将工业文明推向了顶峰。它不仅极大地推动了人类社会经济、政治、文化等领域的变革，而且也影响了人类生活方式和思维方式，从而使人类社会生活和人的现代化向更高境界发展。

二、工业文明的主要特征[①]

第一，人类生产力水平极大地提高，使人类文明实现了飞跃。通过三

---

① 参见李锐锋、彭慧芳：《生态文明与工业文明的比较研究》，《南京林业大学学报》2012 年第 9 期。

次工业革命，人类的生产力水平提高到前所未有的程度，极大地提升了人类改造自然的能力，创造了空前的物质和精神财富。工业文明从产生到现在，虽然只有短短的 300 年，却奇迹般地改变了世界，这种改变是人类有史以来的几百万年间所创造的文明总和都不能相比的。正如《共产党宣言》所指出的，自然力的征服，机器的采用，化学在工业和农业中的应用，轮船的行驶，铁路的通行，电报的使用，整个大陆的开垦，河川的通航，仿佛用法术从地下呼唤出来了大量人口，过去哪一个世纪会料想到在社会劳动里蕴含有这样的生产力呢？工业文明实实在在创造了人类前所未有的新成就、新文明。工业文明的这种"法术"，在第二次世界大战后得到了进一步施展。第二次世界大战后，由于战后重建家园的强烈愿望，世界一味追求经济的快速增长，出现了一股从未有过的以工业化为主要内容的增长热。在这个时期，烟囱产业曾被作为"朝阳工业"而备受推崇，其结果使一个受战争创伤的世界，在短短的几十年里被推向了一个崭新的工业化时代。人们从这一时代中可以找到许多成功和希望的迹象：婴儿死亡率在下降、人均寿命在延长、医疗保健水平在提高，等等。即使是今天，我们也无时无刻不在享受着这种工业文明的成果，离开了它，我们也许会无所适从。工业文明时代的三次工业革命带来了生产力的高度发达，但三次工业革命对环境的冲击愈来愈超越了地球自净能力的极限。伴随着每一次科技迅猛发展浪潮而来的是对环境较前一次革命程度更为猛烈、范围更为广阔的冲击。工业文明在带来经济突飞猛进发展的同时，也带来了 20 世纪的"十大环境污染事件"，带来了全球变暖、臭氧层破坏、酸雨、淡水资源危机、资源、能源短缺等环境问题，引发了严重的生态危机。

第二，工业文明追求单纯的经济发展观。不同的文明形态有着不同的发展观，而有什么样的发展观，就会有什么样的发展道路、发展模式和发展战略，就会对发展实践产生根本性的影响。工业文明极大地提高了人类生产力水平，实现了经济的迅猛发展，但工业文明的经济发展观单纯追求经济的增长。工业文明的发展观是一种典型的拜物式的生态缺位的发展观，它所追求的是单一的"发展＝经济增长"的模式，忽略经济发展与社会发展的相互协调，把发展单纯归结为物质财富的积累。长期以来，在这种把发展问题视为经济问题，把资源、环境问题视为经济发展的外生变量的发展模式支配下，人们在对自然的认识和实践上都陷入了一种误区。在认识上，人们一方面几乎不考虑环境的承载能力，不考虑资源的再生能力和自净能力，而是把自然视为蕴藏着"取之不尽，用之不竭"资源的宝库，专门供人类无偿地"单向性"索取和"掠夺式"开采；另一方面又把自然界当作随意排放废弃物的垃圾场，以为它有着无限的修复力、承载力和透支能力。在实践上，在整个工业化的发展过程中，人们所追求的，只是如何发展得更快，而并不关心诸如"为了什么发展"和"怎样的发展才是好的发展"这样的目的论、价值论问题。特别是到了后工业文明时期，随着人的主体意识的片面张扬以及科技水平的提高，人类不断加强对自然的支配和控制能力，不断把自然作为人类征服和主宰的对象，由此，人与自然的关系发生了质的变化，改造自然的力量逐渐被异化为控制和破坏自然的力量。这是一种生态缺位的经济发展观。在这种发展观指导下，为了实现经济指标的快速增长，对地球资源进行掠夺性的开采利用，无所顾忌地排放污染物，丝毫不顾及环境资源的承受能力，结果不仅造成了严重的生态危机，也使人类陷入生存和发展危机之中。许多地方出现了这样的怪圈：生活水平提高了，身体素质下降了；经济指标上升了，环境污染严重了；经济建设发展了，生态资源破坏了……最终导致"有增长而无发展"的局面。对此，美国在1991年的《国家安全战略报告》中指出："我们不能无视在错误指导下的经济增长，这会使我们的自然环境付出代价。一个健全的经济和一个健全的环境是紧密联系在一起的。"

第三，工业文明否定自然界的内在价值。所谓自然界的内在价值，是指自然自己赋予自己或自己派给自己的能满足自身存在和发展的价值，亦即事物自在的和自为的价值。价值观对人的行为动机有导向的作用，人类对自然价值的不同态度，直接影响着人类对自然地位和作用的看法以及在实践中对待自然的行为。自然界的内在价值就是非工具性价值，就是不是作为对人和其他生命的有用性或作为他物的手段或工具而存在的价值。存在就是为了"它自身的生存和发展……为了生存这一目的，它要求在生态反馈系统中，维持或趋向于一种特定的稳定状态，以保持系统内部和外部环境的适应、和谐与协调的价值"①。人对自然价值的看法不同，决定了自然在人心目中的地位以及与之相应的对待自然的手段和方法不同。工业文明的价值观从"经济的视角"来看待自然的价值，认为自然界的价值就在于它们的存在是否对人类有利，能否为人类所用，以及在多大程度上能满足人类的需要，因而只具有效用价值、工具价值而不具有内在价值。在这种意义上自然界只不过是为人类免费提供所需的资源库和垃圾处理场，一种为我所有、为我所用之物，至于自然万物本身的存在及其运行规律是不需要考虑的。这就为人类无节制地开采和滥用自然资源的行为提供了"价值合理性"支撑。于是，人类就借助现代科学技术对自然界进行榨取式的开发利用，无所顾忌地排放废弃物，而不管自然界能否承受得起。正如罗尔斯顿所说："我们现代人在开发利用自然方面变得越来越有能耐，但对大自然自身的价值和意义却越来越麻木无知……在一个价值仅仅显现为人的需要的世界中，人们很难发现这个世界本身的意义；当我们完全以一种彻头彻尾的工具主义态度看待人工产品或自然资源时，我们也很难把意义赋予世界。"② 事实上，长期以来，这种价值观念支配着人的实践取向，使得人类对自然的改造和征服的过程，逐渐演变成了人类对自己文明的根基——自然的破坏和掠夺的过程，最终不可避免地造成生态环境的日趋恶化。

第四，工业文明对待自然秉持征服型技术观。所谓技术观是对技术的根本观点和看法，包括对技术本质、特征及其在社会中的地位和作用的认识等。技术观受发展观、自然观和价值观的支配，有什么样的发展观、自然观和价值观，就有什么样的技术观，从而就会有什么样的对自然的作用方式，也就会产生什么样的环境影响。在工业文明的经济发展观看来，技术纯属经济领域的活动，活动的唯一目的就是最大限度地谋取经济利益，追求产值利润的最大化，至于对生态的破坏、环境的污染，压根就不需要考虑。这是形成征服型技术观的政治基础；而把人与自然的关系对立起来的工业文明自然观和否定自然界内在价值、认为自然界是为人而存在的工业文明价值观则是

---

① 余谋昌：《生态哲学》，陕西人民出版社 2000 年版，第 79 页。

② ［美］霍尔姆斯·罗尔斯顿：《环境伦理学》，杨通进译，中国社会科学出版社 2000 年版，第 254 页。

形成征服型技术观的认识基础，正是这诸多因素的共同作用催生了征服型技术观。征服型技术观认为技术是人类用来操纵、征服和统治自然的工具，只要凭借先进的技术手段，人类就可以在自然界面前为所欲为，肆无忌惮地去征服、主宰、奴役自然，疯狂地掠夺资源能源，肆意地干预自然进程，挑战自然规律。按照海德格尔的说法，技术是"一种解蔽方式"，这种解蔽方式的根本特征是"强求"、"促逼"和"限定"。"限定"自然界按照人的要求改变自身的形态和进程，"促逼"自然界中原本不可能发生的状况通过技术手段展现出来，"强求"自然界无条件地满足人类各种正当和不正当的需求，根本不考虑自然界的承受能力，结果造成了严重的生态失衡和环境危机。生态危机的产生与征服型技术的滥用直接相关，人类文明的转型需要一种新的技术观做支撑，这就是生态文明的协调型技术观。

三、工业文明引发的严重生态危机

毋庸讳言，工业文明较农业文明有着显著的进步，工业文明虽然只有300多年的历史，但都极大地提高了社会生产力。然而，这绝不意味着工业文明是十全十美的，由于工业文明的主要特征所包含的内在缺陷，在最近五六十年里，工业文明已经陷入了严重的危机之中。危机首先在发达国家爆发：1930年，比利时有毒烟雾事件在一周内致死60余人；1943年，美国洛杉矶爆发的光化学烟雾事件造成400多人死亡；1948年，美国宾州多诺拉烟雾事件造成5911人暴病，17人死亡；1952年，英国伦敦毒雾事件造成12000多人死亡；1956年，日本工业废水污染造成死亡人数达2000多人；1955年，日本富山县重金属镉污染导致207人死亡；1955年，日本四日市石化企业的废气污染导致近万人深受哮喘病的折磨；1968年，日本九州市爱知县因工厂生产的米糠油混入多氯联苯导致酿成1万多人中毒的严重污染事件。以上这些震惊世界的由于环境污染所导致的生态灾难事件，给人类带来了历史上从未有过的新的疾病和灾难，从而使人们第一次认识到环境污染原来可以在短期内造成大量人员伤亡和财富损失。与此同时，随着工业文明的深入发展，生态危机逐渐在全球爆发：土地、生物、矿产、森林、能源等资源日趋衰竭；大气、水质、土壤等人类生产与生活环境因遭受严重污染而日益恶化；人口过度增长，形成"人口爆炸"；都市过度膨胀，生活环境质量低劣，以空气污染、交通拥堵为特征的"大城市病"愈演愈烈；在物质财富总量增加的同时，社会贫困日益加剧，大量人口生活于贫穷与饥饿之中；人类整体生活素质不断下降；气候恶化，灾害频繁，地球四大圈失去稳定；人类对自然的破坏力不断增长，人类生活于核战争使地球毁灭于一旦的阴影之中……1798年，英国经济学家马尔萨斯就警告人口指数增长的潜在性危险，他指出：如果人口不加以抑制，人口对食物需求的总量将超越一个国家或世界食物生产的能力。这一观点虽遭到当时人们的普遍反对，但仍有一些同情者。19世纪末，美国学者乔治·马奇指责人类活动产生的环境恶化，他警告说：地球的"毁灭"与物种的消亡将是人类对自然"犯罪"的结果。第二次世界大战后，哈里森·布朗发表了《人类未来的挑战》一书。他指出，由于自身的不稳固以及不节制的资源开发，世界终将随着工业文明的衰亡而大受创伤。唯一可能的解决办法是通过有权威的政府严格限制个人的自由，通过认真的计划而制约工业文明的成长，从而建立起新的社会整合机制。关于当代工业文明不稳定性的最权威研究成果，也许就是1972年发表的《增长的极限》。该研究基于这样一种假设，即人口、农业生产、资源耗竭、工业生产、污染等方面的问题是相互关联的。由于基本环境的制约，工业文明体系将在公元2100年崩毁。按照这一研究，维持工业文明稳定的唯一可行的办法，是尽快稳定人口与工业生产。20世纪70年代以来，工业文明的各种危机日益加深。这在客观上促进了现代环境科学与生态科学的发展，促进了人们运用生态学理论和观点对工业文明的危机进行深层次的反思。人们开始认识到，工业文明的危机虽然具有各种各样的表现形式，但是，归根结底，它们都是生态危机：资源衰竭是人类滥用自然资源的结果；环境污染是人类向生态环境中肆意排放废水、废气、废渣的结果；人口过剩是人口增长与资源、环境不相适应的结果；能源短缺是人类过度开发环境中的矿物燃料的结果；城市环境恶化是城市发展、城市结构、城市功能与环境不相适应的结果；贫穷与饥饿也部分地起因于人口增长、经济发展与环境、资源的不协调。总之，人口、资源、环境的不平衡是现代工业文明危机的症结所在，它在本质上决定了工业文明的衰败趋势。[①]

工业文明引发的生态危机，主要表现在下面几个方面：

全球变暖。近 30 年来，气候变化从普通科学问题变成全球政治议程的核心议题，全球变暖的严重后果也引起科学界和国际社会的高度重视。全球变暖是指全球气温升高。近 100 多年来，全球平均气温经历了冷—暖—冷—暖两次波动，从整体上看为上升趋势。20 世纪 80 年代以后，全球气温上升明显。1981—1990 年，全球平均气温比 100 年前上升了 0.48℃。导致全球变暖的主要原因是人类在近一个世纪以来大量使用矿物燃料（如煤炭、石油等），排放出大量的二氧化碳等多种温室气体。由于这些温室气体对来自太阳辐射的短波具有高度的透过性，而对地球反射出来的长波辐射具有高度的吸收性，也就是常说的"温室效应"，导致全球气候变暖。全球变暖会使全球降水量重新分配，冰川和冻土消融，海平面上升等，既危害自然生态系统的平衡，更威胁人类的食物供应和居住环境。从自然角度看，气候变化导致了干旱、海平面上升、飓风灾害以及极端气候增多等一系列挑战，将对自然生态系统和物种分布造成严重威胁。由于气候变化，很多生态系统正处于不断退化之中，功能也在不断丧失。如果全球平均温度比 1980—1999 年上升 1.5℃—2.5℃，则全球 20%—30% 的动植物物种的灭绝风险将增加。非洲热带雨林存在着消失的风险，太平洋岛国也面临海平面上升的严重威胁。从社会角度看，气候变化会带来严重的经济、社会和政治后果。以经济为例，温度升高和降雨量减少将导致经济增长速度放缓，平均气温升高 4℃ 将导致 1%—5% 的 GDP 损失，局部地区将更严重。有学者甚至估计 GDP 损失将达到 5%—15% 之多。联合国难民署公布的一份报告显示，气候变化已经造成了"气候移民"的出现，生态系统的破坏导致长期移民，自然灾害则产生大量短期移民，而气候变化也造成越来越多的人被迫进行季节性迁徙。如果不迅速采取行动，2050 年，干旱、飓风和洪水等自然灾害可能导致全球 2 亿人逃离家园。

臭氧层破坏。臭氧层破坏是当前全球面临的环境问题之一，自 20 世纪

---

① 　参见申曙光：《工业文明危机的生态反思》，《道德与文明》1994 年第 5 期。

70 年代以来就开始受到世界各国的关注。从 1995 年起，每年的 9 月 16 日被定为"国际保护臭氧层日"。在地球大气层近地面 20—30 公里的平流层里存在着一个臭氧层，其中臭氧含量占这一高度气体总量的十万分之一。臭氧含量虽然极微，却具有强烈的吸收紫外线的功能，因此，它能挡住太阳紫外线辐射对地球生物的伤害，保护地球上的一切生命。然而，人类生产和生活所排放出的一些污染物，如冰箱、空调等设备制冷剂的氟氯烃类化合物以及其他用途的氟溴烃等类化合物，它们受到紫外线的照射后可被激化，形成活性很强的原子与臭氧层的臭氧发生作用，使其变成氧分子，这种作用连锁般地发生，臭氧迅速被耗减，使臭氧层遭到破坏。南极的臭氧层空洞，就是臭氧层被破坏的一个最显著的标志。到 1994 年，南极上空的臭氧层破坏面积已达 2400 万平方公里。南极上空的臭氧层是在 20 亿年的时间中形成的，可是在一个世纪里就被破坏了 60%。北半球上空的臭氧层也比以往任何时候都要稀薄，欧洲和北美上空的臭氧层平均减少了 10%—15%，西伯利亚上空甚至减少了 35%。因此科学家警告说，地球上空臭氧层遭破坏的程度远比一般人想象的要严重得多。臭氧层耗损对人类健康及其生存环境的主要危害是：大量的紫外线直接辐射地面，导致人类皮肤癌、白内障发病率增高，并抑制人体免疫系统功能；农作物受害减产，影响粮食生产和食品供应；破坏海洋生态系统的食物链，导致生态平衡破坏。一位美国的环境科学家曾预测：人类如果不采取措施，到 2075 年，全世界将有 1.5 亿人患皮肤癌，其中有 300 多万人死亡；将有 1800 多万人患白内障；农作物将减产 7.5%；水产品将减产 25%；材料损失将达 47 亿美元；光化学烟雾的发生率将增加 30%。[①]

　　酸雨。酸雨正式的名称是酸性沉降，它可分为"湿沉降"与"干沉降"两大类，前者指的是所有气状污染物或粒状污染物，随着雨、雪、雾或霾等降水形态而落到地面，后者则是指在不下雨的日子，从空中降下来的落尘所带的酸性物质。酸雨是由于空气中二氧化硫和氮氧化物等酸性污染物引起的 pH 值小于 5.6 的酸性降水。酸雨是工业高度发展而出现的副产品，由于人类大量使用煤炭、石油、天然气等化石燃料，燃烧后产生的硫氧化物或

---

① 参见问樵：《从"科学课题"到"道德问题"》，《光明日报》2010 年 9 月 13 日。

氮氧化物，在大气中经过复杂的化学反应，形成硫酸或硝酸气溶胶，或为云、雨、雪、雾捕捉吸收，降到地面成为酸雨。如果形成酸性物质时没有云雨，则酸性物质会以重力沉降等形式逐渐降落在地面上，这叫作干性沉降，以区别于酸雨、酸雪等湿性沉降。干性沉降物在地面遇水时复合成酸，酸云和酸雾中的酸性由于没有得到直径大得多的雨滴的稀释，因此它们的酸性要比酸雨强得多。高山区由于经常有云雾缭绕，因此酸雨区的高山上森林受害最重，常成片死亡。受酸雨危害的地区，出现了土壤和湖泊酸化，植被和生态系统遭受破坏，建筑材料、金属结构和文物被腐蚀等一系列严重的环境问题。酸雨在20世纪五六十年代最早出现于北欧及中欧，当时北欧的酸雨是欧洲中部工业酸性废气迁移所致。20世纪70年代以来，许多工业化国家采取各种措施防治城市和工业的大气污染，其中一个重要的措施是增加烟囱的高度，这一措施虽然有效地改变了排放地区的大气环境质量，但大气污染物远距离迁移的问题却更加严重，污染物越过国界进入邻国，甚至飘浮很远的距离，形成了更广泛的跨国酸雨。此外，全世界使用矿物燃料的量有增无减，也使得受酸雨危害的地区进一步扩大。全球受酸雨危害严重的有欧洲、北美及东亚地区。我国在80年代，酸雨主要发生在西南地区，到90年代中期，已发展到长江以南、青藏高原以东及四川盆地的广大地区。

淡水资源危机和海水恶化。地球表面虽然2/3被水覆盖，但是97%为无法饮用的海水，只有不到3%是淡水，其中又有2%封存于极地冰川之中。在仅有的1%的淡水中，25%为工业用水，70%为农业用水，只有很少的一部分可供饮用和满足其他生活需要。然而，在这样一个缺水的世界里，水却被大量滥用、浪费和污染。加之区域分布不均匀，致使世界上缺水现象十分普遍，全球淡水危机日趋严重。科学家认为，每人每年供水量不足1000立方米的国家，被视为缺水国。按此标准，目前世界上100多个国家和地区缺水，其中28个国家被列为严重缺水的国家和地区。由于人口增加和发展的需要，地球上热带和亚热带地区，特别是干旱、半干旱地区，正面临着缺水的危机。到2050年，亚洲和非洲每人每年的供水量将从1980年的9000立方米和5100立方米降至2250立方米和2700立方米；到21世纪末，将降为1600立方米和2600立方米。预计再过20—30年，严重缺水的国家和地区将达 46—52 个，缺水人口将达 28—33 亿人。我国广大的北方和沿海地区水资源严重不足，据统计我国北方缺水区总面积达 58 万平方公里。全国 600 多座城市中，有 300 多座城市缺水，每年缺水量达 58 亿立方米，这些缺水城市主要分布在华北、沿海地区，集中于省会城市、工业型城市。世界上任何一种生物都离不开水，人们贴切地把水比喻成生命的源泉。然而，随着地球上人口的激增，生产的迅速发展，水已经变得比以往任何时候都要珍贵。一些河流和湖泊的枯竭，地下水的耗尽和湿地的消失，不仅给人类生存带来严重威胁，而且许多生物也正随着人类生产和生活造成的河流改道、湿地干化和生态环境恶化而灭绝。不少大河如美国的科罗拉多河、中国的黄河都已雄风不再，昔日"奔流到海不复回"的壮丽景象已成为历史的记忆了。

不仅仅是淡水资源严重不足，海洋资源也在工业化的冲击下日趋恶化。有人说，海洋成了人类的垃圾桶。陆地上未经处理或处理不充分的工业废水和生活污水排入海洋，向海洋中倾倒生活垃圾、危险垃圾、有毒化学品等，造成海洋污染。据统计，每年排入海洋中的液体和固体废弃物达 6.5 亿吨。另外，石油污染也日益加剧，全世界每年由于航运排入海洋的石油污染物达 160 万吨，其中 110 万吨是油轮排放的压舱水和洗舱水，其余 50 万吨是油轮在海上发生事故时造成的污染物。这些污染使海洋中的生物受到很大影响，如巨头鲸的数量现在不到 1 万头，蓝鲸数量更少。人类活动使近海区海水中的氮和磷增加 50%—200%；过量营养物导致沿海藻类大量生长；波罗的海、北海、黑海、东中国海等出现赤潮。赤潮频繁发生，破坏红树林、珊瑚礁、海草，使近海鱼虾锐减，渔业损失惨重。

森林毁灭及生物种类锐减。地球上的陆地面积大约是 130 亿公顷，据推测 8000 年前在人类开始从事农业以前，地球上大约有 61 亿公顷森林，也就是说，有将近 1/2 的陆地被森林覆盖。但是今天，只有 28 亿公顷森林和 12 亿公顷稀疏林，森林面积仅占地球面积的 1/5。世界上每年都有 1130—2000 万公顷的森林遭到无法挽救的破坏，特别是热带雨林。其主要原因是烧荒垦田，人们毁掉森林，种植水稻、大豆、香蕉等植物或作为牧场，世界上大约有 2 亿公顷森林被用于烧荒垦田。1997 年，联合国粮农组织在其出版的《世界森林状况》一书中指出，自 20 世纪 90 年代以来，世界森林的消失速度仍然在加剧。1990—1995 年间，世界森林面积减少了 5630 万公顷，其中主要集中在发展中国家。在 1992—1996 年的 4 年间，巴西森林的消失率上升了 34%，是森林面积消失得最快的国家。据世界野生基金会估计，如果世界森林面积照此速度消失下去，到 21 世纪的中叶，世界重要的热带森林将不复存在。

与森林毁灭相联系的是生物种类锐减和生物多样性减少。据估计，地球上现在生存着约 500 万—3000 万种生物，其中已定名的仅 140 万—170 万种。物种的消失，除受自然因素影响外，更多的是受到人类活动的影响，人类活动加快了物种灭绝的速度。以兽类为例，17 世纪平均每 5 年灭绝一种，到 20 世纪每 2 年就要灭绝一种。一份资料表明：中国的动植物物种种类已有 20% 受到严重威胁，高于世界 10% 的水平。人们预测，若不采取紧急的保护措施，地球上将会有 50 万—100 万种物种面临灭绝。世界资源研究所一份《让选择继续下去》的研究报告表明：今天地球上的鸟类和哺乳动物的灭绝速度已经是自然状态下的 1000 倍，如果照此趋势发展下去，在今后的 20 年内，每 10 年将丧失全球物种的 10%，也就是说，地球上每天将有近 150 个物种永远地消失……生命形式的多样性，对人类是息息相关、极为重要的。美国哈佛大学爱德华·威尔逊教授在其多年的一项研究成果中表明，自然界中的各种昆虫和节肢动物的重要性已经大到了这种程度，即如果它们都灭绝了的话，那么，人类最多也只能存活几个月。

固体废物污染严重。固体废物是指人类在生产、加工、流通以及生活中丢弃的固体和泥状物质。全球每年新增固体废物 100 多亿吨，其中，垃圾是最主要的固体废物。中国环境科学院研究员赵章元指出，按照现在世界人口估算，每人每年产生 300 公斤垃圾，60 年的垃圾总量如果全部堆放在赤道圈上，可堆成高 5—10 米、宽 1 公里的巨大垃圾墙。这就等于把整个地壳的岩石圈和水圈外又镶上了一个垃圾圈，它已经开始围困着全球的陆地和海洋，污染着全球的环境。美国素有垃圾大国之称，其生活垃圾主要靠表土掩埋，过去几十年内，美国已经使用了一半以上可填埋垃圾的土地，30 年后，剩余的这种土地也将全部用完。全球最大的城市垃圾堆——纽约 Fresh Kills 垃圾堆放场堆放了 60 年，垃圾高耸入云，达到海拔 505 英尺，高出自由女神像一半，每年流出百万加仑的污水。纽约市政府多次收到联邦法院的传票，控告该垃圾填埋场的地下渗漏污染了新泽西的海滩。以前不起眼的垃圾问题，如今甚至会演变成严重的政治问题。2008 年 1 月，意大利南部城市那不勒斯爆发了一场罕见的"垃圾危机"，堆积如山的垃圾无处掩埋，气愤的民众干脆放火焚烧垃圾。在这场消灭垃圾的抗争中，当地群众游行示威一周，清洁工人两周停止收垃圾，人们都把垃圾丢到大街上，呛人气味令人窒息，政府被迫出动军队清除垃圾。民众对政府的垃圾处理决定不满，与警方发生了冲突。2008 年 5 月，意大利总理贝卢斯科尼在那不勒斯市召开他上任后的首次内阁全体会议，承诺新政府成立后，首要任务之一就是解决那不勒斯垃圾的处理问题。因为这个问题，他先后更换了 8 位官员。

我国的垃圾排放量也相当可观，据统计，全国 668 座城市垃圾年产量达到 1.2 亿吨，人均 440 公斤，且每年以 8% 的速度增长，中国的垃圾已经占到全世界年产垃圾的 1/4 以上。全国现有 720 亿吨垃圾包围着大中小城市和乡镇，占地 5.4 亿平方米，并且仍在以每年占地约 3000 万平方米的速度发展。固体废物通过各种途径污染水域、土壤和空气环境，直接或间接危害人类健康和地球生态系统。据估算，全球范围的城市废物量在 20 世纪末增加了 1 倍，到 2025 年前将再翻一番。20 世纪末，20 亿人得不到基本的卫生条件，每年有约 520 万人（包括 400 万儿童）死于与废物危害有关的疾病。特别是 20 世纪 70 年代以来，危险性废物的转移，使固体废物污染范围不断扩大而发展成为世界性的环境问题。它包括国内转移即从城市向乡村的转移、从沿海发达地区向内陆欠发达地区的转移和跨国转移即发达国家向发展中国家的转移。转移的方式主要有两种：一种是废物的直接转移，一种是废物的间接转移即重污染工业的转移。特别是跨国转移即发达国家将重污染工业如石油化工、金属冶炼、造纸等"夕阳产业"向发展中国家转移或将有毒废物直接输送到发展中国家，这不仅加速了废物污染的全球扩张，损害了发展中国家的环境和发展，而且进一步激化了发达国家与发展中国家的矛盾，使环境问题复杂化和严重化。中国就是这种废物转移的受害国之一。

资源、能源短缺。当前，世界上资源和能源短缺问题已经在大多数国家甚至全球范围内出现。20 世纪 50 年代以后，由于石油危机的爆发，对世界经济造成巨大影响，国际舆论开始关注世界"能源危机"问题，许多人甚至预言：世界石油资源将要枯竭，能源危机将是不可避免的。如果不作出重大努力去利用和开发各种能源资源，那么人类在不久的未来将会面临能源短缺的严重问题，石油资源将会在一代人的时间内枯竭，它的蕴藏量不是无限的，容易开采和利用的储量已经不多，剩余储量的开发难度越来越大，到一定限度就会失去继续开采的价值。在世界能源消费以石油为主导的条件下，如果能源消费结构不改变，就会发生能源危机。煤炭资源虽比石油多，但也不是取之不尽的。代替石油的其他能源资源，除了煤炭之外，能够大规模利用的还很少。太阳能虽然用之不竭，但代价太高，并且在一代人的时间里不可能迅速发展和广泛使用。其他新能源也是如此。因此，人类必须认识到非再生矿物能源资源枯竭可能带来的危机，从而将注意力转移到新的能源结构上，尽早探索、研究开发利用新能源。否则，就可能因为向大自然索取过多而造成严重的后果，致使人类自身的生存受到威胁。能源短缺现象的出现，主要是人类无计划、不合理地大规模开采所致。从目前石油、煤炭、水利和核能发展的情况来看，要满足这种需求量是十分困难的。因此，在新能源（如太阳能、快中子反应堆电站、核聚变电站等）开发利用尚未取得较大突破之前，世界能源供应将日趋紧张。此外，其他不可再生性矿产资源的储量也在日益减少，这些资源终究会被消耗殆尽。[①]

　　总而言之，18世纪兴起工业革命后，人类开始进入工业文明阶段，人类文明进入到一个前所未有的高度。然而，人类对环境的干扰和破坏，无论在范围上还是在强度上，都远远超过农业社会。由于工业大多分布在资源基地附近或城市地区，导致局部地区的生态环境无法承受。特别是第二次世界大战后，资本主义发达国家经济飞速发展，工业大规模扩张对资源的开发和利用达到空前的规模和程度，生态破坏和污染问题日益凸显，并且随着工业化的不断深入而急剧蔓延，终于形成了大面积乃至全球性公害，给人类生存和发展带来潜在威胁。因此，人类必须立即行动起来，采取有力措施，遏制全球生态不断恶化的趋势，逐渐形成人与环境协调发展的良性循环，使人类

---

① 参见《环境危机报告》，《决策》2009年第12期。

共同的家园——地球永葆活力。

第三节　人类生态意识的觉醒

4月22日是地球日，一提到地球日，人们便想起了被誉为"地球日之父"的丹尼斯·海斯，因为1970年4月22日，是他在美国发起了2000万人参加的世界上第一个地球日活动，那年他刚满25岁，还是哈佛大学法学院的一位在校学生。"地球日"运动从一个侧面反映了人类生态意识的觉醒。

意识是人脑这种特殊物质对于客观世界的反映，意识是客观世界的摄影、模写、摹本，是客观世界的主观映像，生态意识就是人类对世界客观环境问题的反映。我们把生态意识界定为：人类以对包括自己在内的自然中的一切生物与环境之关系的认识成果为基础而形成的特定的思维方式和行为取向。[①] 由于现代世界遇到了有史以来从未有过的最严峻的生态破坏和环境污染的双重挑战，因此，必然导致人类全球性环境与生态意识的觉醒。人类越来越深入地认识到，世界人口剧增、资源枯竭、能源短缺、生态破坏、环境污染等困境正在转化为巨大的经济压力，并在其他领域内激化为各种矛盾和冲突，从而导致现代世界的不安宁和产生各种危机。这一认识已引起各国科学家和政治家的普遍关注，并预料当今生态环境问题在全球范围还会进一步恶化，并不断演化成为21世纪人类生存和发展的中心问题。"只有一个地球"的观点的提出，使人类全球性环境意识的觉醒进入最高的感知阶段。[②]

一、人类生态意识觉醒的发展过程

人类生态意识的觉醒有一个历史发展过程。你若有心去翻阅20世纪60年代以前的报纸或书刊，将会发现几乎找不到"环境保护"这个词。这就是说，环境保护在那时并不是一个存在于社会意识和科学讨论中的概

[①]　参见刘湘溶：《论生态意识》，《求索》1994年第2期。

[②]　参见金其铺：《人类环境意识的觉醒与环境思想文化体系的创建》，《江汉大学学报》（社会科学版）1991年第3期。

念。确实，回想一下长期流行于全世界的口号——"向大自然宣战"、"征服大自然"，在这儿，大自然仅仅是人们征服与控制的对象，而非保护并与之和谐相处的对象。人类的这种意识大概起源于洪荒的原始年月，一直持续到20世纪。没有人怀疑它的正确性，因为人类文明的许多进展是基于此意识而获得的，人类当前的许多经济与社会发展计划也是基于此意识而制定的。

　　但是，工业文明的高度发展所带来的负面影响，引起了世界上一些有识之士的担忧，环境意识和环境伦理学也随之产生。1923年，施韦兹在其《文明的哲学：文化与伦理学》一书中提出了"敬畏生命"的伦理学。施韦兹发现他那个时代伦理观念的缺陷是，只有人才是道德关怀的对象，而动物被排斥在外，由此导致人对其他生命的任意毁灭和伤害。因而，他要求将道德的视野投向人之外的生命，将人和动物同时纳入伦理范畴，并提出将"敬畏生命"作为伦理学的根本原则，以此作为判断人的行为善恶的价值准绳：善是保存和促进生命，恶是阻碍和毁灭生命。[①]1933年，美国著名的环境保护主义者利奥波德创立了"大地伦理学"。他在《沙郡年鉴》一书的最后一节提出"大地伦理学"。大地伦理学的首要准则就是一件事情，当它有助于保护生命共同体的完整、稳定和美丽时，它就是正确的；反之，它就是错误的。他认为人应当处理好人和大地的关系，与之和谐发展，唤起了人们对生态文明重要性的初步认识。此后，人们开始对生态和环境危机进行反思，对生态文明的实践进行总结。1962年，有"现代哥白尼"之称的美国女科学家蕾切尔·卡逊（Rachel Carson）发表了《寂静的春天》一书，她运用食物链网的生态学原理，警告说人类可能将面临一个没有鸟、蜜蜂和蝴蝶的世界，深刻揭示了人们所面临的生态和环境问题。这部著作经历了一个从被攻击到被肯定的过程。1962年，《寂静的春天》在美国问世时，很快成为一本颇有争议的书，是标志着人类首次关注环境问题的著作，换句话说，这部书拉开了"生态学时代"的序幕，使得生态观念开始真正深入人心。它那惊

---

① 参见姚炎祥、徐国梁：《环境伦理学的产生是伦理文化史上的深刻变革》，《苏州城市建设环境保护学院学报》2000年第3期。

世骇俗的关于农药危害人类环境的预言，不仅受到与之利害攸关的生产与经济部门的猛烈抨击，而且也强烈震撼了广大民众。蕾切尔·卡逊第一次对这一人类意识的绝对正确性提出了质疑。这位身形孱弱的女学者是否知道，她是在向人类的基本意识和几千年的社会传统挑战？《寂静的春天》出版两年之后，作者心力交瘁，与世长辞。作为一个学者与作家，卡逊所遭受的诋毁和攻击是空前的，但她所坚持的思想终于为人类环境意识的启蒙点燃了一盏明亮的灯。《寂静的春天》是一本引发了全世界环境保护事业的书，正是这本不寻常的书，在世界范围内引起人们对野生动物的关注，唤起了人们的环境意识，这本书同时引发了公众对环境问题的注意。由于《寂静的春天》所引发的巨大的民众压力，被迫开始正视环境问题的美国政府加强了对农产品的管理，法律规定所有农药必须在联邦农业部登记注册，农场主必须经过培训拿到合格证书才能使用农药，联邦农业部拨款对农产品农药残留进行普遍检查分析，严防农药污染环境。这也是环保主义者们所取得的第一次重大胜利。此后不断涌现的环保主义著作和日益升温的环保主义运动迅速波及全球。《增长的极限》曾一度成为当时环境运动的理论基础，有力地促进了全球环境运动的开展，其中所阐述的"合理的、持久的均衡发展"，也为可持续发展思想的产生奠定了基础。

1972 年，美国麻省理工学院丹尼斯·米都斯领导的 4 位科学家提交了一份研究报告，即《增长的极限》。这些年轻科学家接受研究世界未来学的"罗马俱乐部"的委托，旨在探讨全球系统的极限及其对人类数量与活动的强制力、长期影响全球系统的主要支配因素以及它们之间的相互作用。这本书诞生于工业文明的全盛时期，但其高瞻远瞩的观点再一次给人们带来了无比的震撼，它向人们展示了人类社会在发展过程中因地球本身资源的有限性与无止境地追求增长所带来的后果，深入研究了工业革命粗放的经济增长方式给地球和人类带来的灾难性后果，并认为人类社会已经陷入前所未有的困境。书中写到："地球是有限的，任何人类活动愈是接近地球支撑这种活动的能力限度，对不能同时兼顾的因素的权衡就变得更加明显和不能解决"；"如果在世界人口、工业化、污染、粮食生产和资源消费方面按现在的趋势继续下去，这个行星上的极限有朝一日将在今后一百年中发生，最可能的结果将是人口和工业生产力双方有相当冲突和不可控制的衰退。"①作者指出，改变此结局的唯一途径就是改变粗放的经济增长方式，建立稳定的生态和经济条件。他们以计算机模型为基础，运用系统动力学工具，对全球系统中影响人类增长的人口、粮食、自然资源、经济和环境五大变量进行了实证性研究和综合分析。该报告基于当时的数据得出一个惊人的结论：工业革命以来的经济增长模式所倡导的"人类征服自然"，后果是使人与自然处于尖锐矛盾之中，并不断地受到自然的报复；传统工业化道路，已经导致全球性的人口激增、资源短缺、环境污染和生态破坏，使人类社会面临严重困境，实际上引导人类走上了一条不能持续发展的道路；人类生态足迹的影响因子已然过大，地球生态系统自我修复能力遭到严重破坏，倘若继续维持目前的资源消耗速度和人口增长率，人类经济与人口增长只需百年或更短时间就将达到极限。也许罗马俱乐部的学者们对地球的未来过于悲观，但他们发出警告后，全世界都震惊了：情况真有如此严重吗？于是，世界各地的科学家和学者都开始关注和研究人与资源环境的问题。这就是《增长的极限》起到的历史作用。从工业革命开始到 20 世纪 50 年代，人类沿用的生产方式一直是大量消耗自然资源，所取得的巨大物质文明成就多以大自然遭掠夺为代价。从《寂静的春天》到《增长的极限》，人类开始认真反思：我们与大自然究竟应该建立起怎样的关系？人类怎样才能保证在自己发展进步的同时不使地球遭到戕害？

面对这种日益危险的生态环境，20 世纪 60 年代之后，西方发达国家掀起了反对环境污染的"生态保护运动"，千百万公众走上街头游行，要求政府采取有力措施治理和控制环境污染，不同领域的科学家也就各类新兴工业产业和技术手段与环境污染的关系进行讨论与揭露，而各类媒体更是不遗余力地大量报道世界各地爆发的环境问题与公害事件，这次环境保护运动无论是其规模、大众参与程度还是政府干预的力度以及公众环境意识变化的深度等诸多方面都是空前的，它对美国和世界历史特别是环境保护史的影响也是绝无仅有的。环境保护运动的兴起引发了一系列观念上的变革，首先环保运

---

① [美]丹尼斯·米都斯等：《增长的极限》，吉林人民出版社 1997 年版，第 18 页。

动使越来越多的民众意识到环境污染的严重后果，意识到环境问题关乎每个人的切身利益，他们"不仅把一个安全、舒适的生活环境看作是幸福健康的必要条件，更是看作通向自由和机遇的一种权利"；同时环境运动也影响着传统的发展观，从60年代开始，已有一批政治家深信不疑，并认为环境问题不仅可以解决，而且一旦解决，确能获得良好的成本效益。但是观念上的改变却并没能导致现实问题的解决，与如火如荼地开展的环境保护运动格格不入的是，20世纪七八十年代大量的公害事件又在世界各地发生，最具有代表性的就是以美国三哩岛核电站泄漏与苏联切尔诺贝利核电站泄漏事件为代表的世界环境污染的"十大事件"。这些重大生态灾难，引发了人们更多的思考并更加积极地投入环境保护运动。鉴于20世纪以来越来越严重的生态危机，1992年，世界各国1575名科学家签署发表了"世界科学家警告人类声明书"。这份声明指出："人类与自然处在相互冲突之中。人类的活动给环境主要资源造成了严重的、经常是无可挽回的破坏。如果不加遏制，我们的许多行为将使我们所期待的未来人类社会和动植物世界处于危险的境地，将大大地改变这个生命家园，致使它不再像我们熟悉的那样维持生命。因此，我们要想避免这种发展模式所可能带来的崩溃，就必须进行根本的改变。"当今由工业文明主宰的世界，生态危机已经是个全球性的问题，它造成的灾难已经超出了地域、国家、民族的界限，地球上所有个人与群体都无法逃脱它的威胁。

二、生态文明意识在全球形成共识

20世纪70年代中后期，《人类环境宣言》、《我们共同的未来》、《只有一个地球》等一系列"绿色"经典著作相继问世，生态文明意识在全球范围内成为共识。环境保护问题逐渐提到了各国政府的议事日程上来，各种环境保护组织纷纷成立，从而促使联合国于1972年6月5—12日在斯德哥尔摩召开了"人类环境大会"，并由各国签署了"人类环境宣言"，开始了环境保护事业。这是世界各国政府共同讨论当代环境问题，探讨保护全球环境战略的第一次国际会议。这次会议通过了四项具有重大意义的决定：（1）通过了《联合国人类环境会议宣言》（简称《人类环境宣言》）；（2）规定每年6月

5 日为"世界环境日"；（3）通过了保护环境的《京都议定书》；（4）成立了"绿色和平组织"。以第一次人类环境大会为契机，人类的生态意识空前提升，全球掀起了轰轰烈烈的环保运动，堪称"人类文明的复兴运动"。这一运动在 20 世纪 80 年代初取得了历史性的胜利。联合国成立了以挪威首相布伦特兰夫人为主席的世界环境与发展委员会（WECD），以制订长期的环境对策，帮助国际社会确立更加有效地解决环境问题的途径和方法。经过 3 年多的深入研究和充分论证，该委员会于 1987 年向联合国大会提交了经过充分论证的研究报告——《我们共同的未来》。报告将注意力集中于人口、粮食、物种遗传、资源、能源、工业和人类居住等方面，在系统探讨了人类面临的一系列重大经济、社会和环境问题之后，正式提出了"可持续发展"的模式。尤为值得一提的是，报告提出把人们从单纯考虑环境保护的角度引导到环境保护与人类发展相结合，体现了人类在可持续发展思想认识上的重要飞跃。而 20 世纪 90 年代《里约宣言》的发表，标志着可持续发展得到了最广泛、最高级别的承诺，并由理论变为各国人民的行动纲领和行动计划。同时，生态学和环境科学与其他学科互相渗透，相继出现了一大批新兴学科，如生态经济学、生态哲学、生态文学、生态伦理学、城市生态学、工程生态学等，这些学科的出现并快速发展，为生态文明理论和实践打下了重要的理论基础。20 世纪初，大量学者在深化已有理论成果的基础上，不断总结大量的实践经验，又整合中西方生态文明的思想精华，产生了一套包括生态生产力、生态文明哲学观、价值观、伦理观等在内的比较完整的生态文明理论体系。以此为指导，人们进行了大量的生态文明建设实践活动，取得了良好的效果，这些实践活动又为生态文明理论的深化和升华提供了坚实的实践基础。①

与此同时，对于全球环境问题各国都采取了措施：1970 年 4 月 22 日，美国发起第一个"地球日"活动；1972 年 6 月 16 日，联合国人类环境会议通过了《联合国人类环境宣言》；1972 年 11 月，联合国通过了《保护世界文化和自然遗产公约》；1973 年 1 月，联合国成立环境规划署；1973 年

---

① 参见王敏：《论生态文明是人类文明演进的必然趋势》，《科教导刊》2010 年第 9 期。

11 月，联合国通过了《濒危野生动植物国际贸易公约》；1977 年 8 月，联
合国通过"防止荒漠化行动计划"；1979 年 6 月，联合国通过了《保护移
动性野生动物物种公约》；1982 年 5 月 18 日，联合国人类环境会议通过了
《内罗毕宣言》；1984 年 4 月，非洲召开环境保护会议，决定每年 4 月 10 日
为"非洲环境保护日"；1985 年 3 月 5 日，通过了保护臭氧层的《维也纳公
约》；1987 年 4 月 27 日，世界环境与发展委员会公布了《我们共同的未来》
长篇报告；1987 年 9 月 16 日，联合国环境署保护臭氧层会议通过了《蒙特
利尔协定》；1989 年 3 月 23 日，联合国环境署控制危险废物越境转移会议
通过《巴塞尔公约》；1992 年 6 月 3—14 日，联合国环境与发展大会召开，
102 个国家元首出席会议。大会通过了《里约热内卢环境与发展宣言》以及
《二十一世纪议程》；1992 年 11 月 16 日，由 1575 名著名科学家起草的《世
界科学家对人类的警告》发表；1993 年 9 月 17 日至 19 日，联合国环境规
划署与澳大利亚民间环境团体联合倡议的"让世界清洁起来"的运动在 61
个国家得到热烈响应；1994 年 9 月 5 日至 13 日，联合国第三次世界人口与
发展大会通过了遏制世界人口增长、促进社会发展的《行动纲领》，与会代
表达到 15000 人；等等。各国政府采取的这些改善环境的行动，充分表明了
人们生态意识的觉醒与不断发展。

三、人类生态意识觉醒的主要内容

1972 年 6 月，在瑞典首都斯德哥尔摩召开的第一次世界人类环境大会
通过了《人类环境宣言》，呼吁各国政府和人民为维护和改善人类环境、造
福全体人民、造福后代而共同努力。为引导和鼓励全世界人民保护和改善人
类环境，《人类环境宣言》提出和总结了七大共同观点和二十六项共同原则。
这七大共同观点是：(1) 由于科学技术的迅速发展，人类能在空前规模上改
造和利用环境。人类环境的两个方面，即天然和人为的两个方面，对于人类
的幸福和对于享受基本人权，甚至生存权利本身，都是必不可少的。(2) 保
护和改善人类环境是关系到全世界各国人民的幸福和经济发展的重要问题；
也是全世界各国人民的迫切希望和各国政府的责任。(3) 在现代，如果人
类明智地改造环境，可以给各国人民带来利益和提高生活质量；如果使用不

当，就会给人类和人类环境造成无法估量的损害。(4) 在发展中国家，环境问题大半是由于发展不足造成的，因此，必须致力于发展工作；在工业化的国家里，环境问题一般同工业化和技术发展有关。(5) 人口的自然增长不断给保护环境带来一些问题，但采用适当的政策和措施可以解决。(6) 我们在致力于经济增长的同时，必须更审慎地考虑经济发展对环境产生的后果。为现代人和子孙后代保护和改善人类环境，已成为人类一个紧迫的目标。这个目标将同争取和平和全世界的经济与社会发展两个基本目标共同和协调实现。(7) 为实现这一环境目标，要求人民和团体以及企业和各级机关承担责任，大家平等参与、共同努力。各级政府应承担最大的责任。国与国之间应进行广泛合作，国际组织应采取行动，以谋求共同的利益。会议呼吁各国政府和人民为着全体人民和他们的子孙后代的利益而作出共同的努力。以这些共同的观点为基础的二十六项原则包括：人的环境权利和保护环境的义务，保护和合理利用各种自然资源，防治污染，促进经济和社会发展，使发展同保护和改善环境协调一致，筹集资金，援助发展中国家，对发展和保护环境进行计划和规划，实行适当的人口政策，发展环境科学、技术和教育，加强国家对环境的管理，加强国际合作，等等。人类对于环境生态问题的思考与反思，其内容是十分广泛的，概括起来，大致可以归纳为以下几个方面：

第一，在新的思维框架内有效协调人与自然的关系冲突是生态文明建设的逻辑指归。从人类文明的历史演进过程来看，无论在哪种文明形态下，人与自然的关系都是人类改造自然界实践活动中关乎人类生存与发展的最基本的关系。人与自然的关系从来都存在着两种不同的表现形态，一方面是人与自然的对立与冲突，另一方面是人与自然的协调与统一。人与自然的冲突是文明不断向前发展的根本动力，而人与自然的协调程度不仅是人与自然存在状态的基本度量，也是人类文明发展程度的重要标志。正是冲突和对冲突的协调这两种相反相成的力量的存在，推动并规范着人类文明不断地向前发展。由此可见，在任何社会形态下，都需要根据人与自然关系协调的状况，对人与自然的关系冲突进行适度协调，保持人对自然作用与自然对人作用的适度张力。工业文明形态下，人与自然关系的失调与冲突迫切需要修正，在这样的情况下，生态文明应运而生。因此，推进生态文明建设也必然要以人与自然的关系作为基本问题，关注人与自然关系的动态发展，将有效协调人与自然的关系冲突作为生态文明的基本价值诉求。

第二，全球范围内逐渐蔓延的生态环境恶化，如森林被乱砍滥伐、外来生物入侵、土地荒漠化、水资源污染、臭氧层消失等。人类的生活和生产活动在全球范围内大规模地改变了自然环境的组成和结构，越来越严重的生态失衡使人类社会陷入空前的困境。当人类陶醉于征服自然的时候，接踵而至的却是大自然的种种报复与惩罚。在一些国家和地区特别是不发达地区，通过发展重污染工业和环境破坏来换取利润，带来的后果是再花费几倍、几十倍的代价都难以弥补对大自然的损害。目前，污染治理基本上仍采用"先污染、后治理"的方法，即末端治理的思路，不能从根本上解决问题。现实给人类一个简单而深刻的认识——我们在享受工业社会的胜利成果时，千万要重视保护生态环境和防治环境污染。

第三，人与自然关系的反思。农业文明时代人与自然的关系变化缓慢，在工业革命发生以后，随着人类运用科学技术在控制和改造自然中所取得的空前胜利，人与自然的关系发生了根本的变化，其结果表现为自然对人作用与影响的畸形萎缩和人对自然影响与作用的极度膨胀。首先，从自然对人的作用与影响来看，自然界不再具有以往的神秘和威力，人类再也无须借助上帝的权威来维持自己对自然的统治。其次，从人对自然的影响来看，在对人与自然关系的认识层面，机械自然观成为人类认识自然的理论指导。人们认为自然就像一个机械时钟那样按固有规律运转，人类能够像熟知时钟的每一个零件和发条那样认识自然的所有规律，进而预测它如何进行运动。在其指导下，以主宰自然、奴役自然、支配自然为核心理念的人类中心主义思想日益兴盛。人们从主体的需要出发去看待事物，以主体的需要为尺度去衡量事物。凡合乎主体需要或含有合乎主体需要的现实可能性的，便加以青睐，而对于其他特性，则漠然置之。人们认为自然不再是人类必须依存的环境条件，而是人类活动的对象，是人身之外的一个可满足自己需要的用之不尽、取之不竭的资源库。在对人与自然关系的实践层面，从蒸汽机到化工产品，从电动机到原子核反应堆，人类借助科学技术，在自然界面前为所欲为，一味地利用地球、剥削地球，大举向自然进攻和索取，不仅对现在的自然过度开发、开采，还肆无忌惮地预支未来的自然。工业文明形态下，人与自然关系的畸形状态，导致了人与自然关系不同层面之间的严重失衡，最终引发了人与自然之间关系的危机。我们应该认识到，人类与自然界是互不冲突的，是可以平等共存、相互促进、协调发展的，人类既不是自然的奴隶，也不应该凌驾于自然界之上。人类首先是自然的存在物，是自然界的一部分；其次，自然界是人类生活的源泉，人需要从自然界获得物质、能量和信息；最后，自然界是人类劳动的前提和要素，是人类社会产生和发展的条件，是人与人之间的社会联系和社会关系进行的场地。人类要维持自身的生存、发展，就不可能脱离、跳出自然界而单独存在。然而自然资源是有限的，人类不能无限地索取自然资源和肆意破坏自然生态环境，这就使人类需要一种能够正确指导人类与自然生态环境协调发展的文明形式的出现，这就是生态文明。

第四，科学技术与自然关系的反思。工业文明将人类引入一个高度科技化的新纪元。以信息科学为先导，以生物科学、材料科学、能源科学、海洋科学、空间科学为主要内容的科学技术革命，在自身加速发展的同时，正以前所未有的规模和速度，推动整个人类社会前进。然而，科学技术是一把"双刃剑"，既可以为人类造福，也会给人类带来灾难。一方面，现代科学技术的产业化，创造了极大的物质财富，丰富了人类的生活，改变了人类的生产结构和生活方式；另一方面，由于人们对科学技术成果的客观作用估计不全面，造成了生态环境危机，由此带来的一系列社会问题、伦理问题、道德问题令人困惑和无所适从。科学技术在加快人类开发利用自然脚步的同时，也加快了生态环境恶化、自然资源枯竭的步伐。解决这一冲突的有效方法，就是大力发展生态文明所提倡的绿色科技，要保护自然资源、改善生态环境，积极促进人类社会从工业文明向更高级别的文明形式——生态文明转型。

第五，工业文明需总结的经济学原因。工业文明奉行新古典经济学的企业利润最大化原则，并未把自然资源和生态环境作为社会经济发展的影响因素考虑在内。像鱼类、水资源、公共草场等这一类公共物品具有无归属性的特征，生产者受市场机制追求最大化利润的驱使，往往会对这些公共资源掠夺式使用，而不给资源以休养生息。因市场失灵，市场机制自身不能提供制度规范，则出现使用上的盲目竞争，从而导致生态环境外部负效应的产生。如化工厂，它的内在动因是赚钱。为了赚钱，对企业来讲最好是让工厂排出的废物不加处理就进入大自然，这样可减少治污成本、增加企业利润，但会对环境保护、其他企业的生产和居民的生活带来危害，呈现出企业为降低成本而无节制排污、由社会埋单的尴尬局面。社会若要治理，就会增加社会负担，甚至会使社会成本大于企业利润，从而造成社会净利润的负值。[1]

工业文明奉行的主要发展方式是线性经济，即"资源—产品—废物"，其特征是高开采、低利用、高排放。随着人类物质需求的提高，需要企业开发和利用更多的自然资源，盲目扩大生产，把废弃物大量排放到水系、空气和土壤中，通过把资源持续不断地变成废物来实现经济的数量型增长。然而，这些废物其实有很多是可以经过回收、再加工生产出新的产品的，从而实现资源的循环利用。正是工业社会的这种盲目追求企业利润最大化而忽视社会成本和不合理的线性经济发展模式，引发了人类生存环境的日趋恶化，最终导致工业文明向以提倡循环经济为特征的生态文明的转型。

第四节　工业文明向生态文明转变是历史的必然

"人类历史进程表明，一种文明发展积累的基本矛盾不能在同一文明模式内解决，而必须超越旧的文明模式。建设生态文明，萌生于工业文明的母体，又不同于传统意义上的污染控制和生态恢复，是对工业文明弊端的扬弃和超越。从古代社会屈从、崇拜和顺从自然，到近代工业文明以来大规模征服自然以至破坏自然，发展到建设生态文明强调人与自然和谐相处，这是人类环境意识的新觉醒，是人类文明进步的新标志。"[2] 从前面几节的论述，我们知道，迄今为止，人类文明已经经历了从原始文明、农业文明到工业文明

---

[1]　参见张凯、王淑军：《论人类文明演进及生态文明建设途径》，《中国环境报》2008年2月13日。

[2]　周生贤：《推进生态文明，建设美丽中国》，《时事报告》2013年第1期。

的演进，人与自然的关系，也相应地经历了人消极适应自然、人积极适应自然到人主宰支配自然的历史变迁。目前，人类正处于由工业文明向生态文明过渡的时期，生态文明是一种以人与自然的和谐共生为典型特征的新型文明形态，工业文明向生态文明的转变乃是历史的必然。

一、生态文明是工业文明发展的必然结果与最高境界

学术界认为，从文明发展的历史形态上，生态文明是继农业文明、工业文明之后一种新的文明形态；从文明的构成成分上，从共时性角度可以把生态文明理解为与物质文明、精神文明以及政治文明等并列的一种新的文明。从目前的研究成果来看，更多的研究者是从人类社会发展的历时性角度把生态文明看作是继工业文明之后的一种新的、更高级的文明形态，是与原始文明、农业文明、工业文明前后相继的社会整体状态的文明，因此，生态文明将是工业文明之后新的人类文明形态。通常在每一个文明形态后期都因为出现人与自然的尖锐矛盾而迫使人类选择新的生产方式和生存方式，而每一次新的选择都能在一定时期内有效缓解人与自然的紧张对立，使人类得到持续生存和繁衍。生态文明是人类文明史螺旋上升发展过程中的一个阶段，是对工业文明生产方式的否定之否定，是对以往农业文明、现存的工业文明的优秀成果的继承和保存，同时更有超越。生态文明和以往的农业文明、工业文明一样，都主张在改造自然的过程中发展社会生产力，不断提高人们的物质和文化生活水平，但它又和以往的文明形态不同。生态文明是运用现代生态学的概念来应对工业文明导致的人与自然关系的紧张局面的。致力于生态系统生产的循环过程，构建人与自然的和谐，并通过生产方式的改变不断建设性地完善这种和谐机制。生态文明并不排除人类活动的工具性和技术性，但生态文明致力于对自然生态的人文关怀，创造生态恢复及补偿性的文明成果。生态文明是在扬弃工业文明基础上的"后工业文明"，是人类文明演进中的一种崭新的文明形态。生态文明建立在把"人—社会—自然"看作是一个辩证、发展、整体的生态科学世界观的基础之上，也主张在改造自然的过程中发展物质生产力，不断提高人的物质生活水平。但它遵循的是可持续发展原则，它要求人们树立经济、社会与生态环境协调发展的新的发展

观。它以尊重和维护生态环境价值和秩序为主旨、以可持续发展为依据、以人类的可持续发展为着眼点。生态文明是在合理继承工业文明成果的基础上，用更加文明与理智的态度对待自然生态环境，反对野蛮开发和滥用自然资源，重视经济发展的生态效益，努力保护和建设良好的生态环境，改善人与自然的关系，生态文明下的发展，不仅是工业和经济的发展，也是生态环境的发展；生态文明下的进步，不仅是社会的进步，也是人—社会—环境系统的整体进步。生态文明首先强调以人为本原则，认为人是价值的中心，但不是自然的主宰，人的全面发展必须促进人与自然的和谐。[1] 总之，生态文明是人类文明螺旋上升发展过程中的一个阶段，是对工业文明生产方式的否定之否定，生态文明并不是对工业文明的完全否定和遗弃，而是对工业文明的扬弃。建设生态文明需要依靠工业文明已有的物质基础和完善的市场机制，同时更要致力于利用生态系统自然生产的循环过程，构建人与自然的和谐，并通过生产方式的改变不断建设性地完善这种和谐机制。当人类文明进程发展到从价值观念到生产方式，从科学技术到文化教育，从制度管理到日常行为都发生深刻变革的时候，就标志着文明形态开始发生转变。从农业文明经过工业文明到生态文明，这将是人类社会文明发展的必然趋势。[2]

二、生态文明是解决工业文明生态危机的必由之路

人类发展的历史和现实反复证明，人类文明的发展必须与自然和谐相处。工业文明基于这样一种哲学理念，即认为人与自然分离，人高于自然，自然资源和生态环境只是满足人类需要的工具，崇尚人类"统治自然""做大自然的主人"，把满足人们不断增长的物质需要看作是唯一的目的。在这种传统的工业文明价值理念的驱使下，经济至上主义横行，自然资源和生态环境遭到不同程度的破坏。然而，在人与自然的对立中，大自然也在以生态规律作用的形式对人类实施报复和惩罚。全球性的生态环境危机，突出表现为森林锐减、土地退化、淡水匮乏、酸雨和温室效应加剧、人口增长、能源

---

[1]　参见张晓第：《试论生态文明是工业文明发展的必然结果和最高境界》，《经济研究导刊》2008 年第 5 期。

[2]　参见徐春：《生态文明是科学自觉的文明形态》，《中国环境报》2011 年 1 月 24 日。

危机等。在这样的背景下，人们逐渐意识到传统的工业文明发展模式是难以为继的。这种把 GDP 的增长放在绝对的中心地位，只注重经济上的投入产出而不顾生态的可持续性的理念，是一种片面的、不科学的发展理念。正如美国生物学家卡逊女士告诫的那样，环境问题如不解决，人类将生活在幸福的坟墓之中。当前，全球性的生态危机已成为摆在全世界人们面前的共同难题，要解决环境问题，唯一的途径就是加快生态文明建设，控制污染，合理利用资源，维护生态平衡，为人类生存和发展提供良好的生态环境。而建立在掠夺式利用自然资源基础上的工业文明，已无法有效地协调人与自然的关系了。尽管在征服自然、控制自然的思维方式下，人们可以为了人类自身的利益而善待自然，可以采取某些措施在一定范围内防范和阻止对自然生态的破坏。但是，由于工业文明模式的内在局限性，它不可能从根本上解决全球性和整体性的生态危机。因此，人与自然关系的缓解是不可能在工业文明的思维定势中找到答案的。如果不改变工业革命以来人类所形成的征服自然、崇尚物质消费的伦理价值观念和生产、生活方式，人类日益增长的物质消费对环境的压力就不可能得到根本的缓解，我们将面临人类生态系统崩溃的巨大风险。这样看来，解决生态危机的唯一途径就是建设生态文明。生态文明是人类对工业文明进行深刻反思的结果。作为一种全新的文明形态，它要求人们在改造自然界的同时，又要主动保护自然界，积极改善和优化人与自然的关系。建设生态文明，最重要的就是要立足于人与自然平等相处、相互依存的统一整体，维护生态系统的完整稳定，保持生物的多样性。生态文明反对通过掠夺自然的方式来促进人类自身的繁荣，强调人与自然的整体和谐，实现人与自然双赢式的协调发展，是解决生态危机的唯一有效途径。

三、生态文明是实现社会可持续发展的必然要求

所谓可持续发展，按照 1989 年第十五届联合国环境署理事会通过的《关于可持续发展的声明》所下的定义，是指既满足当前需要又不削弱子孙后代满足其需要之能力的发展。可持续发展的关键在于发展的可持续性。这就要求人类的生存行为和经济社会发展必须保持在生态容许的限度之内，使

人类经济社会活动绝对不能超越资源与环境的承载能力，是一种在维护生态平衡基础上的发展。只有这样才能保证发展的可持续性。这种发展只有在生态文明建设中才能实现。首先，建设生态文明是实施可持续发展的基本前提。生态文明是一种追求人类与环境和谐统一、协调发展的新型文明。建设生态文明就是要保持自然界的生态平衡，使人、社会与自然在一个更高的层次中和谐统一。其实质就是实现人与自然的和谐。它要求人类限制对自然的过度开发，注重合理开发利用资源；在发展经济的同时建设良好的生态环境，强调现代经济社会的发展必须建立在生态系统良性循环的基础之上。而可持续发展就是要既满足人类不断增长的物质文化生活的需要，又不超出自然资源的再生能力和环境的自我净化能力，实现自然资源的永续利用，实现社会的永续发展，为子孙后代留下充足的发展条件和发展空间。这只有在人与自然协调发展的状态中才能实现。因此，可以说生态文明是实现可持续发展的前提和基础。不建设生态文明，实现可持续发展就会成为空中楼阁。其次，建设生态文明为可持续发展提供精神动力。生态文明把人类看作是自然之子，强调人对自然的尊重。这就纠正了工业文明时期把人看作是自然的统治者的错误观点，深化了人对自然的认识，把人类的道德关怀拓展到了所有自然物，提升了人类的精神境界。它主张人类社会与自然界的共生共荣，人与自然万物的平等，将人与自然都看作是生态系统中不可或缺的重要组成部分。这种整体发展、平等发展的观念给可持续发展提供了一种全新的思维方式。它将人的发展与自然的进化统一起来，有助于真正地实现可持续发展。由于把人看作是自然之子，充分肯定自然界对人类生存与发展所起的重要作用，这就激发了人对自然的亲近感、热爱感，进而养成对自然资源的珍爱感，人们从内心深处认识到自然资源的有限性，使用资源的有价性，从而为可持续发展拓展了认识道路，提供了精神动力。①

　　生态文明与工业文明是两种不同的文明形态，尽管二者在诸多观念方面有着本质的区别，但作为对工业文明的超越，生态文明又与工业文明有着

---

① 参见彭慧芳：《生态文明与工业文明关系研究》，武汉科技大学 2008 年硕士学位论文，第7—10 页。

千丝万缕的联系。建设生态文明，不是要放弃工业文明，回到原始的生产生活方式，而是要在尊重自然、顺应自然、保护自然的基础上实现人与自然的和谐共存、协调发展。作为一种人类的生存方式，生态文明建设离不开工业文明所创造的物质财富和先进的科学技术成果，所以，只有在反思、扬弃与批判的基础上建设好生态文明，才能推进人与自然的和谐相处。

第二章 马克思恩格斯关于人与
自然关系的生态思想

改革开放以来，随着资源环境问题的凸显及西方生态马克思主义陆续被介绍到国内，马克思恩格斯的生态思想逐步引起人们的重视，并成为理论研究的热点之一。马克思恩格斯所创立的马克思主义理论是为全人类争取解放的理论，这一理论既包括把人从不合理的社会制度奴役中解放出来，从而争得人与人的和解；也包括把人从与自然的对立与奴役中解放出来，从而争得人与自然的和解。出于无产阶级革命斗争和无产阶级自身争得解放的需要，对于前者，我们研究得较多、较深、较透；而对于后者，即马克思恩格斯关于人与自然和解的理论，或者说对于马克思恩格斯的生态理论，则长期未能引起人们应有的重视。虽然马克思恩格斯生活的 19 世纪生态环境问题还不十分突出，因而他们还不可能对生态问题进行专门系统的研究，但是，在他们创立的理论中仍然包含着十分丰富的生态思想。认真梳理、总结、研究马克思恩格斯著作中的生态思想，对于指引我们解决生态危机，促进生态文明建设，达到人与自然的和解，具有十分重要的理论和实践意义。

第一节 人与自然的有机统一

马克思恩格斯生态思想的主要内容是关于人与自然关系的思想。作为马克思主义的创始人，马克思恩格斯在人与自然关系开始变得紧张的初期就敏锐地意识到，如果不能正确地认识和处理这种关系，将会危及到人类自身的生活和生产，危及到人类社会的正常发展。马克思恩格斯以他们创立的辩证唯物主义和历史唯物主义为指导，深刻地揭示了人与自然之间的辩证关系，指出人是自然界长期发展的产物，自然对于人具有优先地位，人与自然的关系实质是人与人、人与社会的关系，通过实践实现人与自然的统一。

一、人是自然界长期发展的产物

马克思恩格斯认为，唯物主义哲学"第一个需要确认的事实"是："个人的肉体组织以及由此产生的个人对其他自然的关系。"① 那么，到底如何确认人与自然的关系，或者说如何看待人与自然的关系呢？马克思恩格斯根据当时自然科学发展的最新成就特别是达尔文的进化论，科学地回答了这一问题。他们认为，人来源于自然，由自然生成，是自然界长期演化、自我发展的产物。人是自然共同体中的一员，人不是外在于自然界的他物。马克思指出："人直接地是自然存在物。"② "历史本身是自然史的一个现实部分，即自然界生成为人这一过程的一个现实部分。"③ 自然界在人类产生之前早就存在，自然界经过亿万年的发展才产生人类。

恩格斯经过深入研究 19 世纪中叶赫胥黎、海克尔、达尔文的自然进化论，在《自然辩证法》一书中向我们揭示了人类形成的自然图景：最初，宇宙中存在的物质只是炽热、旋转的气团，气团经过冷却和收缩形成了无数个太阳和太阳系，当温度进一步降低到地球表面适合于生命存在的限度时，在具备适当的化学先决条件下，有生命的原生物质逐步形成。起初，没有定型的蛋白质通过核和膜的形式发展为细胞，细胞进一步发展为原生生物，原生生物发展为动物和植物，由动物中的古猿进化为人。恩格斯指出："从最初的动物中，主要由于进一步的分化而发展出了动物的无数的纲、目、科、属、种，最后发展出神经系统获得最充分发展的那种形态，即脊椎动物的形态，而在这些脊椎动物中，最后又发展出这样一种脊椎动物，在它身上自然

---

① 《马克思恩格斯选集》第 1 卷，人民出版社 1995 年版，第 67 页。
② 《马克思恩格斯文集》第 1 卷，人民出版社 2009 年版，第 209 页。
③ 《马克思恩格斯文集》第 1 卷，人民出版社 2009 年版，第 194 页。

界获得了自我意识，这就是人。"① 这表明，人是自然界经过复杂的演变从低级发展到高级阶段形成的。从无限的时空变化来看，自然界的变化过程是一个无目的的无穷的物质循环过程；而从有限的时空变化过程来看，自然界则经历了从低级阶段向高级阶段的发展过程，发展的最高阶段便是人类的产生。

　　人来源于自然界这一事实表明，人从根本上来说并不是不同于自然的他物，而是与自然具有同质性。马克思甚至断言："人直接地是自然存在物。"人与动物植物一样，是"有生命的自然存在物"；人与动物一样，是"自然的、肉体的、感性的、对象性的存在物"，因此，人也是"受动的、受制约的和受限制的存在物"。② 恩格斯通过研究当时自然科学所取得的成就，指出生命是蛋白体的存在方式，无论是人类生命，还是非人类生命，都是由蛋白体构成的，其区别在于蛋白体在数量上的不同组合。因此，人类与非人类生命的区别并没有人们所想象的那样显著："人们能从最低级的纤毛虫身上看到原始形态，看到简单的、独立生活的细胞，这种细胞又同最低级的植物……同包括人的卵子和精子在内的处于较高级的发展阶段的胚胎并没有什么显著区别。"③

二、自然界对于人的优先地位

　　西方唯心主义哲学的集大成者黑格尔认为，自然界是"绝对理念"发展的产物。作为既是实体又是主体的"绝对理念"，其发展经历了逻辑、自然、精神三个发展阶段，"绝对理念"发展到自然阶段"外化"为自然界，以感性事物的形式依次经历了机械性、物理性、有机性阶段，最后进入到精神阶段，即绝对理念自我认识阶段。可见，在黑格尔这里，自然界是"绝对理念"发展到一定阶段才出现的，是从属于"绝对理念"的。马克思恩格斯对黑格尔的唯心主义自然观进行了批判，强调自然对于人的优先地位和客观存在性。马克思恩格斯认为，人类是自然界发展到一定阶段才出现的，自然

---

① 《马克思恩格斯选集》第4卷，人民出版社1995年版，第273页。
② 《马克思恩格斯文集》第1卷，人民出版社2009年版，第209页。
③ 《马克思恩格斯选集》第4卷，人民出版社1995年版，第551—552页。

界先于人类而产生，对于人类具有优先地位。

　　首先，自然界是人类生存和发展须臾不可离的外部条件。马克思认为，自然界作为"人的无机界"，是人类"赖以生活的无机界"，是人类赖以生存和发展的物质前提，是人类须臾不能离开的"生存的自然条件"。离开作为"感性的外部世界"的自然界，人类就不可能生存和发展。一方面，自然界为人的肉体提供直接的生活资料。与动物一样，人靠无机界生活，自然界是人的生活和人的活动的一部分；另一方面，自然界为人类劳动提供生产资料。人把自然界"作为人的生命活动的材料、对象和工具"①。人离开自然界将一事无成，"没有自然界，没有感性的外部世界，工人什么也不能创造"②。

　　其次，人是自然界的有机身体，自然界是人的无机身体。人是自然界发展的直接产物，人类产生后，又依靠自然界提供的土壤、水、空气、阳光及其他物质条件才能生存，依靠自然界提供的食物才能维持自己的生命系统循环。从某种意义上说，人就是自然界，就是自然界的有机身体，而自然界则是人的无机身体。马克思指出："自然界，就它自身不是人的身体而言，是人的无机的身体。人靠自然界生活。这就是说，自然界是人为了不致死亡而必须与之处于持续不断的交互作用过程的、人的身体。"③人作为自然界的有机身体，与自然界有着根本的一致性。恩格斯说得好：随着实践的发展，"人们愈会重新地不仅感觉到，而且也认识到自身和自然界的一致，而那种把精神和物质、人类和自然、灵魂和肉体对立起来的荒谬的、反自然的观点，也就愈不可能存在了。"④人对于自然界来说，没有任何特殊之处。相反，人作为自然界的有机身体，依赖于自然界，从属于自然界，自然界对于人具有优先地位。

　　再次，自然界制约着人的活动。作为人类生产生活外部环境的自然界是人类赖以生存的首要前提，人类要生存与发展，就必须通过改变自然的物质形态，从自然界获取必需的物质生活资料。而人类在作用于自然、改造自

---

① 《马克思恩格斯全集》第 42 卷，人民出版社 1979 年版，第 95 页。

② 《马克思恩格斯文集》第 1 卷，人民出版社 2009 年版，第 158 页。

③ 《马克思恩格斯文集》第 1 卷，人民出版社 2009 年版，第 161 页。

④ 《马克思恩格斯全集》第 20 卷，人民出版社 1971 年版，第 519—520 页。

然的过程中，必须按自然界固有的客观规律行动，受客观规律制约。也就是说，人生活在自然界，必须与自然界始终保持着动态平衡，人类改造自然的活动不能破坏这种平衡，否则，就会遭到自然界的报复。早在 100 多年前，恩格斯就警醒我们："不要过分陶醉于我们人类对自然界的胜利。对于每一次这样的胜利，自然界都对我们进行报复。每一次胜利，起初确实取得了我们预期的结果，但是往后和再往后却发生完全不同的、出乎预料的影响，常常把最初的结果又消除了。"① 恩格斯举例说，美索不达米亚、希腊、小亚细亚等地的居民，为了得到耕地而大量砍伐森林，失去森林的土地被雨水冲刷后竟成了不毛之地；居住在阿尔卑斯山的意大利人砍光了山南坡的枞树林，不仅毁掉了这里畜牧业的根基，而且使得这里的山泉在一年中的大部分时间枯竭，并且在雨季倾泻到平原上的洪水更为凶猛。因此，恩格斯告诫我们："每走一步都要记住：我们统治自然界，绝不像征服者统治异族人那样，绝不是像站在自然界之外的人似的，——相反地，我们连同我们的肉、血和头脑都是属于自然界和存在于自然界之中的；我们对自然界的全部统治力量，就在于我们比其他一切生物强，能够认识和正确运用自然规律。"② 人类作用于自然的活动必须遵循自然规律，受自然规律制约。人类不能摆脱自然规律的控制，不能超越自然规律，更不能取消自然规律。"自然规律是根本不能取消的，在不同的历史条件下能够发生变化的，只是这些规律借以实现的形式。"③ 人类的活动受自然规律制约这一事实表明，自然对于人类具有优先地位。人类应该始终牢记这一点，只有尊重自然的优先地位，遵循自然规律，才能合理利用自然、改造自然、造福人类。

　　马克思恩格斯关于自然环境对于人的优先地位的观点，充分体现了马克思主义哲学关于物质第一性、意识第二性的彻底唯物主义精神。在人与自然的关系中，自然对于人具有先在性和客观性。人必须遵循自然、顺应自然，按自然本身所固有的客观规律办事。当然，在自然界面前，在客观规律面前，人并不是无所作为、完全被动的。马克思主义哲学既是彻底唯物主

①　《马克思恩格斯选集》第 4 卷，人民出版社 1995 年版，第 383 页。

②　《马克思恩格斯选集》第 4 卷，人民出版社 1995 年版，第 383—384 页。

③　《马克思恩格斯选集》第 4 卷，人民出版社 1995 年版，第 580 页。

义，又是辩证唯物主义。马克思主义哲学认为，人具有主观能动性，人们通过发挥这种主观能动性来利用自然规律达到改造自然、驾驭自然的目的。

三、人与自然的统一关系

马克思恩格斯认为，人是自然界发展到一定阶段的产物，是自然界的一部分；人的生存依赖于自然界，人不能超越自然界，凌驾于自然界之上。马克思恩格斯不仅深刻地揭示和论证了人与自然的这种统一关系，而且还从自在自然和人化自然的统一、自然史和人类史的统一、自然生产力和社会生产力的统一等不同方面，进一步令人信服地说明和揭示了人与自然的统一关系。

第一，自在自然和人化自然的统一。旧唯物主义者承认自然界的客观实在性，但把自然界理解为是与人无关的自然界。马克思批评说："被抽象地理解的、自为的、被确定为与人分隔开来的自然界，对人来说也是无。"①马克思主义认为，自从人类产生后，自然界就打上了人类的印记，离开人谈自然界是没有意义的。马克思主义哲学通过实践这一中介，将自然区分为自在自然和人化自然，从根本上克服了旧唯物主义脱离人及其活动来看待自然的直观、抽象自然观的缺陷，是对自然认识的重大飞跃。所谓自在自然，是指没有受到人类活动作用的自然界，既包括人类产生之前的自然界，也包括人类产生后人类活动还未涉及的自然界。所谓人化自然，是指通过人类的实践活动改造并打上人类主体烙印的自然界。自在自然和人化自然两者有着明显的区别。自在自然由于是没有人类活动参与的自然，其运动变化是盲目的、自发的；人化自然则是经过人类活动改造过的自然，深深地打上人类主体的印记，是与人类主体相对应的客体。马克思恩格斯认为，自在自然和人化自然既相互区别，又相互统一。这种统一性首先表现为两者相互联系。自在自然和人化自然均具有客观实在性，均受客观规律支配。自在自然的客观实在性及其运动规律通过人类的实践活动进入到人化自然世界，成为人化自然的客观基础，原有的运动规律通过改变作用的形式和方式仍然发挥作用。人化自然尽管改变了自在自然的外部形式或内部结构，甚至改变其规律起作

---

① 《马克思恩格斯文集》第 1 卷，人民出版社 2009 年版，第 220 页。

用的范围、方式等，但无法改变自在自然的客观实在性和客观规律的支配作用。其次，自在自然和人化自然的统一性表现为在一定的历史条件下两者相互转化。人类通过实践活动不断作用于自然界，使自然界日益成为人类加工和改造的自然，成为人的本质力量对象化的自然，成为属人的自然，即人化的自然。这一过程就是自在自然不断向人化自然转化的过程。随着人类实践能力的增强，这一转化过程将不断加快。也就是说，将会有更多的自在自然转化为人化自然。

第二，自然史与人类史的统一。在《德意志意识形态》中，马克思将历史划分为自然史和人类史，并深刻地揭示了两者之间的关系。他指出："我们仅仅知道的一门唯一的科学，即历史科学。历史可以从两方面来考察，可以把它划分为自然史和人类史。但这两方面是不可分割的；只要有人存在，自然史和人类史就彼此相互制约。"① 在这里，马克思所说的自然史并不是传统哲学所理解的存在于人之外的纯粹客观自然界的演化史，而是指人类学的自然界生成的历史。马克思认为，应当从人的感性活动即从人的实践出发，才能正确理解自然史和人类史及其相互关系。自然史和人类史都是自然界和人类基于人类实践活动而不断演化生成的历史过程。人所生存的自然界与人是互为对象性的存在物，非对象性的存在物是不存在的，因此，人生存的自然界与人是同时产生的，并通过人的感性活动现实地生成和不断发展变化。在这一过程中，形成了自然史和人类史的统一关系。这种统一关系首先表现为自然史和人类史"这两个方面是不可分割的"。自然史是相对于人类史而言的自然史，脱离人类史的纯自然史不是人类学意义上的自然史。同样，人类史依赖自然史而存在，人类的生存和发展不能脱离自然环境。自然界的存在和演变是人类社会生存及其演进的物质前提和客观基础。马克思认为，人类要生存，就必须进行物质生产活动，而人类的物质生产活动是以自然界的存在和发展为前提的。"生产的原始条件表现为自然前提，即生产者生存的自然条件"② 。其次，自然史和人类史的统一还表现在两者的相互作用

---

① 《马克思恩格斯选集》第 1 卷，人民出版社 1995 年版，第 66 页注 ②。

② 《马克思恩格斯全集》第 46 卷（上），人民出版社 1979 年版，第 488 页。

上。一方面是自然史对于人类史的作用。自然环境的资源禀赋及资源分布情况影响着人类生产活动的效率及社会分工，从而对人类发展史产生影响；另一方面，人类的感性物质活动愈来愈在更广的范围和更深的程度上作用于自然界，人类史日益深刻地影响自然史。如人类大量砍伐森林导致水土流失和许多动植物灭绝，打破了生物圈的固有平衡，自然界自身演化的轨迹因人类活动的影响而发生改变。随着人类认识活动的深入和实践能力的增强，人类史对自然史将会施加更为深远的影响。对此，马克思恩格斯指出：人类发展的现代自然科学和现代工业一起变革了整个自然界。

马克思以前的历史观看不到自然史和人类史的统一性，把自然界和人类历史割裂开来。这种历史观一方面否认自然史对于人类史的制约作用，将现实的自然排除在人类历史之外，在看待人类历史时只是单纯地考察人及其活动，仅仅只是按思想史的尺度来编写人类史。如在青年黑格尔派看来，历史是与自然无关的，超乎自然之上的；另一方面，这种历史观又否认人类史对于自然史的制约作用，看不到人类对于自然日益巨大的影响作用，"把人对自然界的关系从历史中排除出去了，因而造成了自然界和历史之间的对立"①。马克思对这种将自然史和人类史分割开来的观点进行了批判。他指出："'自然和历史的对立'，好像这是两种互不相干的'事物'，好像人们面前始终不会有历史的自然和自然的历史"②。在马克思的视野中，自然史与人类史是紧密结合，相互统一的，对自然的考察只有同社会生活、同人类历史活动过程结合起来，才是具有意义的。正如施密特所说："在马克思看来，自然史和人类史则是在差异中构成统一的，他既没有把人类史溶解在纯粹的自然史之中，也没有把自然史溶解在人类史之中。"③

第三，自然生产力与社会生产力的统一。长期以来，理论界对作为历史唯物主义基本范畴的生产力概念存在着重大误解，认为生产力只是"人们征服和改造自然的客观物质力量"，是一种"社会生产力"④。这种理解离开

---

①　《马克思恩格斯选集》第 1 卷，人民出版社 1995 年版，第 93 页。

②　《马克思恩格斯文集》第 1 卷，人民出版社 2009 年版，第 529 页。

③　[德] A. 施密特：《马克思的自然概念》，商务印书馆 1988 年版，第 38 页。

④　《中国大百科全书》，中国大百科全书出版社 1987 年版，第 784 页。

人类生存的环境孤立地看待人的能力，割裂人类社会与自然的有机联系，只看到生产力的社会属性，看不到生产力的自然属性，看不到自然因素在生产力系统中应有的地位和作用。这种理解实际上是不符合马克思恩格斯关于生产力的基本思想的。马克思认为，生产力可区分为自然生产力和社会生产力，"劳动的自然生产力，即劳动在无机界发现的生产力，和劳动的社会生产力一样，表现为资本的生产力"①。所谓自然生产力，马克思又称之为"单纯的自然力"或"无机界生产力"，是"不需要代价的，同未经人类加工就已经存在的"②生产力要素，是不需要人类付出劳动但参与到人类生产活动之中的自然界的各种自然资源的总和，包括风力、水力、蓄力、土壤、森林、矿藏等。在生产力的三要素中，自然生产力主要指劳动对象中的未经人类劳动介入或不再需要人类劳动介入的部分。所谓社会生产力，是指人作用于自然，将自然物改造成为适合于人类需要的物质形态的能力，是制造出来的生产力。在生产力的三要素中，主要是指具有一定劳动经验和劳动技能的劳动者、劳动工具、需要人类劳动参与的劳动对象等。

自然生产力和社会生产力相互作用、相互影响、相互制约，共同构成现实的生产力。首先，自然生产力作为自然基础和条件影响和制约社会生产力。马克思指出："撇开社会生产的不同发展程度不说，劳动生产率是同自然条件相联系的。这些自然条件都可以归结为人本身的自然（如人种等等）和人的周围的自然。外界自然条件在经济上可以分为两大类：生活资料的自然富源，例如土壤的肥力、鱼产丰富的水域等等；劳动资料的自然富源，如奔腾的瀑布、可以航行的河流、森林、金属、煤炭等等。"③在马克思看来，自然生产力包括"生活资料的自然富源"和"劳动资料的自然富源"，这两个方面共同影响和制约社会生产力。一般来说，自然条件好，"自然富源"即自然生产力优越的地方，就会促进社会生产力的发展。如欧洲、北美发达的社会生产力，与其优越的自然生产力，即宜人的气候、肥沃的土壤、茂密的森林、充足的水源、丰富的矿藏等不无关系。反之，"自然富源"不

① 《马克思恩格斯全集》第26卷第3册，人民出版社1974年版，第122页。
② 《马克思恩格斯全集》第23卷，人民出版社1972年版，第425页。
③ 《马克思恩格斯文集》第5卷，人民出版社2009年版，第586页。

足，自然资源贫乏、自然环境恶劣的地区，就会阻碍社会生产力的发展。如非洲气候炎热，热带丛林蚊虫肆虐、病菌滋生，沙漠寸草不生，河流不便航行等，这种恶劣的自然环境严重地影响了非洲社会生产力的发展。其次，社会生产力制约和影响着自然生产力。自然生产力如果没有人的劳动的参与，还仅仅是纯粹的自然力，只是作为潜在的生产力存在，还不是现实的生产力。要把这种潜在的生产力转化为现实的生产力，就必须把"自然力"与人类特有的活劳动和物化劳动结合起来，"自然物"才能被改造成为满足人类需要的物质形态，即劳动产品。可见，社会生产力是自然生产力由潜在生产力转化为现实生产力的关键。社会生产力对自然生产力影响的大小、程度及性质取决于社会生产力的社会性质、社会化程度、科技发展水平等。一般来说，社会制度先进，生产的社会化程度高，科技水平发达，社会生产力对自然生产力所起的作用则是正向的，也是巨大的。反之，社会制度落后，社会生产力则对自然生产力起负向作用，其作用的大小和程度分为两种情况：在生产的社会化程度和科技发展水平比较低的情况下，社会生产力对自然生产力的负向作用比较小；在生产的社会化程度和科技发展水平比较高的情况下，社会生产力对自然生产力的负向作用比较大。当然，在社会制度先进的条件下，也不能保证社会生产力对自然生产力都起着正向作用。如对自然资源的不当开发，对科学技术的不当运用，都有可能导致对自然生产力的负向作用。

四、通过实践实现人与自然的统一

马克思把实践概念引入自己的哲学，从实践的角度来观照自然界，在坚持自然的客观性和优先性的唯物主义基础上，认为人通过实践创造"对象性世界"，人与自然的关系是在实践基础上形成的相互依存、相互制约、相互转化的统一关系。

首先，人通过实践创造对象性世界，并与对象性世界相互依存、相互统一。马克思批判了黑格尔通过抽象思维认识人与自然关系的唯心主义观点，认为人与自然的关系是一种现实的关系，人通过实践改造无机界，创造对象性世界。人所面对的自然界"决不是某种开天辟地以来就已存在的、始终如一的东西，而是工业和社会状况的产物，是历史的产物，是世世代代活动的结果"。① "整个所谓世界历史不外是人通过人的劳动而诞生的过程，是自然界对人来说的生成过程……因为人和自然界的实在性，即人对人来说作为自然界的存在以及自然界对人来说作为人的存在，已经成为实际的、可以通过感觉直观的。"② 马克思认为，人们通过实践活动不断创造着自然，即人化自然，这种人化自然是人的本质力量对象化的自然，或者说已经表征着人的本质力量的自然，是一种属人的自然。对于人来说，只有这种属人的自然才是真正具有价值的自然。在马克思看来，人们通过实践活动创造的这个人化自然的对象世界，真正证明了人是不同于动物的"类存在物"，即社会存在物。人与他自己通过实践创造的对象世界相互依存，相互通过对方表现和确证自己，他们每一方都不能脱离对方而存在，"一个存在物如果在自身之外没有自己的自然界，就不是自然存在物，就不能参加自然界的生活。一个存在物如果在自身之外没有对象，就不是对象性的存在物。"③ 可见，只有把人看作是在自然环境中从事现实实践活动并与对象不断进行物质能量交换的人才是现实的人；同样，只有把自然看作是人通过实践活动作用的人化自然才是现实的于人具有实际价值的自然。二者相互依存、相互统一。

其次，人及人类社会与对象即自然相互制约，双方通过实践共处于一个统一体中。人与动物不同的地方首先在于人是作为社会的人而存在的，人与自然的关系亦即社会的人与作为自己实践活动对象的关系。人与自然相互制约的关系表现在两个方面：一方面，人及其社会通过实践活动制约活动对象即自然，人的素质及科学发展水平、人类社会的性质即社会化程度等通过制约实践活动的性质、程度、范围等，从而制约自然即实践活动对象的范围、程度以及对于人类的价值意义。人的素质及科学发展水平高、社会制度先进及社会组织化程度较高，则人的实践所引起的自然界的变化就会规模大、范围广、程度深，并且相对于人及人类社会来说其价值具有正向意义。反之亦然。马克思所说的人与人之间的狭隘关系造成了人对自然界的狭隘关

---

① 《马克思恩格斯文集》第 1 卷，人民出版社 2009 年版，第 528 页。
② 《马克思恩格斯文集》第 1 卷，人民出版社 2009 年版，第 196 页。
③ 《马克思恩格斯文集》第 1 卷，人民出版社 2009 年版，第 210 页。

系，就是从这一意义上来说的。另一方面，自然即对象也制约着人及人类社会。人，作为对象性活动的主体，其活动总是会受到自然即对象的属性与规律的限制。人的实践活动对象作为客观物质世界，有其自身的物质属性和运动规律，这种属性与规律制约着人及其实践活动。马克思说："对象性的存在物客观地活动着，而只要它的本质规定中不包含对象性的东西，它就不能客观地活动。它所以能创造或设定对象，只是因为它本身是被对象所设定的，因为它本来就是自然界。"① 自然规律作为客观世界固有的运动规律，不管人们喜欢不喜欢，它都在那里发挥作用，不依人的意志而改变。"自然规律是根本不能取消的，在不同的历史条件下能够发生变化的，只是这些规律借以实现的形式。"② 因此，人必须始终尊重自然规律。人在实践活动中，应当自觉地研究、发现自然规律，遵循自然规律，科学预见人类实践活动在自然中引起的后果，人类才有可能在作用于自然的实践活动中取得理想的效果，达到预期的目的。相反，人类的实践活动如果不按客观规律办事，违背自然规律，不仅不能实现自己的目的，反而会招致自然的"报复"，给人类带来灾难。对此，马克思明确告诫人们说："不以伟大的自然规律为依据的人类计划，只会带来灾难。"③ 可见，在人与自然的关系中，双方是一种相互制约的关系，人与自然通过实践共同处于统一体中。

再次，人与自然通过实践相互转化，即自然的人化和人的自然化。马克思主义认为，人及其社会要生存和发展，就必须进行改造自然、从自然中获取人所必需的生产生活资料的实践活动。这一过程进行着自然的人化和人的自然化的双向运动。一方面是自然的人化。所谓自然的人化，按照马克思在《1844年经济学哲学手稿》中的理解，是指由人的本质力量所创造并为社会的人所占有的对象世界。人们通过实践活动与自然界进行持续的物质能量交换，人在自己的实践活动中将自身的本质力量、意志、目的等转化到自然对象上去，创造人所需要的劳动产品。人所面对的自然界，已不是原始的、纯自在的自然界，而是作为人的实践活动的产物，失去了它的不同于人

---

① 《马克思恩格斯全集》第42卷，人民出版社1979年版，第167页。
② 《马克思恩格斯文集》第10卷，人民出版社2009年版，第289页。
③ 《马克思恩格斯全集》第31卷，人民出版社1972年版，第251页。

的本质，成为"人化"的自然界。从本质上来说，自然的人化表征人的劳动"在自然物中实现自己的目的"，表征自然在人的实践活动中不断地转变为属人的存在。但是，人们如果运用不当的活动作用于自然，在自然物中不仅不能实现人的目的，反而会引起相反的后果，出现反人化情况，其表现即是人与自然生态关系的恶化。另一方面是人的自然化。随着科技的发展和社会的快速进步，人类作用于自然的实践能力不断提高，并获得巨大成功。与此同时，伴随着人类在征服自然活动中取得成功的是自然环境的破坏、人与自然关系的失衡、人文精神的失落等。为了改变这一状况，必须对人与自然的关系重新进行调整，在自然的人化的基础上强化人的自然化。所谓人的自然化，是指主体的人在改造自然的实践活动中，通过把一切物种的尺度内化为自身内在的尺度，把自然的属性变为人自身的一部分，人自身也就成为自然的有机组成部分。人的实践活动不断推进人的自然化，人的自然化要求把人从单纯的征服自然、改造自然的盲目活动中解放出来，提倡人把自然当作自己的家园和精神归宿，要求人回归自然、爱护自然、保护自然、尊重自然，按自然规律利用自然。自然的人化和人的自然化是在实践的基础上实现的双向对象化，自然的人化使自然具有了属人的性质，成为属人的自然；同时，人的自然化使人具有自然的性质，成为自然的人。

第二节　资本主义社会人与自然关系的对立

资本主义社会代替封建社会是人类社会发展史上的巨大进步。在资本主义社会，一方面，由于工业革命带来的机器的普遍应用，人类作用于自然的能力，即生产力的发展水平有了极大的提高；另一方面，由于资本主义的生产只考虑资本盈利，不考虑生产的后果，不考虑生产对自然产生的负面影响，从而会带来一系列的环境问题，导致人与自然关系的紧张和对立。马克思恩格斯已关注到自己所处时代的环境问题，深刻地揭示和分析了资本主义社会人与自然关系对立的根源、人与自然对立所带来的恶果，并从根本上指出了解决资本主义社会人与自然对立的基本途径。

一、资本主义社会人与自然的对立关系

马克思认为，人与自然的关系是通过人与人之间的社会关系得到表现的，并且只有在人与人的社会关系中才有他们对于自然的关系。"人们在生产中不仅仅影响自然界，而且也互相影响。他们只有以一定方式共同活动和互相交换其活动，才能进行生产。为了进行生产，人们相互之间便发生一定的联系和关系；只有在这些社会联系和社会关系的范围内，才会有他们对自然界的影响，才会有生产。"① 人与自然的关系制约着人与人的关系，同样，人与人的社会关系也制约着人与自然的关系。在人与人的社会关系中，最基本的关系是生产资料所有制的关系，因此，人与自然关系如何，最根本的是取决于人类社会生产资料所有制的性质如何。在资本主义社会，由于实行的是生产资料的资本主义私人所有制，这种资本主义私有制决定了人与自然关系的冲突和对立。

本来，按照马克思的理解，人与自然的关系是一种物质变换的关系，人作为自然界的一部分，也要参与自然界普遍的物质交换活动。只是人作为有意识的主体，与自然之间的物质变换不是被动的，而是主动进行的。人通过自身的劳动作用于自然，按自身的目的合理地改变自然的物质形态，获取能满足自己需要的各种产品，同时，将生产过程中产生的废物排入自然界。在人与自然的物质变换过程中，要始终遵循自然规律，合理利用资源，以及对废物的排放必须保持在自然界可容纳的范围之内，这样才不至于造成人与自然的冲突和对环境的破坏。然而，在资本主义社会，"资本主义生产方式以人对自然的支配为前提"②。马克思认为，作为劳动过程因素的自然力，只有借助于机器才能够将其占有，而且只有拥有机器的人，即机器的主人才能将其占有。在资本主义私有制和金钱统治下形成的自然观，是对自然界的真正的蔑视和实际的贬低。在资本主义社会，"一切生产都是个人在一定社会形式中并借这种社会形式而进行的对自然的占有"③。这样，资本主义把自己与自然的关系不是看作平等的关系，而是看作统治与被统治、主宰与被主

① 《马克思恩格斯文集》第1卷，人民出版社2009年版，第724页。
② 《马克思恩格斯文集》第5卷，人民出版社2009年版，第587页。
③ 《马克思恩格斯文集》第8卷，人民出版社2009年版，第11页。

宰、索取与被索取的关系。在资本主义社会，资本家以追求剩余价值最大化为最终目标，将自然界当作取之不尽、用之不竭的资源提供者，毫无节制地、疯狂地进行掠夺，造成自然界资源的日益枯竭；与此同时，资本家将生产过程中产生的废弃物和垃圾未经任何处理毫无顾忌地倾泻到自然界，造成自然界的严重污染。马克思恩格斯一方面赞叹资本主义社会生产力的高度发展，在不到 100 年的统治时间内，创造了超过过去一切时代所创造的生产力的总和。另一方面，他们又清醒地认识到资本主义对自然的掠夺所造成的对生产力的破坏和人与自然关系的矛盾和冲突。"生产力在其发展过程中达到这样的阶段，在这个阶段上产生出来的生产力和交往手段在现存关系下只能造成灾难，这种生产力已经不是生产的力量，而是破坏的力量（机器和货币）。"① "资本主义农业的任何进步，都不仅是掠夺劳动者的技巧的进步，而且是掠夺土地的技巧的进步，在一定时期内提高土地肥力的任何进步，同时也是破坏土地肥力持久源泉的进步。"② 可见，马克思恩格斯不仅深刻地揭露和批判了资本主义社会资本家对工人的剥削和压迫造成的人和人的紧张关系，而且还深刻地揭露和批判了资本主义社会资本家对自然的征服和掠夺所造成的人与自然关系的紧张、冲突和对立。

二、资本主义社会人与自然关系对立带来的恶果

资本主义生产方式必然造成对环境的破坏，导致人与自然关系的冲突和对立。马克思恩格斯进一步揭示了这种冲突和对立给人类带来的一系列恶果。恩格斯明确指出：所有已经或者正在经历工业革命过程的国家，"或多或少都有这样的情况。地力耗损——如在美国；森林消失——如在英国和法国，目前在德国和美国也是如此；气候改变、江河淤浅在俄国大概比其他任何地方都厉害，因为给各大河流域提供水源的地带是平原"③。按照马克思恩格斯的认识，资本主义社会人与自然的冲突带来的恶果主要有地力耗损、森林消失、气候改变、江河污染和淤塞、空气污染、工人生产生活环

---

① 《马克思恩格斯文集》第 1 卷，人民出版社 2009 年版，第 542 页。
② 《马克思恩格斯文集》第 5 卷，人民出版社 2009 年版，第 579—580 页。
③ 《马克思恩格斯文集》第 10 卷，人民出版社 2009 年版，第 627 页。

境恶化等。

第一，土地贫瘠、地力耗损。资本主义生产方式的发展引起工业和农业的分离以及城市和乡村的对立。马克思一方面充分肯定了资本主义发展的历史进步性质，肯定它"聚集着社会的历史的动力"；另一方面又敏锐地察觉到工农业的分离和城乡对立对农业特别是土地的负面作用，资本主义生产"破坏着人和土地之间的物质变换，也就是使人以衣食形式消费掉的土地的组成部分不能回归土地，从而破坏土地持久肥力的永恒的自然条件"①。资本主义为了获取更多的利润，往往通过推动技术进步提高劳动生产率，但是，"资本主义农业的任何进步，都不仅是掠夺劳动者的技巧的进步，而且是掠夺土地的技巧的进步，在一定时期内提高土地肥力的任何进步，同时也是破坏土地肥力持久源泉的进步。……因此，资本主义生产发展了社会生产过程的技术和结合，只是由于它同时破坏了一切财富的源泉——土地和工人"②。资本主义追逐利润的本性使得它只是不断从土地中索取，而不考虑对土地的养护和补偿。这种对土地不加节制的掠夺式使用导致土地肥力的持续下降，使土地愈来愈贫瘠。马克思进一步分析了资本主义大小两种土地所有制对土地资源破坏的不同情况，认为大土地所有制对土地资源的破坏更加严重。这主要是因为大土地所有制更便于采用农业新技术，因而对土地的掠夺和破坏程度更深。

第二，森林锐减、气候异常。森林作为人类的资源宝库和陆地生态系统的主体，在人类生存和发展中起着无可替代的巨大作用。森林能保护土壤、涵养水源、调节气候、净化空气、消除噪音，促进生态平衡。森林的减少和引发的生态危机是伴随着近代工业文明的发展而出现的。随着人口的增长和资本主义生产方式的发展，工农业用地不断扩展，大量森林被肆意砍伐，导致森林锐减。早在19世纪，马克思恩格斯就已经深刻地认识到森林对于人类的重大作用以及破坏森林带来的巨大灾难。资本主义社会由于生产的资本主义性质决定了资本家追逐利润是生产的唯一目的，他们根本不顾及

① 《马克思恩格斯文集》第 5 卷，人民出版社 2009 年版，第 579 页。
② 《马克思恩格斯文集》第 5 卷，人民出版社 2009 年版，第 579—580 页。

自己行为的后果，"文明和产业的整个发展，对森林的破坏从来就起很大的作用，对比之下，它所起的相反的作用，即对森林的养护和生产所起的作用微乎其微"①。人们"为了想得到耕地，把森林都砍光了"②。由于大肆砍伐树木，在英格兰已经"没有真正的森林"。在苏格兰，到处是荒山秃岭，人们将鹿群赶上秃岭，戏称为"鹿林"。大肆砍伐森林的后果是把"高山畜牧业的基础给毁了"，"山泉在一年中的大部分时间内枯竭了，同时在雨季又使更加迅猛的洪水倾泻到平原上"③。失去森林又导致气候异常。由于缺乏森林，使"土壤不能产生其最初的产品，并使气候恶化。土地荒芜和温度升高以及气候的干燥，似乎是耕种的后果。在德国和意大利，现在似乎比森林覆盖时期的气温高5℃—6℃"④。

　　第三，江河污染和淤塞。随着资本主义工业的发展，大量工业废水和生活污水直接排入河流湖泊，造成水体的严重污染。这种污染首先在城市，然后由城市扩展到农村。恩格斯在《反杜林论》中指出："蒸汽机的第一需要和大工业中差不多一切生产部门的主要需要，都是比较纯洁的水。但是工厂城市把一切水都变成臭气冲天的污水。因此，虽然向城市集中是资本主义生产的基本条件，但是每个工业资本家又总是力图离开资本主义生产所必然造成的大城市，而迁移到农村地区去经营。"⑤早在1839年，恩格斯根据自己的亲身经历与观察撰写的《乌培河谷来信》，描述了他家乡的乌培河受到严重污染的情况，这条狭窄的河"时而泛起它那红色的波浪，急速地奔过烟雾弥漫的工厂建筑和棉纱遍布的漂白工厂。然而，它那鲜红的颜色并不是来自某个流血的战场……而只是流自许多使用鲜红色染料的染坊"⑥。恩格斯在1845年撰写的《英国工人阶级状况》的报告中指出，在英国，由于大量污水排入泰晤士河、埃尔克河、梅得洛克河，使得这些河流变得"臭气熏天"。

① 《马克思恩格斯文集》第6卷，人民出版社2009年版，第272页。
② 《马克思恩格斯全集》第20卷，人民出版社1971年版，第519页。
③ 《马克思恩格斯文集》第9卷，人民出版社2009年版，第560页。
④ 恩格斯：《自然辩证法》，人民出版社1984年版，第311页。
⑤ 《马克思恩格斯选集》第3卷，人民出版社1995年版，第646页。
⑥ 《马克思恩格斯全集》第1卷，人民出版社1956年版，第493页。

恩格斯描述了埃尔克河被污染的情况："这是一条狭窄的、黝黑的、发臭的小河，里面充满了污泥和废弃物，河水把这些东西冲积在右边的较为平坦的河岸上。天气干燥的时候，这个岸上就留下一长串醒醒透顶的暗绿色的淤泥坑，臭气泡经常不断地从坑底冒上来，散布着臭气，甚至在高出水面四五十英尺的桥上也使人感到受不了。此外，河本身每隔几步就被高高的堤堰所隔断，堤堰近旁，淤泥和垃圾积成厚厚的一层并且在腐烂着。"① 马克思在《资本论》中提到，伦敦 450 万人的粪便排入泰晤士河污染河水。河水不但受到污染，而且由于滥伐森林，导致土质疏松，被洪水冲刷，致使河道淤塞。这种情况在俄国更为严重，"江河淤浅在俄国大概比其他任何地方都厉害"②。

第四，空气污染。资本家为了追逐利润最大化，一方面尽可能扩大再生产，另一方面又最大限度地减少生产成本，无视生产过程中产生的废气、废渣、废液等对环境的污染，尤其是大城市工业生产和生活产生的煤烟成为污染空气的罪魁祸首。恩格斯说道："曼彻斯特周围的城市……是一些纯粹的工业城市"，这些城市"到处都弥漫着煤烟"③。"在大城市的中心，在四周全是建筑物、新鲜空气全被隔绝了的街巷和大杂院里，情况就完全不同了。一切腐烂的肉类和蔬菜都散发着对健康绝对有害的臭气，而这些臭气又不能毫无阻挡地散出去，势必要造成空气污染。"④ 在伦敦，大量的工业烟囱冒着黑烟，毒化了本来就污浊沉闷的空气。加之伦敦地方狭小，"250 万人的肺和 25 万个火炉挤在三四平方里的面积上，消耗着极大量的氧气……呼吸和燃烧所产生的碳酸气"，严重地污染了空气，损害了人们的健康。"大城市的居民……患慢性病的却多得多。"在这种恶劣环境中生活的人们，其生活条件降到了最低限度。⑤

第五，工人的生活和工作环境恶化。工人的生活环境非常恶劣，导致各种疾病的发生。马克思对 19 世纪英国居住在泰恩河边工人的生活环境十

---

① 《马克思恩格斯全集》第 2 卷，人民出版社 1957 年版，第 331 页。
② 《马克思恩格斯文集》第 10 卷，人民出版社 2009 年版，第 627 页。
③ 《马克思恩格斯全集》第 2 卷，人民出版社 1957 年版，第 323 页。
④ 《马克思恩格斯文集》第 1 卷，人民出版社 2009 年版，第 410 页。
⑤ 《马克思恩格斯文集》第 1 卷，人民出版社 2009 年版，第 409、410 页。

分担忧，这里"伤寒病持续与蔓延的原因，是人们住得过于拥挤和住房肮脏不堪。工人常住的房子都在偏街陋巷和大院里，从光线、空气、空间、清洁各方面来说，是不完善和不卫生的真正典型"①。恩格斯在描述英国工人居住的环境时说道："大街左右有很多有顶的过道通到许多大杂院里面去；一到那里，就陷入一种不能比拟的肮脏而令人作呕的环境里；向艾尔克河倾斜下去的那些大杂院尤其如此；这里的住宅无疑地是我所看到过的最糟糕的房子。在这里的一个大杂院中，正好在入口的地方，即在有顶的过道的尽头，就是一个没有门的厕所，非常脏，住户们出入都只有跨过一片满是大小便的臭气熏天的死水洼才行。"② 马克思愤怒控诉资本家使工人的生活倒退到洞穴时代，工人像动物一样在洞穴中生活，"光、空气等等，甚至动物的最简单的爱清洁习性，都不再是人的需要了。肮脏，人的这种堕落、腐化，文明的阴沟（就这个词的本义而言），成了工人的生活要素。完全违反自然的荒芜，日益腐败的自然界，成了他的生活要素"③。工人的工作环境也非常糟糕。恩格斯揭露了资本家工厂恶劣的生产环境给工人身体造成的伤害，大量的工人患上职业病得不到医治而过早地死去。从事磨刀叉工作的工人因吸入大量金属屑而患上肺病，干磨工平均寿命不超过 35 岁，湿磨工平均寿命不超过 45 岁。从事磨光陶器工作的工人，由于吸入大量微细的矽土尘埃，喉咙溃烂，不停地咳嗽，最后都患上肺结核病死去。④ 马克思说，资本家的工厂，"人为的高温，充满原料碎屑的空气，震耳欲聋的喧嚣等等，都同样地损害人的一切感官，更不用说在密集的机器中间所冒的生命危险了"⑤。资本主义生产方式造成人与自然关系的紧张和对立，恶劣的生活工作环境严重地损害了工人的身心健康。不仅使自然环境恶化，而且以牺牲工人的生命健康为代价，造成对人自身自然的破坏。

---

① 《马克思恩格斯文集》第 5 卷，人民出版社 2009 年版，第 762 页。
② 《马克思恩格斯全集》第 2 卷，人民出版社 1957 年版，第 330 页。
③ 《马克思恩格斯文集》第 1 卷，人民出版社 2009 年版，第 225 页。
④ 参见《马克思恩格斯全集》第 2 卷，人民出版社 1957 年版，第 494 页。
⑤ 《马克思恩格斯文集》第 5 卷，人民出版社 2009 年版，第 490 页。

三、资本主义社会人与自然关系对立的根源

马克思恩格斯认为，人与自然的关系植根于人与人的社会关系，资本主义社会人与自然的对立关系植根于资本主义社会人与人的对立关系，根源于资本主义社会的生产方式。在资本主义社会，由于生产的唯一目的是使资本增值，因此，人与自然的关系实质上表现为资本同自然的关系，是资本对自然的占有。资本主义社会人与自然的对立，实质是资本与自然的对立，是资本家疯狂掠夺自然引起的对立。马克思恩格斯不仅阐述了资本主义社会人与自然的对立关系及其导致的后果，而且还全面、深入地分析和揭示了资本主义社会人与自然关系对立的制度根源、阶级根源、认识根源和社会根源。

第一，资本主义私有制是导致资本主义社会人与自然关系对立的制度根源。在资本主义私有制条件下，人们把自己与自然的关系当作占有与被占有、控制与被控制、征服与被征服的关系，对自然的开发是不加节制和掠夺性的，只是把自然当作满足自己各种需求的物质资料的提供者，不可避免地造成人与自然的对立和人与人的对立，造成对自然的破坏和给人类带来生态灾难。资本主义生产的目的就是追求尽可能多的剩余价值，为了实现价值的最大化，资本家总是千方百计地扩大再生产，使得资本主义生产呈现出无限扩大的趋势，其结果必然是一方面使得社会财富愈来愈集中在少数人即资本家手中，造成人与人即资本家与工人的矛盾更加尖锐；另一方面，又过度消耗自然资源和破坏环境，造成人与自然关系的紧张、冲突和对立。同时，资本主义大工业导致工业和农业的分离以及城市和乡村的对立，导致人与土地之间的物质变换的中断，使城市和乡村的生态环境遭到污染和破坏。在资本主义社会，个别企业生产的有组织性和整个社会生产的无计划性导致资本主义国家爆发周期性的经济危机，每一次经济危机都带来生产力的巨大破坏，社会物质财富包括自然资源的巨大浪费，更加剧了自然资源的紧张。可见，资本主义社会单纯为追求剩余价值的生产及其本身所固有的内在矛盾，必然造成对自然的不加节制的掠夺，从而造成人与自然关系的尖锐对立。

第二，资产阶级唯利是图的阶级本性是造成人与自然关系对立的阶级根源。由于资产阶级生产的目的就是为了更多地增加财富或金钱，因而表现在行动上就是唯利是图，贪婪成性，不计后果。马克思在《资本论》中说

过，如果有 10% 的利润，资本就保证到处被使用；有 20% 的利润，资本就活跃起来；有 50% 的利润，资本就铤而走险；为了 100% 的利润，资本就敢践踏一切人间法律；有 300% 的利润，资本就敢犯任何罪行，甚至冒绞首的危险。对于资本家来说，追求利润是他们生产的唯一动力。为了追求自己的最大利润和暂时利益，资本家可以不顾他人利益和社会长远利益，敢于践踏人间一切法律，更不用说会顾及生态环境、顾及人与自然的关系了。金钱成为资本家衡量一切事物价值的普遍标准。正如马克思所说："金钱是一切事物的普遍的、独立自在的价值。因此它剥夺了整个世界——人类世界和自然界——固有的价值。金钱是人的劳动和人的存在的同人相异化的本质；这种异己的本质统治了人，而人则向它顶礼膜拜。……在私有财产和金钱的统治下形成的自然观，是对自然界的真正的蔑视和实际的贬低。"① 资本家由于贪婪和唯利是图的本性，一方面置工人死活于不顾，从工人身上榨取尽可能多的剩余价值，加剧资本家与工人的矛盾；另一方面，又尽可能肆意掠夺自然资源和向环境直接倾倒废物，造成自然资源的过度消耗和环境的严重污染，加剧人与自然的矛盾。

第三，人类中心主义机械自然观是导致资本主义社会人与自然关系对立的认识根源。人类中心主义机械自然观是随着人类适应和改造自然能力的增强而逐步产生的，早期人类主要依靠自然赋予而生存，对自然充满了敬畏和崇拜。随着人类主体意识的产生，人们开始把注意力转向自身，强调自身在宇宙中的地位和作用。最早提出人类中心主义思想的是公元前 5 世纪的希腊哲学家普罗泰戈拉，他提出人是万物的尺度，是衡量一切事物价值的标准。《圣经》对人类中心主义作出了比较完整的表述："上帝为人类利益而创造自然界"，"上帝给予人以统治整个世界的权力"。中世纪的西方哲学家受宗教神学思想的影响，普遍认为，大自然是为了满足人类需要而存在的，人是宇宙中万事万物的目的。随着近代科学的发展，产生了以笛卡尔为代表的机械论自然观。笛卡尔认为，在主体和客体、人与自然之间，主体、人是主宰者，客体、自然是被主宰的对象；英国哲学家培根提出"知识就是力

---

① 《马克思恩格斯文集》第 1 卷，人民出版社 2009 年版，第 52 页。

量"的口号，认为人类掌握科学知识的目的就是为了更好地认识自然、征服自然、统治自然。这种机械论自然观认为自然界好比一架大机器，任由人们操纵、控制；认为人与自然界是分离和对立的，自然界没有价值，只有人才有价值，进一步发展了人类中心主义思想。这一人类中心主义机械自然观为人类肆意开发、掠夺和控制自然提供了认识基础，是导致人与自然关系对立的主要认识根源。此外，人们在生产实践活动中只看到"在取得劳动的最近的、最直接的有益效果"，却没有看到"那些只是在以后才显现出来的、由于逐渐的重复和积累才发生作用的进一步结果"[1]。由于资本主义社会的时代局限和人类认识本身的局限，人们往往对自身行为的后果，对自己作用于自然界的实践活动所产生的负面影响还难以作出准确的判断，这是导致人与自然关系对立的另一重要的认识原因。

第四，19 世纪资本主义社会忽视环境保护是导致人与自然对立的社会根源。资本主义社会人与自然的对立还有其社会根源：一是缺乏有关环境保护方面的法律法规。在 19 世纪资本主义社会环境问题虽然比较严重，尤其是工人的生产环境、生活条件十分恶劣，但从整个社会来看，当时的环境问题还没有像现在这样成为十分突出的问题。加之资本家关心的主要是如何获取更多的利润，因而环境问题还未提上议事日程，还没有制定和实施保护自然资源、防止环境污染的法律法规。二是在近代工业的迅速发展和城市化的快速推进过程中，城市缺乏系统规划，工业区和生活区、厂房和住房混在一起，致使居民区直接遭受工厂废弃物的污染，甚至有的工厂建在河岸，工厂的废渣废水未经处理就直接倾倒或排泄到河道中，严重污染河水。三是科学技术的资本主义应用，成为资本家获取财富的手段和工具。在资本主义社会，科学技术被当作资本自我保存的手段，直接为生产过程服务。在这里，"不仅是科学力量的增长，而且是科学力量已经表现为固定资本的尺度，是科学力量得以实现和控制整个生产的范围和广度"[2]。因此，科学与资本的结合只是成为资本家更大程度上作用于自然、获取更多财富的手段，而不会考

---

[1]　《马克思恩格斯全集》第 20 卷，人民出版社 1971 年版，第 521 页。

[2]　《马克思恩格斯全集》第 46 卷（下），人民出版社 1980 年版，第 269 页。

虑科学技术的应用对于环境的影响。四是"工业的资本主义性质"。从 18 世纪下半叶到 19 世纪，近代资本主义工业得到迅速发展，欧、美、日等相继实现了产业革命。随着资本主义工业的发展，资源环境问题开始突出起来。这是因为，资本主义工业的发展模式是以工业门类的过分集中及大批工业城市的崛起为标志，资本主义工业愈发展，就愈加没有节制地掠夺自然资源，愈加污染自然环境。正如恩格斯在《反杜林论》中所说："工厂城市把一切水都变成臭气冲天的污水"。"在这种条件下，一个国家越是以大工业为自己发展的起点，那么它对于环境的破坏和污染的过程也就越迅速。"①

四、解决资本主义社会人与自然对立的基本途径

马克思恩格斯认为，人与自然的关系实质上体现的是人与人的关系，资本主义社会人与自然的对立与危机体现的是人与人之间的对立与危机，人与自然关系的异化反映的是人与人关系的异化。因此，要从根本上解决资本主义社会人与自然的矛盾和对立，就必须从社会关系入手，解决资本主义社会人与人，即资本家和工人的矛盾和对立关系，建立新型的社会主义社会，并最终实现共产主义。

第一，推翻资本主义制度，铲除不合理的人与人的关系是解决人与自然对立的前提条件。马克思认为，资本主义制度造成人与自然关系的异化。马克思在《1844 年经济学哲学手稿》中通过分析资本主义私有财产关系，认为造成资本、土地、劳动三者相分离的正是资本主义私有制。资本主义社会工人的劳动不过是异化劳动，这种"异化劳动使人自己的身体同人相异化，同样使在人之外的自然界同人相异化，使他的精神本质、他的人的本质同人相异化"②。马克思揭示出资本主义社会的异化劳动使得人类自身处于异化关系之中，造成了人与自然的分离和对立。而资本家追求剩余价值的唯一生产目的及其唯利是图的贪婪本性，促使其不加节制地掠夺自然资源和向环境肆意倾倒废物，更加剧了人与自然关系的紧张和环境危机，因此，只要资

---

① 《马克思恩格斯全集》第 42 卷，人民出版社 1979 年版，第 553 页。

② 《马克思恩格斯文集》第 1 卷，人民出版社 2009 年版，第 163 页。

本主义制度存在，人与自然的对立和环境危机就不可避免。要从根本上解决环境危机和人与自然的对立，就必须变革不合理的社会制度，即推翻资本主义制度，"需要对我们的直到目前为止的生产方式，以及同这种生产方式一起对我们的现今的整个社会制度实行完全的变革"①。这就是说，只有改变资本主义私有制，消除异化劳动和人与人的异化关系，改变工业的资本主义应用，摒弃"资本的逻辑"，遏制资本主义追求剩余价值所导致的对自然的掠夺和对环境的破坏，才能从根本上解决资本主义社会的生态危机和人与自然的对立和冲突。

第二，实现社会主义社会和共产主义社会是克服人与人、人与自然分离与对立的根本途径。马克思恩格斯认为，资本主义社会的生产方式集中表现为资本家的私有资本支配一切，资本通过原始积累实现人与自然的强行分离，并且使得人与自然正常的物质变换处于断裂状态，导致人与自然的冲突和对立以及环境危机。要根本解决这一问题，就必须消灭资本本身。"资本不可遏制地追求的普遍性，在资本本身的性质上遇到了限制，这些限制在资本发展到一定阶段时，会使人们认识到资本本身就是这种趋势的最大限制，因而驱使人们利用资本本身来消灭资本。"②通过消灭资本和资本的私人所有，实现社会所有，才能克服生态危机，达到人与自然和人与人的和谐统一。"生产资料的社会占有，不仅会消除生产的现存的人为障碍，而且还会消除生产力和产品的有形的浪费和破坏，这种浪费和破坏在目前是生产的无法摆脱的伴侣，并且在危机时期达到顶点。此外，这种占有还由于消除了现在的统治阶级及其政治代表的穷奢极欲的挥霍而为全社会节省出大量的生产资料和产品。"③也就是说，在推翻生产资料资本家所有的资本主义社会，代之以生产资料全社会所有的社会主义和共产主义社会，随着人与人的异化关系的消除和平等关系的建立，人与自然的关系也具有了全新的性质，人们能够正确认识和处理人与自然的关系。自然界既不是成为人们单纯征服的对象，也不再作为盲目的力量与人相对抗，而是被联合起来的人们所认识和控

---

① 《马克思恩格斯文集》第9卷，人民出版社2009年版，第561页。
② 《马克思恩格斯文集》第8卷，人民出版社2009年版，第91页。
③ 《马克思恩格斯选集》第3卷，人民出版社1995年版，第575页。

制，成为人们进行自由创造活动的基础。正如马克思所说："社会化的人，联合起来的生产者，将合理地调节他们和自然之间的物质变换，把它置于他们的共同控制之下，而不让它作为一种盲目的力量来统治自己；靠消耗最小的力量，在最无愧于和最适合于他们的人类本性的条件下来进行这种物质变换。"① 可见，只有实现了"人与人的自由联合体"的社会主义社会和共产主义社会，人们才能正确认识和利用自然，与自然界进行合理的"物质变换"，才能最终解决人与自然的冲突和对立，实现人与自然的和解。

第三，摒弃人类中心主义的思维模式，树立正确的自然观，是克服人与自然对立的又一重要途径。人类中心主义认为人是唯一具有价值的存在物，把人类的利益看作是一切事物价值的原点，并且是全部道德评判的依据。在人与自然的关系中，人是主体、征服者，自然界是客体、被征服者；人是目的，是具有内在价值的主体，自然界是人达到自己目的的手段，作为工具理性才具有价值。人作为价值评判的唯一主体，人的一切活动都应该以自身的利益为出发点和归宿，都是为了满足自己生存和发展的需要这一目的。因此，只要能满足人类的需要，达到自己的目的，人类可以对自然采取任何行动，甚至可以毁坏或灭绝自然界的一切存在物。尤其是在金钱支配一切的资本主义社会，这种自然观更加导致人们对自然的蔑视、贬低和破坏。正如马克思所说："在私有财产和金钱的统治下形成的自然观，是对自然界的真正的蔑视和实际的贬低。"② 可见，在人类中心主义思维模式支配下，人类蔑视、贬低和破坏自然更进一步加剧了人与自然的紧张和对立，要消除这种对立，就必须摒弃人类中心主义的思维模式，确立正确的自然观。在马克思恩格斯看来，人是自然界发展到一定阶段的产物，是自然界的组成部分，是生活在自然界中的一员，人类不存在任何特权；自然界是人类赖以生存和发展的基础，为人类提供各种物质生产生活资料，离开自然界，人类就无法生存，更谈不上发展。因此，在对待自然的关系上，人类始终要尊重自然、爱护自然、保护自然。在人类的实践活动中，不要人为地中断自然界的物质

---

① 《马克思恩格斯文集》第 7 卷，人民出版社 2009 年版，第 928—929 页。
② 《马克思恩格斯文集》第 1 卷，人民出版社 2009 年版，第 52 页。

变换，打破自然界的生态平衡规律。要遵循自然规律，把人类的生产和生活控制在自然界可承受的范围之内。只有这样，才能克服人与自然的对立，实现人与自然的良性互动、和谐相处。

第三节　实现人与自然和谐相处的生态理想

马克思恩格斯认为，资本主义私有制导致人与自然的对立，使两者的关系以异化的形式表现出来。要克服这种异化和对立，实现人与自然和谐相处，就必须推翻资本主义这种不合理的社会制度，建立崭新的合理的社会即生产资料归全体社会成员共同所有的共产主义社会。马克思明确指出："这种共产主义，作为完成了的自然主义，等于人道主义，而作为完成了的人道主义，等于自然主义，它是人和自然界之间、人和人之间的矛盾的真正解决，是存在和本质、对象化和自我确证、自由和必然、个性和类之间的斗争的真正解决。"① 在这里，马克思指出了共产主义社会既真正解决了人与人的矛盾，又真正解决了人与自然的矛盾，真正做到了人与自然的和谐相处，是人与自然、人道主义和自然主义的高度统一。马克思恩格斯不仅勾勒了共产主义社会人与自然和谐相处的生态理想，而且还从原则上阐述了实现这一理想应采取的主要措施，如人与自然应进行合理的物质变换，人口增长应与自然资源保持动态平衡，发展科学技术，实现生产过程的物质循环利用，实现可持续发展等等。

一、人与自然进行合理的物质变换

马克思恩格斯认为，人与自然的相互作用表现为人与自然之间连续的、永恒的物质变换。这种物质变换通过劳动进行；合理的物质变换是保证人与自然平衡和统一的基础，而资本主义社会造成物质变换的断裂，导致生态危机和人与自然关系的对立；只有共产主义社会才能真正做到人与自然合理的

---

① 《马克思恩格斯文集》第 1 卷，人民出版社 2009 年版，第 185 页。

物质变换，消除人与自然的对立，实现人与自然的和谐共处。

第一，马克思恩格斯关于物质变换概念的基本规定。按照马克思恩格斯的观点，人与自然的物质变换过程是指人通过自身有目的的活动，作用于自然、改变自然，使自然物变为能满足人类需要的物质形态，同时又使人与自然保持动态平衡、相互统一的过程。物质变换体现着人作为主体与自然作为客体的双向互动的关系，体现着自然的人化和人的自然化的统一关系。一方面，人们通过自己有意识的活动作用于自然对象，将自己的本质力量体现在自然物上，按照自己的内在尺度改变自然的物质形态，使之变成能满足人类各种需要的价值形式，使人的活动"还在自然物中实现自己的目的"①。这是自然物变为人的价值物的过程，即自然的人化过程。另一方面，人们在改造自然的活动中也改造了人本身这一特殊自然。正如马克思所说，人们在进行生产活动时，"为了在对自身生活有用的形式上占有自然物质，人就使他身上的自然力——臂和腿、头和手运动起来。当他通过这种运动作用于他身外的自然并改变自然时，也就同时改变他自身的自然"②。也就是说，人在改造自然的同时，也使人自身得到改造，把自然属性变为人的属性，使人的头脑更发达，身体更强健，这是人的自然化的过程。马克思恩格斯的物质变换理论也体现着人与自然相互依存、相互制约、保持动态平衡的统一关系。人类通过物质变换作用于自然对象，从自然界获取维持人类生存和发展必需的生产生活资料。在这一过程中，自然界能够为人类提供的资源并不是无限的，人类应该节制自己向自然的无限索取行为。同时，人类向自然界排泄的废弃物应该与自然界的自净能力保持一致，如果超过了自然界的自净能力，就会带来环境危机，物质变换就有可能中断。因此，人和自然必须保持动态平衡，这是人和自然之间顺利进行物质变换的前提条件，也是基本要求。

第二，通过劳动实现人与自然之间的物质变换。劳动既是人类一切历史的起点，也是人与自然的物质变换得以进行的中介和桥梁。"一边是人及其劳动，另一边是自然及其物质。"③ 人类通过劳动，改变自然的物质形态，

---

① 《马克思恩格斯文集》第 5 卷，人民出版社 2009 年版，第 208 页。
② 《马克思恩格斯文集》第 5 卷，人民出版社 2009 年版，第 208 页。
③ 《马克思恩格斯文集》第 5 卷，人民出版社 2009 年版，第 215 页。

使之变成能满足人类自身生产生活需要的各种物质产品。同时，人类又将生产生活过程中产生的废弃物排入自然中，实现人与自然之间的物质变换。可见，人与自然的物质变换只有通过劳动才能实现。马克思说："劳动首先是人和自然之间的过程，是人以自身的活动来中介、调整和控制人和自然之间的物质变换的过程。"①马克思还进一步揭示了劳动与物质变换的关系，他说，劳动"是为了人类的需要而对自然物的占有，是人和自然之间的物质变换的一般条件，是人类生活的永恒的自然条件，因此，它不以人类生活的任何形式为转移，倒不如说，它为人类生活的一切社会形式所共有"②。在这里，马克思除了强调劳动是实现人与自然之间物质变换的前提条件外，还特别强调两点，一是指出劳动是人类生活永恒的自然条件，这表明以劳动为基础的人与自然的物质变换也具有永恒性；二是指出劳动为人类生活的一切社会形式所共有，即劳动具有普遍性，因此，物质变换亦具有普遍性。在马克思看来，劳动具有永恒性和普遍性，在劳动基础上实现人与自然的物质变换也具有永恒性和普遍性。这只是问题的一个方面，仅仅看到这一点还不够，还必须考察劳动在不同历史条件下的表现形式，考察物质变换的历史规定性和具体特征。马克思强调，人们的生产劳动是"在一定社会形式中并借这种社会形式而进行的"③。因此，考察劳动应当结合劳动形式的特殊性，同样，考察物质变换也应当结合其具体的社会历史条件。我们应当从普遍与特殊相结合的角度，既要把握劳动的永恒性普遍性，也要把握由具体社会形式所规定的劳动的暂时性特殊性。只有这样，才能真正把握劳动的本质及其在劳动基础上实现的物质变换的实质，并进一步弄清楚引起物质变换出现问题的深层原因。

第三，资本主义社会造成物质变换的断裂。马克思认为，资本主义社会由于资本支配一切，资本家以追求剩余价值最大化为最终目标，把人与自然正常的平等关系变为统治与被统治、索取与被索取的关系，不加节制地从自然界掠夺资源，同时又无所顾忌地向自然排泄废弃物，造成人与自然关系

① 《马克思恩格斯文集》第5卷，人民出版社2009年版，第207—208页。
② 《马克思恩格斯文集》第5卷，人民出版社2009年版，第215页。
③ 《马克思恩格斯文集》第8卷，人民出版社2009年版，第11页。

的紧张和对立，导致人与自然间的物质变换出现断裂，不能正常进行。马克思深刻指出："资本主义生产使它汇集在各大中心的城市人口越来越占优势，这样一来，它一方面聚集着社会的历史动力，另一方面又破坏着人和土地之间的物质变换，也就是使人以衣食形式消费掉的土地的组成部分不能回归土地，从而破坏土地持久肥力的永恒的自然条件。这样，它同时就破坏城市工人的身体健康和农村工人的精神生活。"① 资本主义的"大土地所有制……在社会的以及由生活的自然规律所决定的物质变换的联系中造成一个无法弥补的裂缝，于是就造成了地力的浪费，并且这种浪费通过商业而远及国外"②。在马克思看来，资本主义生产方式以人对自然的支配为前提，破坏了人与自然的内在统一性，造成人与自然的分裂和人与自然间物质变换的断裂。马克思还认为，这种物质变换的断裂也是资本主义社会劳动异化的必然结果。在资本主义社会，作为"生产过程事实上的基础或起点"的劳动是一种异化劳动，它表现为"劳动产品和劳动本身的分离，客观劳动条件和主观劳动力的分离"③。劳动是人与自然之间实现物质变换的基础和桥梁，资本主义社会劳动的分离和异化必然造成物质变换的分离和异化，即物质变换的断裂。这充分表明资本主义生产方式的反生态本质。要消除人与自然的分离，实现人与自然正常的物质变换，就必须变革资本主义生产方式，铲除资本主义私有制，实现生产资料的全社会所有，即实现社会主义和共产主义。

第四，只有共产主义社会才能实现合理的物质变换。马克思恩格斯认为，人与自然之间正常的物质变换应当是保持人与自然的统一，人类从自然界获取资源应当既能满足人类自身生存和发展的需要，又不至于对自然造成难以恢复的破坏。而资本主义私有制及其劳动异化使得人与自然之间的物质变换处于断裂状态，要使这种物质变换能够正常进行，就必须推翻资本主义制度，铲除资本主义私有制，代之以生产资料全社会所有，即实现社会主义和共产主义。马克思指出："社会化的人，联合起来的生产者，将合理地调节他们和自然之间的物质变换，把它置于他们的共同控制之下……靠消耗最

---

① 《马克思恩格斯文集》第 5 卷，人民出版社 2009 年版，第 579 页。
② 《马克思恩格斯文集》第 7 卷，人民出版社 2009 年版，第 918—919 页。
③ 《马克思恩格斯文集》第 5 卷，人民出版社 2009 年版，第 658 页。

小的力量，在最无愧于和最适合于他们的人类本性的条件下进行这种物质变换。"① 在社会主义社会和共产主义社会，扬弃了私有财产，实现了生产资料的社会占有，人与人和人与自然之间建立了新型的平等关系，人们能够自觉地认识、掌握和运用自然规律，能够善待自然、保护自然，合理地开发和利用自然，能够合理地调节人与自然的物质变换关系，保障这种物质变换在最适合于人类的本性的条件下进行。同时，在社会主义社会和共产主义社会，劳动从资本主义的异化劳动中解放出来，成为人的真正自由的对象性的活动，即马克思所说的"劳动的复归"。复归的劳动要求对自然实现"人道的占有"，而不是奴役自然、破坏自然。显然，社会主义社会和共产主义社会以劳动为基础的人与自然的物质变换由于克服了劳动的异化而能够正常进行，人与自然的分离和对立能够得到统一，矛盾得到和解。正如马克思所说的：这种共产主义，"它是人和自然界之间、人和人之间的矛盾的真正解决"②。

二、人口增长与自然资源保持动态平衡

马克思恩格斯认为，考察和分析人口问题不能脱离社会生产方式，人口自身的生产受着物质资料的生产关系和社会生产方式的制约。恩格斯在 1884 年出版的《家庭、私有制和国家的起源》序言中指出："历史中的决定性因素，归根结底是直接生活的生产和再生产。但是，生产本身又有两种。一方面是生活资料即食物、衣服、住房以及为此所必需的工具的生产；另一方面是人自身的生产，即种的蕃衍。一定历史时代和一定地区内的人们生活于其下的社会制度，受着两种生产的制约：一方面受劳动的发展阶段的制约，另一方面受家庭的发展阶段的制约。"③ 在恩格斯看来，物质资料的生产和人类自身的生产是人类历史存在和发展的基础，是人类历史活动中不可分割的两个方面。物质资料的生产和人类自身的生产相互联系、相互制约，共同推动人类社会的进步。马克思也说过："生命的生产，无论是通过劳动而

---

① 《马克思恩格斯文集》第 7 卷，人民出版社 2009 年版，第 928—929 页。
② 《马克思恩格斯文集》第 1 卷，人民出版社 2009 年版，第 185 页。
③ 《马克思恩格斯文集》第 4 卷，人民出版社 2009 年版，第 15—16 页。

生产自己生命，还是通过生育而生产他人生命，就立即表现为双重关系：一方面是自然关系，另一方面是社会关系。"① 人口的生产既表现为自然关系，也表现为社会关系，二者相互影响，相互制约。他们认为，如果脱离生产方式单纯考察人口的生产，就会陷入抽象人口论。正是在这个意义上，马克思恩格斯对马尔萨斯人口论进行了批判。

马尔萨斯认为，人口是按几何级数增加的，而土地的生产力是按算术级数增加的，因而，按算术级数增加的谷物数量永远赶不上按几何级数增加的人口数量，二者之间存在着不可调和的矛盾。整个人类发展的历史就是由这一矛盾决定的，由此马尔萨斯提出了人口相对于谷物过剩的理论。针对马尔萨斯离开社会生产方式单纯考察人口生产的抽象人口论，马克思批判指出："不同的社会生产方式，有不同的人口增长规律和过剩人口增长规律"，"这些不同的规律可以简单地归结为同生产条件发生关系的种种不同方式"②。恩格斯也批判指出："如果马尔萨斯不这样片面地看问题，那么他必定会看到，人口过剩或劳动力过剩是始终同财富过剩、资本过剩和地产过剩联系着的。"③ 马克思恩格斯认为，造成资本主义社会人口过剩的原因在于资本家对于工人剩余劳动的剥削和对自然的掠夺。"工人人口本身在生产出资本积累的同时，也以日益扩大的规模生产出使他们自身成为相对过剩人口的手段。这就是资本主义生产方式所特有的人口规律"④。"资本主义农业的任何进步，都不仅是掠夺劳动者的技巧的进步，而且是掠夺土地的技巧的进步，在一定时期内提高土地肥力的任何进步，同时也是破坏土地肥力持久源泉的进步。"⑤ 造成资本主义社会人口过剩的原因，一方面在于资本家残酷压榨工人，导致工人更加贫困，失业人数增加和购买力降低；另一方面在于资本家对于土地等自然资源的掠夺性破坏，造成粮食供给的不足。由此出现资本主义社会人口增长与粮食供给不足的矛盾，出现所谓人口相对过剩的情

---

① 《马克思恩格斯文集》第 1 卷，人民出版社 2009 年版，第 532 页。

② 《马克思恩格斯全集》第 46 卷下册，人民出版社 1980 年版，第 104 页。

③ 《马克思恩格斯文集》第 1 卷，人民出版社 2009 年版，第 80 页。

④ 《马克思恩格斯文集》第 5 卷，人民出版社 2009 年版，第 727 页。

⑤ 《马克思恩格斯文集》第 5 卷，人民出版社 2009 年版，第 579 页。

况。要解决这一矛盾，解决人口过剩问题，保持粮食供应与人口增长平衡，就必须消灭资本家阶级和工人阶级利益处于对立状态的资本主义制度，实现人与人的利益融合的社会主义社会和共产主义社会。"只要目前对立的利益能够融合，一方面人口过剩和另一方面财富过剩之间的对立就会消失，关于一国人民纯粹由于富裕和过剩而必定饿死这种不可思议的事实，这种比宗教中的一切奇迹的总和更不可思议的事实就会消失，那种认为土地无力养活人们的荒谬见解也就会消失。"①

在批判马尔萨斯抽象人口论的同时，马克思恩格斯肯定了马尔萨斯关于人口增长与谷物供给保持平衡思想的合理性，强调人口增长与自然资源必须保持动态平衡。马尔萨斯人口论从根本上说是抽象的、非科学的，但它在人类思想史上首次提出了人口增长与谷物供给不足的矛盾问题，促使人们更深入地思考人口与自然资源之间如何保持平衡，"马尔萨斯的理论却是一个不停地推动我们前进的、绝对必要的转折点。由于他的理论，总的说来是由于政治经济学，我们才注意到土地和人类的生产力，而且只要我们战胜了这种绝望的经济制度，我们就能保证永远不再因人口过剩而恐惧不安"②。马克思恩格斯认为，要保持人口增长与自然资源之间的平衡，消除过剩人口，只有在未来的社会主义社会和共产主义社会才有可能。未来社会，为了保证人口生产和物质资料生产相适应，正像对物质资料生产实行计划一样，也可以对人口生产实行计划。恩格斯在《政治经济批判大纲》中提出，要做到有计划地控制人口增长，必须进行消灭私有制的社会革命。他在1881年致卡尔·考次基的信中更是明确指出："人类数量增多到必须为其增长规定一个限度的这种抽象可能性当然是存在的。但是，如果说共产主义社会在将来某个时候不得不像已经对物的生产进行调节那样，同时也对人的生产进行调节，那么正是那个社会，而且只有这个社会才能毫无困难地做到这点。在这样的社会里，有计划地达到现在法国和下奥地利在自发的无计划的发展过程中产生的那种结果，在我看来，并不是那么困难的事情。无论如何，共产主

---

① 《马克思恩格斯文集》第1卷，人民出版社2009年版，第81页。
② 《马克思恩格斯全集》第1卷，人民出版社1956年版，第620页。

义社会中的人们自己会决定，是否应当为此采取某种措施，在什么时候，用什么方法，以及究竟是什么样的措施。"① 恩格斯认为，在共产主义社会，为了保持人口增长与自然资源之间的相对平衡，可以对人口的生产通过计划的方式进行控制，至于采取那些具体措施控制人口过快增长，那是"共产主义社会中的人们自己会决定"的事情，不过，马尔萨斯提出的对人口的生产进行"道德限制"不失为一种方法。"我们从马尔萨斯的理论中为社会变革汲取到最有力的经济论据，因为即使马尔萨斯完全正确，也必须立刻进行这种变革，原因是只有这种变革，只有通过这种变革来教育群众，才能够从道德上限制繁殖本能，而马尔萨斯本人也认为这种限制是对付人口过剩的最有效和最简易的办法。"②

马克思恩格斯从两种生产相互制约的唯物史观出发，批判了马尔萨斯的抽象人口论及其过剩论，提出应当从社会的物质资料生产方式中考察人口的增长及其过剩的问题，强调只有废除资本主义的生产方式，实现社会主义和共产主义，才能消除人口过剩，消除人口增长和谷物增长不平衡的矛盾，实现人与自然的动态平衡。

三、利用科学技术实现废弃物质的循环利用

科学技术作为人类认识自然、探索自然的积极成果，始终是推动社会进步的革命力量。"现代自然科学和现代工业一起对整个自然界进行革命改造，结束了人们对于自然界的幼稚态度以及其他幼稚行为"③。马克思恩格斯不仅强调科学技术在推动人类社会进步中的巨大作用，而且还非常重视科学技术在解决人与自然的分离与对立、推动人与自然的和解中的重要作用。他们充分相信科学技术能为解决人类的生态环境问题提供强大的物质技术手段。马克思就认为，科学技术在推动生产中的物质循环利用，解决人与资源的矛盾中起着重要作用，科学技术"要探索整个自然界，以便发现物的新的有用属性……采用新的方式（人工的）加工自然物，以便赋予它们以新的使

---

① 《马克思恩格斯文集》第 10 卷，人民出版社 2009 年版，第 455 页。
② 《马克思恩格斯文集》第 1 卷，人民出版社 2009 年版，第 81 页。
③ 《马克思恩格斯全集》第 10 卷，人民出版社 1998 年版，第 254 页。

用价值……要从一切方面去探索地球，以便发现新的有用物体和原有物体的新的使用属性"①。

　　为了节约资源，减少对资源的消耗和污染物的排放，要通过科技手段加大对生产过程中废弃物的充分利用。在马克思看来，废弃物并不是真正不起作用的自然物，"所谓的废料，几乎在每一种产业中都起着重要的作用"。通过科技的进步发现废弃物新的有用性质，实现生产过程物质的循环利用。"科技的进步，特别是化学的进步，发现了那些废物的有用性质。"②"化学的每一个进步不仅增加有用物质的数量和已知物质的用途，从而随着资本的增长扩大投资领域。同时，它还教人们把生产过程中和消费过程中的废料投回到再生产过程的循环中去"③。马克思认为，化学工业提供了废物利用最显著的例子，例如通过化学工业的进步，把以前几乎毫无用处的煤焦油，变成苯胺染料、茜红染料（茜素），甚至变为药品。再比如，英国毛纺业通过对机器进行改良和工艺创新，把几乎毫无价值的废毛、破烂毛织物和棉毛纺织物进行再加工，制成有多种用途的丝织品。从1839—1862年，英国废丝的消费增加了一倍，而真正的生丝消费却有所减少；再生羊毛的使用到1862年年底已占到英国羊毛工业全部消费量的1/3。除了通过科技进步充分利用废弃物以外，还要通过科技的进步、机器的改良和工艺的革新，有效地减少生产过程中废弃物的产生，从而减少对自然资源的消耗和对环境的污染。所谓废弃物的减少是指生产中把原料和辅助材料的直接利用提到最高限度和把废弃物减到最低限度。废弃物的减少取决于科技发展的状况，如按照取得显著进步的力学原理进行改进的磨谷技术就较多地减少了废弃物；采用新的水渍法和机械梳理法精细加工亚麻，也明显地减少了废弃物。马克思还认为，废弃物的减少与机器的质量和原料的质量有直接的关系。"废料的减少，部分地要取决于所使用的机器的质量。机器零件加工得越精细，抛光越好，机器、肥皂等物就越节省。……最后，这还要取决于原料本身的质量。而原料的质量又部分地取决于生产原料的采掘工业和农业的发展（即本来意义上

①　《马克思恩格斯文集》第8卷，人民出版社2009年版，第89页。
②　《马克思恩格斯文集》第7卷，人民出版社2009年版，第117、115页。
③　《马克思恩格斯文集》第5卷，人民出版社2009年版，第698—699页。

的文化的进步），部分地取决于原料在进入制造厂以前所经历的过程的发达程度。"①

马克思恩格斯认为，对于生活过程中产生的排泄物也应当通过科学技术加以有效利用，"消费排泄物对农业来说最为重要"。但在资本主义生产方式下，"在利用这种排泄物方面，资本主义经济浪费很大"②。马克思举例说："在伦敦，450 万人的粪便，就没有什么好的处理方法，只好花很多钱来污染泰晤士河。"③ 在资本主义社会，由于工业化和城镇化的推进，大量农村人口涌向城镇，造成城市和农村的分离，而城镇又缺乏有效规划，一方面城镇遭受大量有机排泄物和生活垃圾的污染；另一方面，农村土地所需要的有机肥料得不到补偿，"破坏着人和土地之间的物质变换，也就是使人以衣食形式消费掉的土地的组成部分不能回归土地，从而破坏土地持久肥力的永恒的自然条件"④。资本主义生产方式及其城乡分割导致人与土地的物质变换不能正常进行，不能有效地利用科学技术解决城市有机物的污染问题。要改变这种状况，就必须推翻资本主义制度，实行"社会生产"和"城乡融合"。恩格斯指出："只有通过城市和乡村的融合，现在的空气、水和土地的污染才能排除，只有通过这种融合，才能使目前城市中病弱的大众把粪便用于促进植物的生长，而不是任其引起疾病。"⑤ 在恩格斯看来，未来的共产主义社会实行社会生产和城乡融合，人们通过发展科学技术有效地利用城市的有机排泄物，一方面可以把这些排泄物输送到农村作为植物的肥料，改善土壤；另一方面又减少了城市有机物的污染，这样在人与土地之间实现了良好的物质变换，实现了人与自然之间的良性循环。

---

① 《马克思恩格斯文集》第 7 卷，人民出版社 2009 年版，第 117—118 页。
② 《马克思恩格斯文集》第 7 卷，人民出版社 2009 年版，第 115 页。
③ 《马克思恩格斯文集》第 7 卷，人民出版社 2009 年版，第 115 页。
④ 《马克思恩格斯文集》第 5 卷，人民出版社 2009 年版，第 579 页。
⑤ 《马克思恩格斯选集》第 3 卷，人民出版社 1995 年版，第 646—647 页。

第四节　马克思恩格斯关于人与自然
关系生态思想的当代价值

马克思恩格斯以科学的世界观为指导，揭示了人与自然的真实关系，阐明了人在世界中的地位与作用，提出了解决生态问题的主要思路。马克思恩格斯关于人与自然关系的深邃的生态思想对于我们当下正确处理人与自然的关系，转变发展方式，摆脱生态危机，建设美丽中国等都具有重要指导意义。

一、马克思恩格斯的生态思想为当代生态文明建设确立了基本价值原则

面对日益严峻的生态环境问题，我们党和政府提出了加强生态文明建设的战略决策。生态文明建设的核心问题是如何正确对待人与自然的关系问题，马克思恩格斯对这一问题作出了科学的回答。他们认为，人是自然界发展到一定阶段的产物，是自然界的一部分；同时，人的存在和发展依赖于自然界提供的物质生活资料。因此，人与自然界是相互依存、和谐平等的关系。马克思恩格斯还认为，人虽然与自然界的其他生命体一样，需要从自然界取得物质和能量，以维持自身的生存，但与其他生命体被动地适应自然有着根本的不同，人是具有自我意识的能动主体，人类通过自己的实践活动改变自然界，与自然进行物质能量变换，创造人类需要但自然界并不直接存在的物质，从而不断重构人与自然的关系。人类作用于自然的过程也就是自然的人化过程，同时也就是人类自身关系即社会关系的形成和发展的过程。这就是说，人类在从事改造自然的实践活动的同时，也在形成和创造着自己的社会关系。自然的人化只有在社会之中才能进行，因此，自然界的属人的存在或者说自然界的人的本质只能是对于社会的人或人类社会才是有意义的，脱离了人及人类社会的自然与脱离了自然的社会均不是人类世界中的自然及社会，只有二者的统一才构成人类世界中属人的自然及社会。在人类作用于自然、改造自然的实践活动中，也使得人类自身的因素进入到自然中，赋予

自然存在以人的尺度。

当代生态文明建设，既要保持人与人、人与社会的良好关系，也要保持人与自然的良好关系。在人类作用于自然的物质变换中，应当做到人与自然的生态平衡，应当合理地调节人与自然之间的物质变换，在最无愧于和最适合于人类本性的条件下进行这种物质变换。马克思恩格斯关于人与自然应当保持生态平衡的思想为我们确立了人与自然相互依存、和谐共生与协同进化的生态原则。这一原则要求我们在从事生产实践活动过程中，应当尊重自然、爱护自然、善待自然、保护自然，应当遵循自然界的客观规律，按客观规律办事。人类作为自然界的一部分，尊重自然，就是尊重自己。正如马克思指出：人如何对待周围自然界，实质上已经是人类如何对待自己的问题，是人类的部分与整体、片面与全面、眼前与长远、现在与未来之间的关系问题。因此，在人与自然的关系问题上，在人类的生产实践活动中，人类不应该把自然仅仅当作满足自身物质需要的工具，以征服者的姿态对待自然，毫无节制地掠夺自然、肆意破坏自然，打破人与自然的生态平衡，而应该在改造和利用自然的同时，从人的角度关照自然，按照马克思的要求，把人的尺度与自然物的尺度统一起来，避免损害自然，造成人与自然的冲突和对立，追求人与自然的统一与和谐。人类为了自身的永续发展和健康发展，应当不分国家、民族，都应把大自然看作是自身赖以生存的共有家园，都有共同维护好这个家园、维护好人与自然生态平衡的责任与义务。

当前，我国正在进行中国特色社会主义现代化建设，面对资源约束趋紧、环境污染严重、生态系统退化的严峻形势，党的十八大报告明确提出要树立尊重自然、顺应自然、保护自然的生态文明理念，要把生态文明建设放在更加突出的地位。我们在建设生态文明过程中，应当遵照马克思恩格斯确立的人与自然应当保持生态平衡的价值原则，尊重和爱护自然，保护好生态环境，更好地协调好人与自然的关系，努力推进人与自然和谐、健康发展。

二、马克思恩格斯的生态思想为当代中国特色社会主义生态文明建设提供理论指导

马克思恩格斯虽然没有专门系统研究过生态问题，但在他们的著作中包含着丰富深邃的生态思想，他们认真思考和严肃对待人类的生存环境问题，为我们深入认识和正确解决全球性的生态危机提供了基本思路和途径。认真梳理、学习和研究马克思恩格斯的生态思想，对于我们制定正确的发展战略，克服生态危机，走可持续发展道路，顺利推进中国特色社会主义现代化建设，有着十分重要的指导意义。

第一，以马克思恩格斯生态思想为指导，通过科学技术发展循环经济，促进可持续发展。马克思恩格斯关于人与自然物质变换的思想特别强调废弃物的再利用。他们认为，随着科学技术的发明和应用，一方面可以通过改良机器大幅度提高劳动生产效率；另一方面可以实现资源价值利用的最大化，实现工业生产过程中废弃物的循环利用，最大限度地减少原材料的消耗。马克思指出："化学的每一个进步不仅增加有用物质的数量和已知物质的用途，从而随着资本的增长扩大投资领域。同时，它还教人们把生产过程和消费过程中的废料投回到再生产过程的循环中去，从而无须预先支出资本，就能创造新的资本材料。"① 这表明在人与自然进行物质变换的过程中可以提高资源利用效率，尽量减少资源浪费。因此，在生产过程中，面对发展与资源约束趋紧的矛盾，我们应当遵循马克思恩格斯关于废弃物循环利用的思想，通过科技进步大力发展循环经济。循环经济是按照自然物质循环方式运行的一种生态经济模式，它遵循的是资源节约与循环再利用的原则，是一种强调可持续发展的良性经济发展模式。我们应当转变经济发展方式，加大发展循环经济力度，大力发展高科技、低能耗、无污染或者少污染产业，走出一条能源消耗低、环境污染少的新型工业化道路。我们应当在马克思恩格斯生态思想指导下，按照党的十八大报告提出的要求："着力推进绿色发展、循环发展、低碳发展，形成节约资源和保护环境的空间格局。"② 大力发展循环经济，把经济发展对资源的需求和对生态环境的破坏降到最低程度，促进可持续发展和生态环境的保护，从根本上解决经济发展与生态环境的矛盾与冲突，保障经济发展与环境保护的协调统一，促进人与自然的和谐。

---

① 《马克思恩格斯文集》第 5 卷，人民出版社 2009 年版，第 698—699 页。
② 胡锦涛：《坚定不移沿着中国特色社会主义道路前进　为全面建成小康社会而奋斗——在中国共产党第十八次全国代表大会上的报告》，人民出版社 2012 年版，第 39 页。

　　第二，以马克思恩格斯生态思想为指导，推进城乡生态一体化建设。马克思认为，资本主义社会城市和乡村的分离和对立，导致资本主义社会农业物质变换的断裂和城乡生态环境的恶化，要改变这一状况，就应当实现工业和农业的结合、城市与乡村的融合以及在全国范围内人口均衡分布等。从我国城乡发展的现状来看，"以工促农、以城带乡"的发展战略推动了城乡经济社会一体化发展。所谓城乡一体化，是指将工业和农业、城市和乡村、城镇居民和农村居民看作一个整体，统筹考虑、统一布局，通过体制机制创新，改变城乡二元经济结构，推动城市和乡村规划布局、产业发展、文化教育、社会事业以及生态环境保护等方面的一体化，从而使整个城乡经济社会实现全面、协调、可持续发展。从生态环境的角度来看，城乡一体化就是指通过实现城乡生态环境的有机结合，保证自然生态过程畅通有序，促进城乡健康、协调发展。在统筹考虑、总体布局、全面规划城乡一体化建设的发展战略指导下，加快推进农村、城镇和城市的生态化建设。一是加快推进农村生态化建设。要努力改善农村生态环境，加强山林、耕地、草场、水资源等的保护，尽可能节约土地资源和水资源等，实现农业资源的集约开发利用；要大力发展生态农业，多施用人畜粪便等有机肥料，提升土壤肥力，实现对农作物秸秆、稻草、谷壳等废弃物的再生利用和综合利用，提高资源的利用效率；尽量减少化肥、农药、添加剂、除草剂、改良剂等化学物质的投入，减少化学物质对土壤的污染，保护土壤结构，促进农业可持续发展；要努力改善农村人居环境，为农民创造良好的生活空间，不断提高农民的生活质量。二是加快推进城市的生态化建设，建设符合生态环保要求的生态城市。所谓生态城市是指按照现代生态环保要求进行城市设计，以保护自然为基础，城市发展与环境承载力相适应的新型城市。推进生态城市建设，首先，应当坚持可持续发展原则，加强城市规划管理，并制订严格的环境质量标准；其次，城市要有合理的产业结构，产业之间相互关联，并实现资源的循环、高效利用；再次，城市规划和建设要最大限度保护自然生态，尽量减少对自然环境的消极影响，城市的一切建设活动都应该保持在自然环境所允许的承载能力之内；最后，把建设"花园城市"、"山水城市"、"绿色城市"等作为奋斗目标和发展模式，因地制宜，依照当地的自然和人文潜力，从城市居民的生活实际需要出发，建设生活环境优美、服务设施配套、环境质量良好的居民生活区。

第三，以马克思恩格斯生态思想为指导，推进生态文明的制度、法规建设。马克思恩格斯认为，解决资本主义社会人与自然的矛盾引发的生态危机，仅仅依靠提高认识是不够的，必须实行社会主义公有制，但社会主义社会只是为解决生态危机提供了制度保障，要从根本上解决生态危机还必须建立与生态文明相适应的体制机制及法律法规。我国已建立社会主义制度，处于社会主义初级阶段，从根本上消除了私有制社会对建设生态文明的制度性障碍。但是，与马克思恩格斯提出的要消除人与自然的冲突，实现人与自然真正和解的生态要求相比，我们还存在着与建设生态文明社会不相适应的体制机制性障碍和法律法规的缺失。就当前来说，这些问题主要表现为：一是政绩考核主要看经济指标。长期以来，考核党政领导干部政绩的主要依据是经济指标，尤其是看 GDP 的增长情况，导致部分干部缺乏保护资源环境的积极性，有的甚至是为了经济指标的短期增长而牺牲资源环境。二是现行资源环境管理体制机制不顺畅。我国实行的是条块分割的部门行业资源环境管理体制，存在着政出多门、难以协调、责任不清、环保政策不配套、环保投入不足、处罚不严等问题。三是资源环境保护的法律法规不健全。应该说，经过立法部门和相关部门多年努力，我国制定颁布了一系列有关资源环境保护的法律法规，但仍然存在着体系不够健全、覆盖范围不全面、一些重要领域法律法规缺位等问题，环保执法部门存在着执法队伍素质不高、有法不依、执法不严等情况。针对这些问题，我们应当以马克思恩格斯生态思想为指导，建立以绿色 GDP 为主要内容的政绩考核体系；理顺资源环境保护的管理体制机制，加强各资源环境相关管理部门的协调配合，统筹管理，提高管理实效；建立完备的资源环境保护的法律法规体系，使生态文明建设走上制度化、法制化的轨道，依法保护和治理生态环境。

第四，以马克思恩格斯生态思想为指导，加强生态治理的国际合作。马克思恩格斯所处的时代是历史转变为世界历史的时代，就资本主义生态危机来说，也带有世界性质。马克思揭露说：英国资本家由于"盲目的掠夺"造成"地力枯竭"，"对英国田地施肥"用的海鸟粪要"从遥远的国家"即秘鲁进口；所有的资本主义国家掠夺殖民地国家的资源和土壤，用于支持自己国家的工业化，造成殖民地国家的生态危机。① 因此，解决生态问题应当要具有"世界历史眼光"。当前，随着经济全球化进程的加快，人类历史愈益具有"世界性"，各国经济相互联系、相互依存、相互影响，因而发展经济所带来的环境问题也是每一个国家共同面对的问题，解决环境问题需要各国共同采取行动，某一个或某几个国家单独采取行动解决环境危机都将收效甚微。因此，在治理生态环境问题时，我们应当在更深层次和更广范围内加强国际交流与合作。1972 年联合国人类环境会议通过的《人类环境宣言》明确提出了全球环境保护战略："保护和改善人类环境是关系到全世界各国人民的幸福和经济发展的重要问题，也是世界各国人民的迫切希望和各国政府的责任。"我国作为最大的发展中国家，也是世界第二大经济体，在治理污染、保护环境方面应当按照马克思所说的做到"具有世界眼光"，加强与世界各国特别是发达国家和相关国际组织的交流与合作，以最小的资源环境代价换取最大的经济社会效益，促进经济发展与环境保护相协调，促进人与自然的"和解"。

三、马克思恩格斯的生态思想为对人民群众进行生态文明教育、培育他们的生态文化意识及提升环境伦理素质提供了正确的思想指引和丰富的文化资源

加强对人民群众的生态文明教育，对于培养他们确立正确的生态观，提高认识和解决环境与发展问题的能力，促进经济社会可持续发展，有着十分重要的意义。党的十八大报告指出："加强生态文明宣传教育，增强全民节约意识、环保意识、生态意识，形成合理消费的社会风尚，营造爱护生态环境的良好风气。"加强对人民群众的生态文明教育，是指为了解决人与自然的冲突，保持人与自然的平等和谐关系，维持人类社会可持续发展，党和政府及相关部门对人民群众进行的正确处理人与自然关系的行为规范教育，通过教育培养人们自觉遵守生态文明道德，全面提升他们的生态道德素养，

---

① 参见《马克思恩格斯全集》第 23 卷，人民出版社 1972 年版，第 769 页。

养成与生态文明要求相适应的生活方式与行为习惯。《中国 21 世纪议程》也指出："教育是促进可持续发展和提高人们解决环境与发展问题的能力的关键。教育对于改变人们的态度是不可缺少的，对于培养环境意识和道德意识、对于培养符合可持续发展和公民有效参与决策的价值观与态度、技术和行为也是不可少的。"

　　长期以来，传统的伦理道德教育基本上关注的是人与人之间的道德规范，而缺乏有关人与自然关系的教育，关于环境保护和生态文明的相关内容很难进入传统伦理道德教育的视野。近年来这一状况虽然有所改变，但仍然存在着对公众进行环境伦理教育重视不够、教育资金投入不足、环境伦理教育还不够深入、流于表面化和形式化等问题。由于环境伦理教育还不理想，导致社会公众环境道德总体水平还不够高，与我国建设生态文明的战略要求相比还有很大的距离。根据零点研究咨询集团与新浪环保联合发布的 2010 年中国公众环保指数报告，全国 30 个省会城市及直辖市居民的环保意识和环保行为调查结果表明，2010 年我国公众环保指数得分为 69.5 分，与 2005 年（68.1 分）和 2007 年（69.1 分）相比变化不大，表明我国公众环保意识还不够强，环境伦理道德素质还不够高，进步也还不够明显。公民环境伦理素质不高严重地制约了我国建设生态文明战略决策的实施。因此，要推进生态文明建设，必须对社会公众进行系统而广泛的生态文明教育，普遍提升他们的环境伦理素质，在全社会牢固树立生态文明理念。马克思恩格斯的生态思想为对人民群众进行生态文明教育、培育他们的生态文化意识及提升环境伦理素质提供了正确的思想指引和丰富的文化资源。

　　一是以马克思主义的自然观为指导，教育人们树立正确的自然观，正确处理人与自然的关系。马克思恩格斯认为，人是自然界长期发展的产物，是自然界的有机组成部分，人与自然相互依存、不可分割，人类应当尊重自然、顺应自然。但是，在私有制社会尤其是资本主义社会，私有者和资本家因受自身利益的驱使不能形成正确的自然观，正如马克思所说："在私有财产和金钱的统治下形成的自然观，是对自然界的真正蔑视和实际的贬低"①。

---

① 《马克思恩格斯文集》第 1 卷，人民出版社 2009 年版，第 52 页。

在私有制条件下，财产所有者不仅剥削人、压榨人，而且剥削自然界、压榨自然界，为了自身的利益肆意攫取自然资源。这种旧的自然观不可能实现对自然的真正尊重。我们应当教育人民摒弃旧的自然观，确立马克思主义自然观，正确处理人与自然的关系，学会尊重自然、顺应自然、爱护自然、保护自然，按自然规律办事，绝不能把自己凌驾于自然之上，像征服者统治异族人那样统治自然。我们应该时刻牢记，如果"人靠科学和创造天才征服了自然力，那么自然力也对人进行报复"①。

二是以马克思主义的利益观为指引，教育人们树立正确的利益观，正确处理人的利益与自然利益、经济利益与生态利益的关系。马克思主义利益观认为，人们奋斗所争取的一切都与他们的利益有关，利益成为人们行为的内在动力，是激励人们为满足自身生存和发展需要有意识地进行改造自然的客观物质活动的动因。不同的利益主体在追求利益过程中必然产生利益冲突和利益矛盾。利益关系可分为两种类型，人与自然的利益关系（表现为生产力）和人同人的利益关系（表现为生产关系），正像人与人的利益矛盾和冲突需要社会伦理调整一样（阶级矛盾和阶级冲突除外），人与自然的利益矛盾和冲突也需要环境伦理进行调整。马克思主义关于社会伦理理论在处理人与人的利益关系时强调，在自身利益与他人利益和社会利益发生冲突时，应当牺牲自身利益以维护他人和社会的利益；同样，在处理人与自然的利益关系时，在人类自身利益与自然利益发生冲突和矛盾时，应当牺牲人类狭隘的自身利益和眼前利益以保护自然和维护自然利益，从而最终维护人类的整体利益和长远利益。我们应当以马克思主义利益观为指引，教育人们树立正确的利益观，正确处理人的利益与自然利益、经济利益与生态利益的关系，把人的利益与自然的利益、经济利益与生态利益统一起来，既尊重人的利益，又尊重自然的利益；既重视经济利益，又重视生态利益。要教育人们在发展经济、追求物质利益的同时，确立生态优先的原则，注重自然界各个要素之间的协调关系，维护好自然界的生态利益。

三是以马克思主义消费观为指引，教育人们树立正确消费观，正确处

---

① 《马克思恩格斯文集》第 3 卷，人民出版社 2009 年版，第 336 页。

理当代发展与可持续发展的关系。近些年来，随着我国经济社会的进步，人们的生活水平开始从温饱阶段向小康阶段迈进。与此同时，人们的消费观念和消费方式也发生了很大的变化，开始从基本生活消费型向享受生活消费型转变。这本无可非议，但一些人由于崇尚西方的消费文化和生活方式，接受"消费就是美德"、"挥霍就是气派"等错误观念，致使奢侈浪费之风在一定范围有所泛滥，并有蔓延之势。这种少部分人利用特权及财富肆意挥霍的行为既损害了社会公平正义，败坏了社会风尚，也是对天物的暴殄，浪费了自然资源，损害了人与自然的和谐关系。消费最终都要归结为对自然资源的消费，地球作为一个相对封闭的自循环系统，在特定的时期可供人类消费的资源总是有限的，而奢侈浪费一类的过度消费过快地消耗了自然资源，造成发展的不可持续性。因此，我们应当以马克思主义的消费观为指引，教育人们摒弃错误的消费观，树立正确消费观，正确处理当代发展与可持续发展的关系。马克思一方面充分肯定了消费的作用，认为适度消费能够促进生产力的发展，是人类社会发展的前提和动力；另一方面，马克思又坚决反对奢侈浪费一类的畸形消费行为，认为这种畸形消费是一种否定人的异化行为，是"仅仅供享乐的、不活动的和供挥霍的财富的规定在于：享受这种财富的人，一方面，仅仅作为短暂的、恣意放纵的个人而行动，并且把别人的奴隶劳动、把人的血汗看作自己的贪欲的虏获物，所以他把人本身，因而也把他本身看作可牺牲品的无价值的存在物。……他把人的本质力量的实现，仅仅看作自己无度的要求、自己突发的怪想和任意的奇想的实现"①。在摒弃这种畸形消费观和消费行为的同时，我们应当确立"适度消费"和"绿色消费"的正确消费观。"适度消费"是一种减量消费，可以减少对自然资源的消耗；"绿色消费"是一种能够保持自然界循环的消费，即物质资源经过人们消费后重新回到自然界，被自然界分解和吸收，并成为人类可以再次使用的新的资源。"适度消费"和"绿色消费"既顾及到当代人生存和发展的需要，也兼顾到后代人生存和发展的需要，体现了当代发展和可持续发展、人与自然的和谐统一。

---

① 《马克思恩格斯文集》第 1 卷，人民出版社 2009 年版，第 233 页。

四、马克思恩格斯的生态思想为彻底解决生态问题，实现人与自然的和解指明了方向

马克思恩格斯认为，考察生态问题不能孤立地进行，而必须与社会问题联系起来进行思考。人与自然的关系既影响着人与社会的关系，反过来又受到人与社会关系的制约。在马克思看来，人们在生产过程中结成的社会关系以及在此基础上形成的生产目的、消费形式、科技发展状况等从根本上制约着人与自然的关系。也就是说，人的社会关系制约人与自然的关系，作为人与自然冲突关系反映的生态问题根源于人与社会关系的冲突，因而要解决生态问题必须从解决社会问题入手。马克思恩格斯所处的时代生态问题已经开始成为资本主义社会突出的问题，资本主义的大工业生产已经造成严重的生态灾难，如森林被大量砍伐、水土流失严重、地力日益贫瘠、江河淤塞并受到污染、气候变化异常、城市拥挤脏乱等。表面上看，资本主义社会出现的这些生态问题似乎仅仅反映的是人与自然关系的不和谐，似乎是"观念性"的认识问题或"纯技术性"的实践问题。而在马克思恩格斯看来，这些生态问题实际上是资本主义制度造成的，是资本主义生产方式"对自然界的习惯常规过程所做的干预所引起的较近或较远的后果"①。资本主义社会资本家追求剩余价值的最大化导致资本主义生产呈现无限扩大的趋势，随着资本主义生产的发展，一方面导致人与人的矛盾即资本家与工人阶级的矛盾不断激化；另一方面又导致人与自然之间矛盾的不断加深，导致生态灾难频发。因此，在资本主义条件下要从根本上解决人与自然的矛盾和冲突是不可能的。要解决这一矛盾，必须彻底否定资本主义生产方式及资本的技术应用，废除资本主义制度。

恩格斯在《政治经济学批判大纲》一书中提出了著名的"两个和解"的思想，他指出："我们这个世纪面临的大变革，即人同自然的和解以及人同本身的和解。"恩格斯认为，要实现"两个和解"，应当首先从解决人类社会的矛盾入手，只有通过解决人与人的矛盾，实现人与人的和解，才能解决人与自然的矛盾，实现人与自然的和解。也就是说，只有认识到首先调节好

————————
① 《马克思恩格斯选集》第 4 卷，人民出版社 1995 年版，第 384 页。

人与人的关系，才能调节好人与自然的关系。恩格斯强调，要实现"两个和解"，一是不能只停留在认识上，必须付诸行动；二是必须推翻资本主义制度。他说："要实行这种调节，仅仅有认识还是不够的。为此需要对我们的直到目前为止的生产方式，以及同这种生产方式一起对我们的现今的整个社会制度实行完全的变革。"① 马克思恩格斯认为，要解决资本主义社会的两大矛盾，实现"两个和解"，必须变革资本主义制度，实行共产主义。"只有按照一个统一的大的计划协调地配置自己的生产力的社会，才能使工业在全国分布得最适合于它自身的发展和其他生产要素的保持或发展。"② 只有变革资本主义制度，才能把工人从资本家的奴役中解放出来，实现人与人的和解；同样，只有变革资本主义制度，才能摈弃"资本的逻辑"和"工业的资本主义运用"，遏制资本家无止境地追求剩余价值所导致的对自然资源的无节制的掠夺而出现的生态问题，实现人与自然的和解。资本主义社会由于物质变换不能正常进行，因而导致人与自然关系的紧张，而在共产主义社会，代之以资本主义的物质变换形式的是一种新的、能够在技术和工艺方面克服人与自然之间的对抗、并且与人的充分发展相适应的物质变换形式。在共产主义社会，"社会化的人，联合起来的生产者，将合理地调节他们和自然之间的物质变换，把它置于他们的共同控制之下，而不让它作为一种盲目的力量来统治自己；靠消耗最小的力量，在最无愧于和最适合于他们的人类本性的条件下来进行这种物质变换"③。共产主义社会由于人与人之间的矛盾得到解决，每个人都能得到自由全面发展的机会，因而他们有能力解决好人与自然的矛盾，不让自然作为盲目的力量与人类相对抗，通过消耗最小的力量实现人与自然合理的物质变换，维持自然的生态平衡，从而达到人与自然真正的和解。"这种共产主义，作为完成了的自然主义，等于人道主义，而作为完成了的人道主义，等于自然主义，它是人和自然界之间、人和人之间的矛盾的真正解决，是存在和本质、对象化和自我确证、自由和必然、个性和类

---

① 《马克思恩格斯文集》第 9 卷，人民出版社 2009 年版，第 561 页。

② 《马克思恩格斯文集》第 9 卷，人民出版社 2009 年版，第 313 页。

③ 《马克思恩格斯文集》第 7 卷，人民出版社 2009 年版，第 928—929 页。

之间的斗争的真正解决。"① 这里的"自然主义"是指人们按自然规律办事，尊重自然、爱护自然、保护自然；"人道主义"是指每个人都具有平等的权利和义务，都享有自由全面发展自己才能的机会。因此，在共产主义社会，实现了"人的自然存在方式"与"人的存在方式"的统一、"自然主义"和"人道主义"的统一，人与人的矛盾和人与自然的矛盾彻底得到解决。

　　当然，现实社会中的社会主义社会，作为向共产主义社会过渡的阶段还不可能完全实现人与自然的和解。社会主义社会虽然铲除了私有制，为解决人与自然的矛盾和生态问题提供了制度保障，但是，社会主义社会生产力和科学技术水平还不够发达，经济政治体制机制还不够完善，人与自然的矛盾仍然存在，仍然会出现生态环境问题，有时还会比较严重，如我国虽然建立了社会主义制度，但仍然存在能源资源紧张、水土流失严重、气候变化异常、环境频遭污染等生态环境问题。但是，有优越的社会主义制度做保障，以马克思主义生态思想为指导，我们一定能够探索出一条生产发展、生活富裕、生态良好的新路，并为最终实现马克思恩格斯指引的、人与自然彻底和解的共产主义社会创造条件。

---

① 《马克思恩格斯文集》第 1 卷，人民出版社 2009 年版，第 185 页。

第三章　中国传统生态文化的现代阐释

何谓"文化"？其答案往往言人人殊，诚所谓"仁者见仁，智者见智"，没有一个能够被普遍接受的答案。根据美国文化学家克罗伯和克拉克洪于1952年出版的著作《文化：概念和定义的批评考察》的统计，世界各地学者对文化的定义有160多种。也有人曾经排列出所有关于文化的定义，竟然超过了200种。众说纷纭，莫衷一是。从词源上来说，西语中的"文化"一词，源于拉丁文culture，原意为耕作、培养、教育、发展、尊重。现代意义上的"文化"，则如1871年英国人类学家爱德华·泰勒在著作《原始文化》中所指出的："知识、信仰、艺术、道德、法律、习惯等凡是作为社会的成员而获得的一切能力、习性的复合整体，总称为文化。"

在中国，"文化"一词，古已有之。"文"字的本义，系指各色交错的纹理，有文饰、文章之义。《说文解字》称："文，错画也，象交文。"其引申义为包括语言文字在内的各种象征符号，以及文物典章、礼仪制度，等等。"化"字的本义为变易、生成、造化，所谓"万物化生"，其引申义则为改造、教化、培育等。文化一词，在中国古代本指"以文教化"，基本上属于精神文明范畴，往往与"武力"、"武功"、"野蛮"相对应，它本身包含着一种正面的理想主义色彩，体现了治国方略中"阴"与"柔"的一面，既有政治内容，又有伦理含义。同时，古代中国在很大程度上是将文化作为动词在使用，是治理社会的方法和实践，既与武力征服相对立，但又与之相联系，相辅相成，所谓"先礼后兵"、"文治武功"。《周易》云："观乎人文，以化成天下。"这是中国文化史上最早出现的"文化"词汇。孔颖达在《周易正义》中阐释道："观乎人文以化成天下，言圣人观察人文，则诗书礼乐之谓，当法此教而化成天下也。"西汉刘向在《说苑》中说:"凡武之兴,为不服也;文化不改,然后外悠。"昭明太子萧统在《文选》中解释说:"言以文化辑和于内,用武德加于外远也。"类似的概念,与今天我们所说的"文化"毕竟并不是一回事。

我们今天所用的"文化"一词,来源于日文,在 19 世纪下半叶随着人类学、社会学、文化学等学科的兴起,文化的研究对象逐渐固定,内涵也日益明确。对于文化,存在着较为宽泛与较为狭窄的两种理解方式,宽泛的理解是将文化定义为人类创造的一切物质文明和精神文明的总和;狭窄的理解则特指以文艺为主的文化。两种理解都难免偏颇,文化史家李宗桂认为:"把文化看作物质文明和精神文明的总和的观点,把文化看作人生的观点,以及把文化看作无所不包的观点,都显得过于宽泛,使其含义不够确定,文化概念以至文化学科的内在特质不易把握。而将文化理解为文艺或文物的观点,则又显得太狭窄,使人们难以从内在精神和广阔的视野去把握其内容和特点。因此,我倾向于接受从观念形态的角度来定义'文化'的观点。从这个认识出发,我认为:文化是代表一定民族特点的,反映其理论思维水平的精神风貌、心理状态、思维方式和价值取向等精神成果的总和。"[1] 文化史家冯天瑜等人也持相似观点。[2] 文化的定义从此在中国学术界逐渐形成基本共识。

中国传统文化是中华文明经演化而汇集成的一种反映民族特质和风貌的民族文化,是民族历史上各种思想文化、观念形态的总体表征,是居住在中国地域内的中华民族及其祖先所创造的、为中华民族世世代代所继承发展的、具有鲜明民族特色、历史悠久、博大精深、传统优良的文化类型。概括来讲,中国传统文化就是指通过不同的文化形态呈现出来的中国各民族的文明、风俗、精神的总称。

中国传统文化从历时态来看,包括"中华文化的多元发生"的上古时代,"从神本走向人本"的殷商西周时代、"轴心时代"的春秋战国、"一统

---

[1] 李宗桂:《中国文化概论》,中山大学出版社 1988 年版,第 8 页。

[2] 参见冯天瑜、何晓明、周积明:《中华文化史》,上海人民出版社 1990 年版。

的帝国与统一的文化"的秦汉时代、"乱世中的文化多元走向"的魏晋南北朝、"隆盛时代"的隋唐、"内省、精致趋向与市井文化的勃兴"的两宋时代、"游牧文化与农耕文化的冲突与融汇"的辽夏金元时代、"沉暮与开新"的明代、"烂熟与式微"的清代、"蜕变与新生"的近代。① 在中国传统文化的数千年发展历程中，春秋战国时代无疑是最重要的时代。这是因为"中华文化鲜明的人文主题在这一时期确定；以注重对认识对象的直觉体悟和整体把握为特征的思维方式在这一时期建构；重伦理道德、重个人修养、重实用理性的价值判断标准在这一时期树立；士人集团在这一时期集结；'有容乃大'、'和而不同'的文化包容机制在这一时期形成"②。东周时代是中国传统文化的第一座高峰，被称为文化史上的"轴心时代"——"以公元前500年为中心——从公元前800年到公元前200年——人类的精神基础同时地或独立地在中国、印度、波斯、巴勒斯坦和希腊开始奠定。而且直到今天人类仍然附着在这种基础上"，"在公元前800年到公元前200年间所发生的精神过程，似乎建立了这样一个轴心。在这时候，我们今日生活中的人开始出现。让我们把这个时期称之为'轴心的时代'。在这一时期充满了不平常的事件，在中国诞生了孔子和老子，中国哲学的各种派别的兴起，这是墨子、庄子以及无数其他人的时代"。③ 卡尔·雅斯贝斯在对世界历史做纵向度的观照和考察之后，总结说："人类一直靠轴心时代所产生的思考和创造的一切而生存，每一次新的飞跃都回顾这一时期，并被它重燃火焰，自那以后，情况就是这样，轴心期潜力的苏醒和对轴心期潜力的回归，或者说复兴，总是提供了精神的动力。"④ 东周时代中国传统文化发展前进的代表性事件或者说标志性事件，就是诸子百家学说的勃兴。包括以孔子、孟子、荀子等为代表的儒家，以老子、庄子、列子等为代表的道家，以墨子为代表的墨家，以商鞅、慎

---

① 参见冯天瑜、何晓明、周积明：《中华文化史》，上海人民出版社1990年版。

② 冯天瑜、何晓明、周积明：《中华文化史》，上海人民出版社1990年版，第339—340页。

③ ［德］卡尔·雅斯贝斯：《历史的起源与目标》，魏楚雄、俞新天译，华夏出版社1989年版，第128页。

④ ［德］卡尔·雅斯贝斯：《历史的起源与目标》，魏楚雄、俞新天译，华夏出版社1989年版，第14页。

到、韩非、李斯等为代表的法家，以邓析、惠施、公孙龙等为代表的名家，以邹衍为代表的阴阳家，以苏秦、张仪等为代表的纵横家，以孙膑、孙武、吴起等为代表的兵家，等等。诸子百家从各种不同的角度、不同的层面，针对东周时代的社会现实，提出种种解决方案，表达各自的理性诉求，他们在多个方面表现出来的思想学术成就彪炳千秋。恩格斯如此称赞文艺复兴运动的历史功勋："这是人类以往从来没有经历过的一次最伟大的、进步的变革，是一个需要巨人而且产生了巨人的时代，那是一些在思维能力、热情和性格方面，在多才多艺和学识渊博方面的巨人。……那时，几乎没有一个著名人物不曾作过长途的旅行，不会说四五种语言，不在几个专业上放射出光芒。"[①] 这段话同样适合于东周时代的诸子百家，东周时代同样"是一个需要巨人而且产生了巨人——在思维能力、热情和性格方面，在多才多艺和学识渊博方面的巨人的时代"，他们周游列国，纵横天下，以其独创的学说、卓异的主张，参与历史进程，呈现出别具一格的文化风采。太史公《论六家要旨》指出：

　　易大传："天下一致而百虑，同归而殊途。"夫阴阳、儒、墨、名、法、道德，此务为治者也，直所从言之异路，有省不省耳。尝窃观阴阳之术，大祥而众忌讳，使人拘而多所畏；然其序四时之大顺，不可失也。儒者博而寡要，劳而少功，是以其事难尽从；然其序君臣父子之礼，列夫妇长幼之别，不可易也。墨者俭而难遵，是以其事不可遍循；然其强本节用，不可废也。法家严而少恩；然其正君臣上下之分，不可改矣。名家使人俭而善失真；然其正名实，不可不察也。道家使人精神专一，动合无形，赡足万物。其为术也，因阴阳之大顺，采儒墨之善，撮名、法之要，与时迁移，应物变化，立俗施事，无所不宜，指约而易操，事少而功多。[②]

---

① 《马克思恩格斯文集》第 1 卷，人民出版社 2009 年版，第 409 页。

② 司马迁：《史记》，岳麓书社 1988 年版，第 941 页。

　　在诸子百家之外，对中国传统文化和中国人产生重大而深远影响的文化，还有两汉之际传入中国的佛教文化。魏收《魏书·释老志》记载：（西汉）"哀帝元寿元年，博士弟子秦景宪，受大月氏王使伊存口授浮屠经。"范晔《后汉书》记载："世传明帝梦见金人长大，项有光明，以问群臣。或曰：'西方有神，名曰佛，其形长丈六尺，而黄金色。'帝于是遣使天竺，问佛道法，遂于中国图画形象焉。"佛教产生于公元前6世纪到公元前5世纪，由古北印度迦毗罗卫国（位于今尼泊尔南部）净饭王子释迦牟尼创立。佛教的东传过程，在民间有"白马驮经"的传说，洛阳白马寺之名即由此而来。佛教经籍浩如烟海，内容博大精深，即使是专业研究者，穷其一生精力，也难以阅尽所有经典，在中国比较流行的是佛教十三经，即《心经》、《金刚经》、《无量寿经》、《圆觉经》、《梵网经》、《坛经》、《楞严经》、《解深密经》、《维摩诘经》、《楞伽经》、《金光明经》、《法华经》、《四十二章经》。"佛教十三经"以大乘经典为主，这是因为佛教在中国的传播过程中，小乘佛教一直影响较小，不成气候，东晋以后更是日趋式微。以十三经为中心的佛教文化，与中国本土的儒、道文化日益融合，蔚为大观，逐渐成为与儒道鼎足而三的、"对中国社会各个方面产生着巨大影响的一股重要的社会思潮"①。

　　有鉴于此，我们选择了中国传统文化史上的儒家文化、道家文化、墨家文化与佛教文化作为主要的观照对象，研究其主体思想及其生态主张的得失、利弊，及其在当代的实践意义，以期丰富和拓展当代生态文明建设的理论成果与学术内涵，进而推动当前举国上下方兴未艾的生态文明建设实践。

第一节　儒家的"天人合一"思想

一、儒家文化及其"天人合一"思想

　　以孔子为代表的儒家学说，重视血亲人伦和现世事功，追求道德完善与实用理性，反映了东周时代人们追求安定生活的普遍社会心理。春秋战国

---

① 鸠摩罗什等：《佛教十三经》，中华书局2010年版，第2页。

时代,"礼乐征伐自诸侯出","天下无道"①,四海幅裂,神州板荡,孔子看到礼崩乐坏的不堪现实,遂致力于恢复周代的礼乐制度,希望借此能够推进社会秩序的良性生成。孔子学说的源头在于中国上古传说,将唐尧虞舜三代社会美化到极致。尧舜禹汤文武都是圣明天子,代表了最伟大的人格,足以成为万世楷模。贤人政治是孔子的理想政治设计蓝图,德政、礼治是儒家认定的实现国泰民安的良方。孔子之后,儒家分为八个流派,其中对后世产生重要影响的是经过曾子、子思三传至孟子的那一支派。有"亚圣"之称的孟子进一步发展了孔子的仁爱思想,他主张实行王政,让破产的农民得到土地,并营造一个比较安定的生产环境,具有浓厚的富民思想。孟子主张恢复井田制度,希望借此从根本上解决土地问题。荀子又对儒家思想做了一些改动,尤其是当时的社会现实让他认识到法治手段的必要性,这与孔子视法治为"猛于虎"的苛政已有根本性的改变。从孔子到荀子,儒家的"王道"思想主张在当时显得过于理想化,缺乏现实实践性,因此不能成功。秦朝覆灭之后,西汉王朝建立,儒家学说得以在一个和平环境里实施。儒家著作逐渐成为当时的经典,尤其是到了汉武帝时代,封建经济已高度发展,强大的中央集权政府需要从文化上统一全中国。正所谓"王者功成作乐,治定制礼"。时代呼唤以维系尊卑贵贱的宗法等级制度为宗旨、长于制礼作乐的儒家文化来统一人们的思想。董仲舒以儒学为中心,借鉴了道家哲学和阴阳五行思想,通过注释儒家经典来全面阐述他的"三纲五常"理论,宣扬"君权神授"的天命观念,从此"罢黜百家,独尊儒术"。在先秦儒学、两汉经学之后,儒学发展的第三个高峰是宋明理学。宋明理学糅合了儒、道、佛的理论精髓,将人的自我完善放在首要位置,强调"存天理,灭人欲"的极端重要性,对人与人之间的相互关系作了深入的研究,一系列在中国文化史和中国思想史上产生重要影响的道德规范和修身养性方法,就是在那时产生的。此后,儒家文化发展从高峰走向低谷,渐趋式微。尤其至五四新文化运动之际,"打倒孔家店"的口号响彻云霄,儒家文化成为封建文化的代名词。直到 20 世纪 80 年代以后,随着世界经济格局的重新调整,海外新儒学运动重

---

① 《四书全译》,刘俊田、林松、禹克坤译注,贵州人民出版社 1988 年版,第 293 页。

新振兴，儒家文化日益受到重视，在传统文化的现代转换过程中显现出日益重要的思想意义和文化价值。

儒家的"天人合一"思想源远流长。《诗经》云："天生蒸民，有物有则。民之秉彝，好是懿德。"孔子提出了"天地之大德曰生"、"与天地合其明，与四时合其序，与鬼神合其吉凶，先天而天弗违，后天而奉天时，天且弗违，而况于人乎"的"天命论"，从天道和人道的整体和谐来考察人的行为的合理性，用伦理态度对待自然。《孝经》说："夫孝，天之经也，地之义也，民之行也。天地之经，而民是则之。"在此，把"天地之经"与"民之行"统一起来。《尚书·尧典》记载道："曰若稽古帝尧。"郑玄注曰："稽，同也。古，天也，言能顺天而行之，与之同功。"由此表明，早在尧舜时代，人们就已经懂得了顺天的道理。在儒家经典著作《易经》中，也表现出不少"天人合一"的观念。如认为自然法则与人事规律有一致性；将自然事物的属性与人格品德联系起来；在天人关系中，注重人的主观能动性；只有热爱自然，才能实现天人交融。以后，孟子提出"知性则知天"的学说，将人性溯源到天。董仲舒指出："天亦有喜怒之气，哀乐之气，与人相副，以类合之，天人一也"，"天人之际合而为一"，以此说明天可以和人感应。在中国文化史上，张载首先明确提出了"天人合一"的概念。他说："儒者则因明致诚，因诚致明，故天人合一，致学而可以成圣。得天而未始遗人，《易经》所谓不遗、不流、不过者也。"以后，程颢、陆九渊等人也强调"仁者以天地万物为一体"，"宇宙便是吾心，吾心即是宇宙"，等等。从此，"天人合一"的思想观念得到普遍传扬。

儒家"天人合一"思想是一个集中体现了中国哲学与文化传统之基本精神的重要范畴与命题，包含着人际关系和谐、社会发展有序的生态智慧。儒家的"天人合一"学说，注重人与自然之间的相互对象性的关系。"天人合一"学说认为，大自然是有生命的存在，是人类的生命之源和存在背景，所以人类应当尊重自然界。《论语·阳货》说："天何言哉，四时行焉，百物生焉，天何言哉！"四时运行，万物生长，人类生存，都与天（大自然）的关系极为密切。天生万物，这里所说的"生"字，既是产生、创造之意，也是养育、养活之意，充分肯定了大自然对于人类的重要意义。孔子主张"畏天命"和"知天命"。"畏天命"就是对自然界的必然性、目的性的敬畏;"知天命"就是对于这种"天命"的认知。孔子又说,"仁者乐山,知者乐水",无论是仁者还是知者,都有其浓郁的人间关怀,有其浓郁的自然关怀。荀子说:"天地者,生之本也。"天地是万物之本,是创造的本身,因此他主张人的生命活动应该遵循大自然的演变秩序:"万物各得其和以生,各得其养以成,不见其事而见其功,夫是之谓神。"张载在《西铭》中也表达了类似的关于人与天地万物的统一性的理性认知:"乾称父,坤称母,予兹藐焉,乃浑然中处。故天地之塞吾其体,天地之帅吾其性,民吾同胞,物吾与也。"儒家"天人合一"学说还认为,作为人类生命之源的大自然,本身不仅是一个生命体,有其自在自为的生命发育过程,而且也要依靠人类来实现、完成这个过程,也就是说,人类还是大自然生命价值的承担者、生命发育的实现者,这是天(大自然)赋予人类的责任与使命。《周易》曰:"天地之大德曰生","继之者善也,成之者性也"。大自然生生不息,本身无所谓善恶。正是因为有人"继"此而生,于是便产生了善。善是大自然生生不已的结果,也是大自然生生不已的继续和完成。天地之间,人为大,只有人才能"为天地立心"。一个真正有"仁"性的人,真正达到了"仁"的境界的人,才能对大自然和大自然中的万物予以自觉地关爱,而绝不会任意破坏大自然。所以《中庸》指出:"唯天下至诚,能尽其性;能尽其性,则能尽人之性;能尽人之性,则能尽物之性;能尽物之性,则可以赞天地之化育,则可以与天地参矣。"

儒家"天人合一"思想作为中国传统文化史和思想史的主要内容之一,蕴藏着丰富的学术内容。如何评价"天人合一",国学大师季羡林认为:"这个代表中国古代哲学主要基调的思想,是一个非常伟大的、含义异常深远的思想。"[1]"天人合一"作为在中国哲学史上占据主导地位的儒学文化的基本思想,对后世影响深远。数千年来,学者们从不同的角度对儒家"天人合一"思想进行剖析,归纳起来,主要有以下三种代表性的观点。第一,将"天人合一"看作是处理人与自然关系的重要原则,由此奠定了现代生态文

———————

[1]　季羡林:《"天人合一"新解》,《传统文化与现代化》1993 年第 1 期。

明的理论基础。这种观点将"天"理解为自然之天，认为"天人合一"主张的是人与大自然的和谐相处，而不是对立斗争。张载对"天"的论述成为这种理论的重要思想基础，他认为，人与万物都是从自然和宇宙中产生的，因此可以合为一体。① 第二，将"天人合一"作为人生中道德修养的最高目标，由此体现出现代人性修养的生态伦理智慧。这种观点将"天人合一"的"天"理解为伦理之天，德性修养的最终目标是与天道合一。在传统文化资源中，这种观点寻找到了孟子思想作为其代表性的学术支撑。孟子说过："尽其心者，知其行也；知其性，则知天矣。存其心，养其性，所以事天也。"第三，将"天人合一"作为社会政治统治人类的工具，由此论证封建神权统治的天然合理性。这种观点将"天"理解为神秘之天，进一步为封建社会的等级秩序作出阐释。董仲舒就是这种观点的代表性人物。他从神秘之天出发，由天人合一推导出天人感应，他在《春秋繁露·阴阳义》中写道："天亦有喜怒之气、哀乐之心，与人相副。以类合一，天人一也。"将"天人合一"理解为神秘之天，由此必然推导出封建神权政治的合理性的观点。随着人类对自然界的认识的深入，随着科学理性认知的进一步发展，天的神秘性已逐渐为科学认知所代替，所以这种观点已然失去了其存在的合理性。如今，我们将"天人合一"理解为自然之天或者伦理之天，其实质是为了追求人与自然的和谐。我们还可以将"天人合一"理解为人与自然的浑然一体的状态，相信通过人的德性修养可以达到与自然的合一，所以对于"天"的理解尽管不同，追求的目标却都是一样的，那就是达到彼此"合一"，实现和谐。

二、儒家"天人合一"思想的生态诉求

儒家"天人合一"思想在生态学领域的基本诉求，主要包括以下几个方面：

第一，"万物一体"。儒家文化充分强调人是大自然的组成部分，将人

---

① 参见潘媛：《论儒家"天人合一"观的当代启示》，《中南财经政法大学研究生学报》2007年第3期。

与大自然置于同等的地位，强调"万物一体"的整体性观念，人与自然万物是统一的、不可分割的整体。孔子说过："天何言哉！四时行焉，百物生焉，天何言哉！"此处的"天"即指大自然，"四时行焉，百物生焉"是大自然的基本功能，它赋予万物以生命，创造万物，养育万物，人也是万物之中的一种，因此人与大自然是一个不可分割的整体。《易传》记载："有天地然后有万物，有万物然后有男女。"从天地到万物，从万物到男女，大自然的发展进程自有其合理性的序列，人则处于这个发展序列之中。这是自然界的客观规律，并不以人的意志为转移。《中庸》说："唯天下至诚，能尽其性；能尽其性，则能尽人之性；能尽人之性，则能尽物之性；能尽物之性，则可以赞天地之化育；可以赞天地之化育，则可以与天地参矣。"此处将人与天、地并列为三，强调至诚之人可以与天地交融，"与天地参"，充满了辩证法的思想。《论语·泰伯》记载："大哉！尧之为君也。巍巍乎，唯天为大，唯尧则之。""天为大"，而"唯尧则之"，"天"是可以被认知的，人与大自然是统一的整体，人在"天"之中，被"天"创造出来，但人又是能动的，是可以通过努力最终认知"天"的。这就说明，儒学先哲早已认识到自然界本身就是一个完整的生命存在系统，认识到人类只有和大自然相互融合、和谐相处，才能实现共生共存，并从中受益。在儒家先哲看来，"人与自然的关系既是一种物质关系、经济关系，更是一种伦理关系（人类与天地万物同源、生命本质统一、生存环境为一体）。而在天地人三者中独有人具有主观能动性，也只有人的行为才能决定宇宙乾坤的和谐、完美与否。所以，他主张一种大爱的宇宙情怀——'泛爱众而亲仁'"①。儒家主张以仁爱之心对待其他人、对待大自然，主张推己及人、推己及物，实现的方式和路径就是人伦意义上的"仁爱"。所以我们也可以说，儒家"天人合一"思想的核心在于对人、天关系的辩证思考。后世儒家文化的"天人合一"命题也总是围绕人来谈论自然价值。如张载说过："人但物中之物耳。"意即人本身也是大自然的一部分。他又说："天称父，地称母，予兹貌焉，乃混然中处。"充分肯定人

---

① 祁丽华、王展旭、周晓梅：《试论先秦儒家"天人合一"观及其对生态文明建设的启示》，《青岛科技大学学报》（社会科学版）2009 年第 3 期。

类也是天地的产物，即大自然的产物。在张载看来，既然大自然是万物的父母，那么人们就应该"乐天知命"，发挥德行的作用，"与天地合其德，与日月合其明，与四时合其序"；人的主观能动性体现为"敦乎仁"。"天人合一"就是要使人与自然生态双方和合而生生不息、生生日新，出发点就在于对"万物一体"的理论认知。

第二，"仁民爱物"。儒家主张"仁民爱物"，即人不仅要珍惜生命、善待同类，而且也要善待大自然，关心、尊重和保护大自然，把人际关系的道德准则扩展延伸到大自然万物之中去，以此来协调人与大自然的关系。在儒家看来，"仁"意味着一种和谐共存、与人（物）为善的高尚品德，根源于大自然的"生生之德"，仁者爱人，同时亦关爱万物，将人类之爱扩展到对大自然的珍惜与尊重，如此，人类的主体道德就具有了保护客观环境的功能。《周易》云："天行健，君子以自强不息"；"地势坤，君子以厚德载物"，仁者爱人，仁者亦爱大自然，以大地般包容载物之心，维护大自然中所有生物的完整性，维护大自然的生态平衡。"孝"这一重要伦理范畴也被儒家移用于对待大自然万物的关系之中。曾子曾经引述孔子的话说："树木以时伐焉，禽兽以时杀焉。夫子曰'断一木，杀一兽，不以其时，非孝也'。"于此可见，儒家认为不以其时伐树，或者不以其时捕猎，都是"不孝"的行为，应予以禁止。我们可以说，儒家保护大自然的观念，根源于伦理学意义上的道德自律性。《孔子家语·弟子行》也说："启蛰不杀，则顺人道；方长不折，则恕仁也。"这是将人类的道德移用于大自然之中，对大自然的态度就是对人类同胞的态度，二者并无本质上的不同。《孟子·尽心》提出："亲亲而仁民，仁民而爱物"，第一次明确标示出生态道德与人际道德的关系，就是由己及物，由近及远，从亲亲到仁民，从仁民到爱物，根源于人心本善的本质，最终必然能够实现爱物的目标。孟子坚信人皆有"不忍之心"，无论是对人，还是对物，都是如此。仁政道德不仅施恩于普通黎民百姓，使他们老有所养，安居乐业，和谐自得，而且还应该拥有博大的情怀，泛爱万物，"恩足以及禽兽"，万物皆能在道德光辉的照耀下，和悦共生、竞相生长。《荀子·王制》说："圣王之制也，草木荣华滋硕之时，则斧斤不入山林，不夭其生，不绝其长也；鼋、鼍、鱼、鳖、鳅、鳝孕别之时，罔罟毒药不入泽，不夭其生，不绝其长也；春耕、夏耘、秋收、冬藏四者不失时，故五谷不绝，而百姓有余食也；污池渊沼川泽，谨其时禁，故鱼鳖优多，而百姓有余用也；斩伐养长不失其时，故山林不童，而百姓有余材也。"这种生态保护的伦理观念，仍然是以"仁"作为价值诉求的仁爱之心的具体体现，表征出儒家伦理文化的现实关怀与用世之心。"不夭其生，不绝其长"，正是人类对大自然的"仁者"之爱。

第三，"尽物之性"。如果说"万物一体"是儒家"天人合一"思想的前提和基础，"仁民爱物"是儒家"天人合一"思想的伦理原则，那么"尽物之性"则是儒家"天人合一"思想的实践准则。"尽物之性"强调要充分发挥万物之间各自不同的天赋和本性，凝聚着中国古代生态伦理的卓越智慧。儒家文化"尽物之性"的思维路径，仍然是推己及人、推己及物。《中庸》说："唯天下至诚，为能尽其性；能尽其性，则能尽人之性；能尽人之性，则能尽物之性；能尽物之性，则可以赞天地之化育；可以赞天地之化育，则可以与天地参矣。"《周易·说卦传》云："立天之道曰阴与阳，立地之道曰柔与刚，立人之道曰仁与义。"天道、地道、人道乃是"三才"之道，各有其道，各不相同，在"道"的高级层面上，形成互补关系，又兼具内在统一性。"尽物之性"在《周易》中被表述为"天地设位，圣人成能"，就是要顺应大自然的规律和法则，参与大自然的变化过程，所谓"顺乎天而应乎人"。人作为"万物"之中的一种，其"物性"就是人的主观能动性，在"天人合一"的大前提下，人的积极有为、人的主体性宜于得到适当的发挥。《论语》说"人能弘道，非道弘人"；荀子主张在"明于天人之分"和"人定胜天"的基础上，人应该"制天命而用之"，前提是要理解、尊重"天命"的极端重要性，然后应当发挥自己的主观能动性，善于控制和利用大自然，最终实现"万物皆得其宜，六畜皆得其长，群生皆得其命"的"天人合一"的最高理想。

三、儒家"天人合一"思想的生态智慧

儒家的"天人合一"思想包含着丰富的生态智慧，它为人自身的道德修养规定了合理的尺度，体现出整体性的思维方式，开辟出通过适度活动达

到天人和谐的现实路径，把握了生态保护的自然规律。

第一，儒家"天人合一"思想为人自身的生态道德修养规定了合理的尺度。中国传统社会是一个特别注重道德修养的社会，道德理想和人生修养在漫长的历史发展过程中，始终是儒家学说论述的主要内容。人的道德实现一直是传统中国人的人生实践意义，以及人的价值实现的全部内容。儒家进而将道德人格从社会生活实践中进一步扩充延伸到政治生活领域，倡导"修身齐家治国平天下"，由此表现出传统社会浓郁的伦理政治特征。儒家"内圣外王"的以道德修养作为人生根本的思路，决定了"天人合一"思想在解决外在的自然界存在的问题时，不得不带有强烈的内在道德色彩。正如张世英所指出的："儒家的天人合一本来就是一种人生哲学，人主要地不是作为认识者与天地万物打交道，而是主要地作为一个人伦道德意义的行为者与天地万物打交道，故儒家的'天人合一'境界是一个最充满人伦意义的境界，在此境界中，哲学思想与道德理想、政治理想融为一体，个人与他人、与社会融为一体。"① 儒家终其一生都致力于道德修养，那么人生道德修养的最高境界是什么？道德修养的终极价值尺度是什么？在儒家看来，这种最高境界和终极价值尺度就是"天人合一"。儒家的"天人合一"学说在这个方面具有丰富的生态思想资源可供开发和利用。

第二，儒家"天人合一"思想萌生了生态保护的整体意识。儒家"天人合一"思想的整体性思维表现在两个方面：一方面，儒家强调人与自然的混沌一体；另一方面，儒家也认为思维主体和思维客体是混沌不分的。这种整体性思维方式有其产生的社会根源，传统社会的经济基础是农业经济，科技发展缓慢，由于人们对自身内部结构无法认识清楚，于是便将自身的认识局限在德性修养的领域之内。而对于外界的认识，则容易将万物与"天"联系起来，"天"在传统历史中就成为解释一切的终极原因。这与今天社会中人与自然的深刻的、绝然的分化对立是截然不同的。《周易》把阴阳矛盾的对立统一看作自然界和人类社会发展的基础，由阴阳交感而化生万物，气化凝结生成万物，"一阴一阳之谓道"就是这种认知的理性提升和总结。以孔

① 张世英：《天人之际》，人民出版社 1995 年版，第 186 页。

孟为代表的儒家将天、地、人看成世界、宇宙中的统一整体，其中的各个元素的变化都影响、制约着其他元素的发展，这种整体性思维方式无疑对我们当下的生态文明建设具有重要的启示性价值。

第三，主张通过适度发展最终实现动态的和谐。在儒家"天人合一"的哲学观念看来，"人与自然是统一和谐的整体，二者彼此相通，一荣俱荣，一损俱损。人与自然混为一体。人性与天道和谐一致"①。儒家文化视宇宙为一个统一的生命大系统，天、地、人都有自己的生长和发展规律。孔子说："喜怒哀乐之未发，谓之中，发而皆中节，谓之和。中者天下之大本也，和者天下之达道也，至中和，天下位焉，万物育焉。"荀子认为，"万物各得其和以生，各得其养以成"，天地万物皆为一体，互相关联。适度是儒家"天人合一"思想的实践原则。《中庸》提倡"执两用中"、"中和"。孔子主张中庸，孟子主张适度，"可以仕则仕，可以止则止，可以久则久，可以速则速"。通过适度发展最终实现动态的和谐，这是儒家整体性思维中关于未来社会发展的理想图景。

第四，发现了保护生态良性发展的规律和原则。孔子说："道千乘之国，敬事而信，节用而爱人，使民以时。"(《论语·学而》)"节用爱人"、"使民以时"就是对自然资源和人力资源的合理使用，他反对对自然资源进行掠夺性的过度开发和利用。孟子说："不违农时，谷不可胜食也。数罟不入洿池，鱼鳖不可胜食也。斧斤以时入山林，材木不可胜用也。谷与鱼鳖不可胜食，材木不可胜用，是使民养生丧死无憾也。养生丧死无憾，王道之始也。五亩之宅，树之以桑，五十者可以衣帛矣。鸡豚狗彘之畜，无失其时，七十者可以食肉矣；百亩之田，勿夺其时，数口之家可以无饥矣；谨庠序之教，申之以孝悌之义，颁白者不负戴于道路矣。"(《孟子·梁惠王》)在掌握大自然规律的基础上，我们要合理开发和利用资源，才可以保证生态良性发展。荀子主张："不夭其生，不绝其长"，这是人对于大自然的"仁"，最终其实也是对自己的"仁"。斧斤不入山林、罔罟毒药不入泽、四季不失时等，人类在某些方面的有所"不为"，才能保证天人关系的和谐。儒家思想家的这些主

① 许士密：《"天人合一"与和谐社会构建》，《党政论坛》2006 年第 3 期。

张，根源于他们对生态良性发展重要性的正确认知，根源于他们对生态良性发展规律的正确把握，这些保护生态资源的举措在当下仍然不失其现实意义。

第二节　道家的"道法自然"思想

一、道家文化

与儒家文化一样，道家文化也是中国传统文化的重要组成部分。从先秦时代开始，源远流长，历经近 3000 年的发展而不衰歇，深刻地影响了中国人的心理状态、思维方式、文化结构和精神风貌，至今仍然不失其现实意义。道家是"道德家"的简称，道家哲学的核心在于道、德二字。道家文化的主要代表人物是老子和庄子，因此又称"老庄道家"，或者"老庄哲学"。老子是春秋时期的思想家，庄子是战国时期的思想家，二人都曾做过小官，后来都辞官归隐，过着闲云野鹤般的隐士生活。从阶级的角度来说，他们都属于没落奴隶主阶级中地位日益下降的中下层势力，他们是世俗意义上的人生失败者、天涯畸零人，他们的处世哲学总体上说是消极的，认为世界是倒退着发展的，理想社会存留于已经逝去的原始社会时期。他们不认同普通世俗价值观念，认为社会动荡的根源在于新兴地主阶级的占有欲望过强从而导致战争不已，人心不古。对儒家，他们不满其礼仪德政的说教；对法家，他们不满其变法革新主张，而坚持"处无为之事，行不言之教"的政治原则和处世哲学。"清静无为"、"道法自然"是他们开出的拯救社会的药方。

老子和庄子都是学问大家，他们接触和认真研究过在当时历史条件下普通读书人很难见到的珍贵史籍，如老子曾任"周守藏室之史"，从古人那里汲取了丰富的思想遗产，尤其是古代的阴阳观和《易经》中的辩证思想和方法论。道家在古代"天道"思想的基础上，抽象出一个新的高于一切范畴之上的"道"，用"道"来解释和说明世界的统一性。"道"在老子那里，既是一种物质，也是一种规律；在庄子那里，则又进一步摆脱了物化性，而上升至哲学范畴。如果说儒家思想注重肯定性、现世性，那么道家思想则注重否定性、超越性。在先秦时期，道家是作为儒家的对立面存在的。儒家积极入世，道家消极出世。但二者并非绝然对立，它们在精神上也存在着一致的地方，比如它们都追求身心内外的和谐，崇尚理想的人格风范，注重人与自然的和谐，否定"天命"、"天神"观念，同样有复古趋向——视三皇五帝时期的中国社会为理想的社会形态，等等。《史记·老子韩非列传》中有孔子向老子问礼的记载："孔子适周，将问礼于老子。老子曰：'子所言者，其人与骨皆已朽矣，独其言在耳。且君子得其时则驾，不得其时则蓬累而行。吾闻之，良贾深藏若虚，君子盛德，容貌若愚。去子之骄气与多欲，态色与淫志，是皆无益于子之身。吾所以告子，若是而已。'"这番对话，并没有解答"礼"的问题，纯粹从道德修养立论，而又不同于儒家的入世取向，是从"有益于身"的角度阐明处世道理。孔子回来后对弟子评价说："鸟，吾知其能飞；鱼，吾知其能游；兽，吾知其能走。走者可以为罔，游者可以为纶，飞者可以为矰。至于龙，吾不能知，其乘风云而上天？吾今日见老子，其犹龙邪！"这个记载，很能说明儒、道两家在思想来源上存在着相通之处。汉代以后，儒道两家文化宛如太极的两仪，以互补的形态成为中华文化的主流，道家文化虽然屡有起伏波动，但基本上是作为儒家文化的补充而存在的。

道家文化的繁荣期，在中国历史上主要有三个时期。一是汉初的"黄老之治"；二是魏晋玄学；三是在唐朝初年老子被推尊为"太上玄元皇帝"。道家在政治上主张清静无为，无为而治，这种思想对于战乱之中的中国人尤其具有吸引力。因此，在历史上的每一次战乱之后，道家思想都会受到统治者的重视，受到广大民众的欢迎。事实证明，在每个朝代刚刚建立之初，采用道家思想治理国家，往往就会出现政治清明、经济恢复、社会和谐、文化兴盛的和平稳定、欣欣向荣的良好局面。所谓"开国气象"，此之谓也。西汉董仲舒"罢黜百家，独尊儒术"，创立以"三纲五常"为核心的新儒学，取得天下独尊的显赫地位，但他融合了道家思想于其中，在"三纲五常"之上还有一层"道"，"道之大原出于天"，人世间的自然、人事都受制于天命，因此反映天命的政治秩序和政治思想都应该是统一的。以后，在封建社会后期占据正统思想地位的是宋明理学，而宋明理学也同样是借用、转化了道家思想的核心内容，同时也借鉴了佛学的一些思想方法。我们可以说，儒学在封建社会中长盛不衰，占据绝对的统治地位，是与道家思想资源对其的潜在支持分不开的。

　　而老庄的认识论、方法论在哲学、文学、艺术等领域对中国传统文化史的影响更为深远，成就也更为巨大。儒家诗学旨趣是"诗言志"，"文以载道"，"文章合为时而作，诗歌合为事而作"，这是一种现实功利主义的文艺观念；而道家则追求一种与天地精神相往来的、独立不羁的、摆脱了外物奴役的绝对精神自由，这是一种超越性的浪漫主义的文艺观念。后世一切有关审美体验和艺术创造的特殊规律的认知，大多得益于道家美学。我们可以发现，仅就文本的多义性、形象性、生动性而言，先秦诸子著作就没有能够超过道家的。"鲲化为鹏"、"南郭子綦隐机而卧"、"庄生梦蝶"、"望洋兴叹"、"濠上观鱼"这类寓言充满了诗意的想象；"邯郸学步"、"东施效颦"、"盗亦有道"、"鸱吓鹓鶵雏"、"厉人夜半生子"、"儒生以诗书发冢"等读来令人忍俊不禁；"子祀、子舆诸人莫逆于心"、"匠石运斤成风"、"孔子见温伯雪子目击道存"等令人欣然神往；长篇寓言如"庄子说剑"、"壶子斗季咸"、"孔子游说盗跖"、"庚桑楚治畏垒虚"等，则如行于山阴道上令人有目不暇接之感。这种说理与叙事、文字与思想的绝美的融合，是庄子的独特的令人迷醉之处。老庄道家"汪洋自恣以适己"的表达方式，层出不穷变幻不已的文体形式，"自其同者视之则万物为一，自其异者视之则肝胆吴越"的思辨方式，以及活跃于中国文学史上的游戏、戏谑、讽刺、批判、怀疑等文学精神，千百年来一直都是小说作家灵魂深处的不竭活水。那种不羁的想象，雄劲的文字，非凡的意象，恢弘的气势，足以摇撼数千载以来读者的魂魄：

　　　　北冥有鱼，其名曰鲲。鲲之大，不知其几千里也。化而为鸟，其名为鹏。鹏之背，不知其几千里也；怒而飞，其翼若垂天之云。

　　　　鹏之徙于南冥也，水击三千里，抟扶摇而上者九万里，去以六月息者也。

　　　　穷发之北有冥海者，天池也。有鱼焉，其广数千里，未有知其修者，其名为鲲。有鸟焉，其名为鹏，背若太山，翼若垂天之云，抟扶摇羊角而上者九万里，绝云气，负青天，然后图南，且适南冥也。①

二、"道法自然"思想

"道法自然"出自于《老子》第二十五章："人法地，地法天，天法道，道法自然。"关于"道法自然"的确切含义，古往今来的学者之间分歧较大，没有定论，但其大致含义还是比较明确的，那就是：人类应该效法天地自然，通过对天地自然的观察和体悟，自觉遵守"自然"之道，师法"自然"之道，以"自然"之道来指导人类的各种行为。在道家思想体系中，"自然"是一个重要的概念，既是指天地自然，也是指没有外力干涉的、纯乎顺应自然本性的一种生存法则和生存状态。正如郭象所说："天地以万物为体，而万物必以自然为正。自然者，不为而自然者也。故大鹏之能高，斥鷃之能下，椿木之能长，朝菌之能短，凡此皆自然之所能，非为之所能也。不为而自能，所以为正也。"②

在道家眼中，世界的生成模式是："道生一，一生二，二生三，三生万物。"③此处的"一"是指混沌一体的宇宙；"二"是指宇宙剖分为阴阳；"三"是指阴、阳、和；"三生万物"是指通过阴阳的对立统一，形成世间万物。

而比"一"更高一级的就是"道"。何谓"道"？学术界众说纷纭。有人认为是唯心主义的，有人认为是唯物主义的，有人认为是既是唯心又是唯物的。但是，采用西方哲学史上的唯心、唯物二分法来阐释中国传统哲学思想，未免方凿圆枘，格格不入。《老子》第一章开宗明义说："道可道，非常道。"永恒之道，不在口舌之间，不是语言所能表达出来的。"道"无形、无声、无色、无味、无存在，"视之不见""听之不闻""搏之不得"，是虚无，是不存在。"道生万物"意思即说，万物皆是从无中来，无中生有，"天下万物生于'有'，'有'生于'无'"④。所以，《老子》的道，不是其哲学系统中普通的一个要素，而是指宇宙最根本的本体。"道"包含着多重含义："道"

---

① 《庄子今注今译》，陈鼓应注译，中华书局 1983 年版，第 1—11 页。
② 郭庆藩：《庄子集释》，中华书局 1961 年版，第 20 页。
③ 陈鼓应：《老子注译及评介》，中华书局 1984 年版，第 232 页。
④ 陈鼓应：《老子注译及评介》，中华书局 1984 年版，第 223 页。

是世界的本原，即"道生万物"；"道"是事物发展变化的规律，即"物得以生，谓之德"，"德者道之舍"；事物发展的方向是循环的，即"反者道之动"；道存在于自然界之先、之外，"有物混成，先天地生。寂兮寥兮，独立而不改，周行而不殆，可以为天下母。吾不知其名，字之曰道"。在先秦时期的各家学派中，道家思想最富于哲学内涵，它对中国古代学术思想的发展具有深远的影响，是中国传统思想文化的哲学基础。《老子》的贡献不仅在于它在中国哲学史上第一个提出了本体论的概念，而且在于它是中国哲学史上第一个用否定性的概念来描述宇宙本体的著作。它认为"恒道"不可道，是不能用肯定性的概念来描述的，而只能用否定性的概念如"无"，"无形"，"无物"，"无状"来描述。既然道生万物，那么道就不可能是万物中之一物。如果道是万物中之一物，那么道就不能是生成万物的本体，它在语言中就应该有它的名字；而如果它不是万物中的一物的话，那么它就没有名字，所以"道恒无名"，并不是一句神秘的空话。① 采用否定性概念来描述宇宙，这是世界哲学史的重大突破。在西方哲学史上，或许只有阿那克西德的"无限"才能与此媲美。黑格尔在论述阿那克西德的哲学思想时说："把原则规定为'无限'，所造成的进步，在于绝对本质不再是一个单纯的东西，而是一个否定的东西、普遍性，一种对有限者的否定。"② 这就强调了"无"的重要哲学意义。《庄子》的哲学特征也是否定性，但它与《老子》的否定性系统又不相同：《老子》系统是相对的否定性，《庄子》系统却是绝对的否定性。"绝对的否定性所持的绝对主义，发展为自己的反面，即发展为相对主义，而且是绝对的相对主义。"③《老子》的否定是与肯定相对的，因此是相对的否定性。《庄子》的否定则不仅否定了肯定性，而且也否定了否定性，没有什么与之相对，所以是绝对的否定性。按照《庄子》的说法，肯定与肯定性都是"有"，否定与否定性都是"无"，否定了肯定性是"无有"，否定了否定性就是"无无"（《庄子·知北游》）。道家哲学的形而上学理论、鲜明的思辨色彩与相对主义的方法论，对后世哲学、认识论、思维方式都产生了重大的影响。

---

① 参见朱哲：《先秦道家哲学研究》，上海人民出版社 2000 年版，第 67—72 页。

② ［德］黑格尔：《哲学史讲演录》第 1 卷，商务印书馆 1983 年版，第 195 页。

③ 张正明：《楚文化史》，上海人民出版社 1987 年版，第 250 页。

　　"道"既然是无，那么，"道法自然"的含义何在呢？无的意义并非是说完全没有意义。在道家看来，如果说"有"是指器物的实体部分，那么，"无"就是指事物的空虚部分。车轮之所以能够转动，是因为车轮辐条所集中的车轴圆木中心是空虚的，可以穿过车轴。房屋能住人，容器能盛物，也正是因为它们有虚空，才有实用。在这个意义上来说，虚空比实在更为根本，意义更明显。"道"不仅是世界的本源，也是世界的普遍法则和规律。老子说："'道'常无为而无不为。"①"莫之命而常自然。"②"独立而不改，周行而不殆。"③这是对道的根本特征的揭示，"道"的普遍法则是自然而然，没有任何一件事情是其刻意所为。"对万物的成长，它不强制、不干预，顺其自然。它经常向事物的相反状态运动，以静制动，以柔弱胜刚强。它产生万物却又不据为己有，有利万物而不认为是自己的功劳，不以万物主宰自居。这就叫'玄德'，是自然和社会的最高法则。"④道家认为："道大，天大，地大，人亦大。域中有四大，而人居其一焉。人法地，地法天，天法道，道法自然。""道"的师法对象就是"自然"——自然而然。而"自然"同时也可以作为"大自然"来解释。大自然本来就是自然而然的产物，它不是人为的创造，不因人类的意志而改变自身的发展、变化、运动规律。在道家看来，人类的发展过程，愈到晚近遇到的问题就越多，根本原因在于对大自然及其发展、运动规律的偏离。真正的"道"只可描述而不可解释，只可认知而不可理解，只可知其然而无法知其所以然。西哲普罗泰戈拉说："人是万物的尺度，是存在的事物存在的尺度，也是不存在的事物不存在的尺度。"⑤这种观念与道家哲学思想可谓格格不入，道家"自然"观认为人并不是万物的尺度，万物自身就是它存在或者不存在的尺度，人本身只是万物之中的一种，无法以万物之中的一种来作为衡量其他物类的尺度。在道家看来，人类社会的世道浇漓、每况愈下，就因为对自然的偏离：

---

① 陈鼓应：《老子注译及评介》，中华书局 1984 年版，第 209 页。
② 陈鼓应：《老子注译及评介》，中华书局 1984 年版，第 261 页。
③ 陈鼓应：《老子注译及评介》，中华书局 1984 年版，第 163 页。
④ 李宗桂：《中国文化概论》，中山大学出版社 1988 年版，第 111 页。
⑤ 北京大学哲学系：《古希腊罗马哲学》，商务印书馆 1961 年版，第 138 页。

古之人，在混芒之中，与一世而得澹漠焉。当是时也，阴阳和静，鬼神不扰，四时得节，万物不伤，群生不夭，人虽有知，无所用之，此之谓至一。当是时也，莫之为而常自然。

逮德下衰，及燧人伏羲始为天下，是故顺而不一。德又下衰，及神农黄帝始为天下，是故安而不顺。德又下衰，及唐虞始为天下，兴治化之流，浇淳散朴，离道以为，险德以行，然后去性而从于心。心与心识知，而不足以定天下，然后附之以文，益之以博。文灭质，博溺心，然后民始惑乱，无以反其性情而复其初。

由是观之，世丧道矣，道丧世矣。世与道交相丧也，道之人何由兴乎世，世亦何由兴乎道哉！道无以兴乎世，世无以兴乎道，虽圣人不在山林之中，其德隐矣。①

《庄子·应帝王》中也有一则寓言："南海之帝为倏，北海之帝为忽，中央之帝为浑沌。倏与忽时相与遇于浑沌之地，浑沌待之甚善。倏与忽谋报浑沌之德，曰：'人皆有七窍以视听食息，此独无有，尝试凿之。'日凿一窍，七日而浑沌死。"凿窍而死，这是以小聪明换取大聪明，是以人为扼杀了自然，以雕凿伤害了天真。那么，正确的途径是什么呢？道家给出的答案是"道法自然"。

三、"道法自然"的生态意义

"道法自然"蕴含丰富的生态哲学思想。在道家看来，人是自然的产物，人的一切活动都不能违反自然规则，不能无视自然之理，更不应该凌驾于自然之上，而要顺应自然，遵守自然规律。"道法自然"的生态意义在于其生态整体观、生态和谐观与生态发展观。②

生态整体观。道家认为人与天地万物是一个整体，其本原都是"道"，"道"是天、地、人的根源和基础，空间与时间中的一切自然之物，都是以

---

① 《庄子今注今译》，陈鼓应注译，中华书局 1983 年版，第 404—405 页。
② 参见光善万、徐宜国：《"道法自然"与道家生态观》，《南方论坛》2013 年第 2 期。

"道"为其最大的共性和最初的本源。人只是天地万物的一部分，是自然有机整体的一个组成部分，并不是天地万物的主宰和统治者，人根源于自然也统一于自然之中。"道法自然"的生态整体观，反对人为的破坏，反对人类的巧智与胡乱作为，反对人类的妄自尊大，更反对将自然作为人类的征服对象，反对破坏自然，反对对自然进行掠夺式的开发和利用，反对竭泽而渔、杀鸡取卵式地对待自然。既然人与自然是一个统一的整体，那么就不能继续保持传统的"人类中心主义"的态度，不能对自然界横加开采，肆意破坏。道家构建有机整体理论的具体推演过程便表现为：把"道"作为根本的起源和生长点，中间经过"阴阳"的相互作用，最后演化出"自然万物"，其中也包括人类，若用简单的图式便可表示为：道→阴阳→自然万物（包括人）。道家"道法自然"思想是建立在天人一体、物我为一的整体观基础之上的，道生万物、人天同源是其基本特征。道家将天地人视为一个统一的有机整体，认为它们存在着共同的本质和相同的法则。道本身即是自然，自然也便是道。人是自然的一部分，人同时也是一个小天地，人与自然的关系是生死与共、相依为命的，因此人类应该效法天地自然，遵循自然规律，严格依照自然规律办事。人类不可能超越自然，不可能超离于自然之外。如果人与自然对抗，违反自然规律办事，就会自我摧残，自我毁灭。庄子说："天地与我并生，而万物与我为一。"[1] 人在自然之中，生而不有，为而不恃，长而不宰。道家"道法自然"的生态整体观对于当前我们的生态文明建设具有重要的理论借鉴意义。

生态和谐观。道家"道法自然"思想的生态和谐观，主要包括人与自然的和谐、人与社会的和谐和人的身心和谐。道家生态伦理思想蕴含着明确的关于生态和谐的深层次思考。道家的核心概念"道"，是兼有万物之源和万象之源的统称。所谓"有物混成，先天地生。寂兮寥兮，独立而不改，周行而不殆，可以为天地母。吾不知其名，强字之曰'道'"[2]。道家认为精神世界的普遍规律是与物质世界的基本法则相通的，两者具有统一性。天、

---

[1]　《庄子今注今译》，陈鼓应注译，中华书局1983年版，第71页。

[2]　陈鼓应：《老子注译及评介》，中华书局1984年版，第163页。

地、人、万物及其内在的系统规律，均可以在"道"中实现和谐统一。道家认为人与自然的和谐统一是至高无上的精神境界，其实现途径是"自然无为"。庄子说过："天地有大美而不言，四时有明法而不议，万物有成理而不说。圣人者，原天地之美而达万物之理，是故至人无为，大圣不作，观于天地之谓也。"①"以道观之，物无贵贱；以物观之，自贵而相贱；以俗观之，贵贱不在己。"② 道家哲学告诫人们，人应该顺应自然的规律，人应该与自然保持协调一致，人与自然是平等的，世间万物各有其独立的价值，互相之间均不可替代，因此，人要与自然和睦相处。"道法自然"思想"辅万物之自然，而不敢为也"，充分尊重万物的生存权利，遵循万物自身的本性和规律，绝不能任意妄为。"道法自然"的生态伦理思想还从"天人合一"、"天道无为"的生态观出发，提出了人与社会和谐共处的主张。在道家看来，理想的社会是人与自然的和谐、人与社会的和谐、人与人的和谐。道家强调天道自然，主张天道无为。道家理想的和谐社会是："小国寡民，使有什伯之器而不用；使民重死而不远徙。虽有舟舆，无所乘之；虽有甲兵，无所陈之。使民复结绳而用之。"③ 道家把消解一切文明，包括技术对人性的侵害作为和谐社会的前提，希望人回归到自然人的本真状态。庄子认为，"有己"观念是产生不和谐的根源，它导致人们由于区分了是非、善恶，计较得失、苦乐、祸福，从而产生种种苦闷，进而造成了自身与社会环境的对立，因此他强调人与万物应该融为一体。《老子》第十六章说："夫物芸芸，各复归其根，归根曰静，静曰复命。复命曰常，知常曰明。不知常，妄作，凶。"在道家看来，万事万物都有自己的常规，倘若用外力去改变它们，势必会打破自然的平衡，造成"云气不待族而雨，草木不待黄而落，日月之光盖以荒"的灾难性后果。"道法自然"的生态和谐观还追求人的身心和谐。道家最注重人的自我调适和内在的平衡性，体现了以人为本的身心和谐的价值取向。在先秦诸子中，道家最注重养生。养生就是追求人的身心和谐，根本目的就是要摒绝一切外来因素对生命活动的干扰，以此得到身心的解脱。因此，崇尚自然成为道

① 《庄子今注今译》，陈鼓应注译，中华书局1983年版，第563页。

② 《庄子今注今译》，陈鼓应注译，中华书局1983年版，第420页。

③ 陈鼓应：《老子注译及评介》，中华书局1984年版，第357页。

家养生的基本原则。道家强调人的心灵超脱与平和，强调自我调适的能力，实现途径就是清静节欲，消除贪心，见素抱朴，少私寡欲；知自制，以和为常，知人者智，自知者明；胜人者有力，自胜者强。如老子就主张排斥外界事物给人带来的诱惑，"虚其心，实其腹，弱其志，强其骨"①，通过柔弱无为、虚静自守来排斥干扰，以达到返朴归真的目的。庄子主张"虚静自守"，"养神"、"守形"、"忘我"、"无欲"，"目无所见，耳无所闻，心无所知"② 等。现代社会的很多不和谐，就源于人内心的不和谐和人际关系的不和谐，实现身心和谐，平安健康，对自身与社会的和谐皆大有裨益。

生态发展观。"道法自然"的生态思想主张适度发展与可持续发展观。有鉴于东周时代社会混乱、争战不已的现实，道家提出了适度发展与可持续发展的理念，如："圣人去甚，去奢，去泰"，"名与身孰亲？身与货孰多？得与亡孰病？是故甚爱必大费，多藏必厚亡，故知足不辱，知止不殆，可以长久"。去甚，去奢，去泰，就是要求人们对自然的开发和利用必须适可而止，而不能迷醉沉沦于无限的贪欲之中。有智慧的人知道舍弃种种极端的、奢侈的、过分的行为，以保持自然界的平衡。过度地攫取必然会打破自然界的平衡，破坏自然规则，造成人与自然的紧张对峙，既不利于当代的发展，也不利于后代人的发展。人类要认清自己的限度，摒弃过分的行动，顺其自然，适可而止。"道行之而成，物谓之而然。……恶乎然？然于然。恶乎不然？不然于不然。恶乎可？可于可。恶乎不可？不可于不可。物固有所然，物固有所可。无物不然，无物不可。故为是举莛与楹，厉与西施，恢恑憰怪，道通为一。其分也，成也；其成也，毁也。凡物无成与毁，复通为一。唯达者知通为一，为是不用而寓诸庸；因是已。已而不知其然，谓之道。"③当前出现的严重生态危机和环境破坏问题，根本原因就在于人们只看到眼前利益，无节制地开发和利用自然资源，不顾实际地超快超规模地发展经济。在这个意义上来说，"道法自然"的生态发展观对于我们当前的生态文明建设具有重要的理论和实践意义。

---

① 陈鼓应：《老子注译及评介》，中华书局 1984 年版，第 71 页。

② 《庄子今注今译》，陈鼓应注译，中华书局 1983 年版，第 279 页。

③ 《庄子今注今译》，陈鼓应注译，中华书局 1983 年版，第 61—62 页。

第三节　墨家的"兼相爱、交相利"思想

一、墨家文化

墨家的创始人墨子，名翟。墨家的产生稍晚于儒家。墨子的祖先是宋国贵族，墨子年轻时受过良好的贵族教育。顾颉刚在《禅让说起源于墨家考》一文中说："墨确是他的真姓氏，而且从这个姓氏上，可知道他是公子目夷之后，原是宋国的贵族。"童书业《春秋左传研究》说："墨子实目夷子后裔，以墨夷为氏，省为墨也。"墨子是站在平民立场发言的士大夫，他自称"北方之鄙人"，曾经当过工匠，擅长于制作手工艺品和武器，其技艺之高明足以与当时的巧匠公输班（俗称鲁班）相比，墨子还擅长防守城池，据说他制作守城器械的本领比公输班还要高明。他被人称为"布衣之士"。墨子自诩说："上无君上之事，下无耕农之难"，是一个同情"农与工肆之人"的士子。墨子曾经师从于儒者，学习孔子之术，称道尧舜大禹，学习《诗》《书》《春秋》等儒家典籍。但后来他逐渐对儒家烦琐礼乐感到厌烦，最终放弃了儒学，构建了自己的墨家学派。墨家是一个宣扬仁政的学派。在代表新型地主阶级利益的法家崛起以前，墨家是先秦和儒家相对立的最大的一个学派，并列"显学"。《韩非子·显学》记载："世之显学，儒墨也。儒之所至，孔丘也；墨之所至，墨翟也。"

墨家并不脱离生产劳动，相反他们的动手实践能力极强，也是一个组织纪律性极强的社会团体。墨子广收弟子，积极宣传自己的学说，不遗余力地反对兼并战争。墨家的最高领袖被尊称为"巨子"，成员都称为"墨者"，绝对服从"巨子"的指挥，《淮南子》称其"赴火蹈刃，死不还踵"，因此极具战斗力。墨家到了后期，有部分墨家成员流入"侠客"一派，所以古代又有"墨子之门多勇士"[1]之说。墨子最初本来是儒门弟子，据《淮南子》记载，其"学儒者之业，受孔子之术，以为其礼烦扰而不说，厚葬靡财而贫

---

[1]　陆贾：《新语》，艺文印书馆1970年版，第57页。

民，久服伤生而害事，故背周道而用夏政"。墨子转而向夏禹学习，墨家弟子多来自社会下层，以"兴天下之利，除天下之害"为人生目标，"孔席不暖，墨突不黔"，尤其重视艰苦实践，"短褐之衣，藜藿之羹，朝得之则夕弗得"①，"摩顶放踵利天下，为之"②。"以裘褐为衣，以跂蹻为服，日夜不休，以自苦为极"③，生活极其清苦。墨家崇尚夏禹不图安逸享受，苦身劳心为天下谋利的精神，因此特别注重实践品格和行动能力。如果说儒家思想的核心是"仁"，那么墨家思想的核心则是"义"，"义，利也"，"万事莫贵于义"④。

墨家的思想主张主要包括"尚贤"、"尚同"、"节用"、"节葬"、"非乐"、"非命"、"天志"、"明鬼"、"兼爱"、"非攻"等十个方面的内容。"尚贤"和"尚同"主要是其政治主张，墨家希望实行中央集权政治，统一政令，向平民开放权力，让真正的"贤"者走上领导岗位。其"兼爱"思想主张"爱无等差"，对所有人一视同仁地给予关爱，由此反对宗法等级制度，反对权力天授。其"非攻"反对侵略战争和兼并战争。其"节用"、"节葬"、"非命"、"非乐"主要是反对儒家的繁文缛节和厚葬习俗，反对奢侈浪费。其"天志"、"明鬼"思想要求人们尊敬天帝，敬事鬼神，一切行动皆要"取法于天"。墨家思想的哲学史意义还在于他们在认识论问题上首次提出了判断是非正误的标准应该是客观的，有三条准则，即：一要依据古代圣王的经验；二要考察人们的直接经验；三要付诸实施，在实践中检验其正误是非。

墨子死后，墨家分裂为三个主要流派：相里氏一派、相夫氏一派、邓陵氏一派。《庄子·天下》所说的相里勤的弟子、邓陵子的弟子苦获、己齿，即这三派中的两派。他们都广收弟子，学习传承《墨子》，但重点各有不同，互相都攻击对方是"别墨"。今存的《墨子》本中，每篇都有上、中、下三篇，可能就是墨家分裂为三派的证据。根据郭沫若的深入研究，墨家发展到秦惠王时，已有集中于秦国的趋势。因此，从墨家第四代"巨子"开始，墨学的中心已经转移到了秦国。战国以后，墨家已经衰微。到了西汉时期，由

---

① 吴毓江：《墨子校注》，中华书局 1993 年版，第 722 页。

② 《孟子·尽心上》，《四书五经》，岳麓书社 1991 年版，第 129 页。

③ 《庄子今注今译》，陈鼓应注译，中华书局 1983 年版，第 863 页。

④ 吴毓江：《墨子校注》，中华书局 1993 年版，第 670 页。

于汉武帝的独尊儒术政策、社会心态的变化以及墨家本身并非人人可以达到的艰苦训练、严厉规则及常人难以企及的高尚思想品德的要求，墨家迅速衰退并逐步消失于历史的烟云之中，偶有侠义之士以墨家风范呈示世间，毕竟已成黑沉遥夜中的流星，光芒四射，却转瞬即逝。

二、墨家"兼相爱、交相利"的思想内涵

墨家给当时的天下大乱、灾害频生的社会现实开出的良方，就是"兼相爱，交相利"。《墨子·兼爱中》说："凡天下祸篡怨恨，其所以起者，以不相爱生也，是以仁者非之。既以非之，何以易之？子墨子言曰：以兼相爱、交相利之法易之。"乱世的根本原因，在墨家看来，是因为"不相爱"。"乱何自起？起不相爱。"① 墨子相信，只要天下人都能"兼相爱、交相利"，社会就会安定，战争就会平息，经济就会繁荣，政治就会清明。

"兼相爱、交相利"如此重要，其内涵究竟是指什么呢？陈道德指出，其含义主要包括相互联结的两个层次，"即感情层次和利益层次"：感情层次就是要求人们相互地、平等地、普遍地爱。所以"相互地爱"就是己和人双方都承担"爱"的义务，也都享有"被爱"的权利。"爱人者，人亦从而爱之"②，"爱人者必见爱也"③。所谓"平等地爱"就是反对"爱有差等"的儒家观点，实行"爱人若爱其身"，"为彼若为己也"。特别是父、君要以平等的态度爱子、爱臣："视子弟与臣若其身。"④ 所谓"普遍地爱"就是爱人应该"远施周遍"，不受范围局限，对所有的人都去爱。"兼爱天下之博大也，譬之日月兼照天下之无有私也"⑤，"爱人者此为博焉"⑥，"天下之人皆相爱"⑦。

利益层次就是爱时必须给对方以利益，使对方在爱中得到利益，而且利益的性质主要是指物质利益。墨子说，"兼相爱"的实质内容就是"交相

① 吴毓江：《墨子校注》，中华书局 1993 年版，第 151 页。
② 吴毓江：《墨子校注》，中华书局 1993 年版，第 157 页。
③ 吴毓江：《墨子校注》，中华书局 1993 年版，第 176 页。
④ 吴毓江：《墨子校注》，中华书局 1993 年版，第 152 页。
⑤ 吴毓江：《墨子校注》，中华书局 1993 年版，第 175 页。
⑥ 吴毓江：《墨子校注》，中华书局 1993 年版，第 289 页。
⑦ 吴毓江：《墨子校注》，中华书局 1993 年版，第 156 页。

利"、"兼而爱之"就是"兼而利之"①。所以，墨子总是把"相爱"和"相利"、"爱人"和"利人"、"爱"与"利"同提并举。如"天必欲人之相爱相利"②、"此自爱人、利人生"③、"仁而无利爱，利爱生于虑"④、"爱利天下"⑤等等。这样，相互地爱就成了相互交利："利人者，人必从而利之"⑥，"交相爱，交相恭，犹若相利也"⑦。平等地爱就成了平等互利："有力相营，有道相教，有财相分"⑧，不仅要利人，还要利天、利鬼："上利于天，中利于鬼，下利于人。三利无所不利。"⑨

墨家"兼相爱、交相利"思想的实质内容就是"爱人"、"兼相爱"、"利人"、"交相利"。由此人伦道德层面扩展开去，达到人与自然的层面，墨家"兼相爱、交相利"思想便又有了"兼爱"、"节用"、"节葬"、"非乐"、"非攻"等层面的生态学意义。

三、"兼相爱、交相利"的生态意义

墨家思想富含生态学意义。墨子从人与动物的区别中得出了人需要通过劳动才能生存的结论："今人固与禽兽、麋鹿、飞鸟、贞虫异者也。今之禽兽、麋鹿、飞鸟、贞虫，因其羽毛以为衣裘，因其蹄蚤以为绔屦，因其水草，以为饮食。故虽使雄不耕稼树艺，雌亦不纺绩织纴，衣食之财固已具矣。今人与此异者也，赖其力者生，不赖其力者不生。"⑩在墨家看来，人类生存的前提条件就是劳动，劳动观念是墨家学说的出发点和归宿。而人的劳动对象就是大自然，墨家说农夫的"分事"是"早出暮入，强乎耕稼树艺，

---

① 吴毓江：《墨子校注》，中华书局 1993 年版，第 29 页。
② 吴毓江：《墨子校注》，中华书局 1993 年版，第 29 页。
③ 吴毓江：《墨子校注》，中华书局 1993 年版，第 172 页。
④ 吴毓江：《墨子校注》，中华书局 1993 年版，第 601 页。
⑤ 吴毓江：《墨子校注》，中华书局 1993 年版，第 138 页。
⑥ 吴毓江：《墨子校注》，中华书局 1993 年版，第 156 页。
⑦ 吴毓江：《墨子校注》，中华书局 1993 年版，第 723 页。
⑧ 吴毓江：《墨子校注》，中华书局 1993 年版，第 297 页。
⑨ 吴毓江：《墨子校注》，中华书局 1993 年版，第 290 页。
⑩ 吴毓江：《墨子校注》，中华书局 1993 年版，第 375 页。

多聚菽粟，而不敢怠倦"，农妇的"分事"是"夙兴夜寐，强乎纺绩织纴，多治麻丝葛绪"。但墨家并不主张对自然资源和人口资源进行过度的使用，相反，他们主张节用、节葬、非攻、非乐，提倡节俭、朴素的生活方式，表现出高明的生态智慧。最为难得的是，墨家不仅在理论上提倡节俭勤劳，而且在实际生活中身体力行，以至于同时代的庄子都觉得墨家"以自苦为极"，矫枉过正：

不侈于后世，不靡于万物，不晖于数度，以绳墨自矫，而备世之急；古之道术有在于是者，墨翟禽滑厘闻其风而说之。为之大过，已之大循。作为《非乐》，命之曰《节用》。生不歌，死无服。墨子泛爱兼利而非斗，其道不怒；又好学而博，不异，不与先王同，毁古之礼乐。

黄帝有《咸池》，尧有《大章》，舜有《大韶》，禹有《大夏》，汤有《大濩》，文王有《辟雍》之乐，武王周公作《武》。古之丧礼，贵贱有仪，上下有等。天子棺椁七重，诸侯五重，大夫三重，士再重。今墨子独生不歌，死不服，桐棺三寸而无椁，以为法式。以此教人，恐不爱人；以此自行，固不爱己。未败墨子道，虽然，歌而非歌，哭而非哭，乐而非乐，是果类乎？其生也勤，其死也薄，其道大觳；使人忧，使人悲，其行难为也，恐其不可以为圣人之道，反天下之心，天下不堪。墨子虽独能任，奈天下何！离于天下，其去王也远矣！

墨子称道曰："昔者禹之湮洪水，决江河而通四夷九州也，名川三百，支川三千，小者无数。禹亲自操橐耜而九杂天下之川；腓无胈，胫无毛，沐甚雨，栉疾风，置万国。禹大圣也，而形劳天下也如此。"使后世之墨者，多以裘褐为衣，以跂蹻为服，日夜不休，以自苦为极，曰："不能如此；非禹之道也，不足谓墨。"

相里勤之弟子，五侯之徒，南方之墨者苦获、已齿、邓陵子之属，俱诵《墨经》，而倍谲不同，相谓别墨；以坚白同异之辩相訾，以奇偶不仵之辞相应；以巨子为圣人，皆愿为之尸，冀得为其后世，至今不决。

墨翟、禽滑厘之意则是，其行则非也。将使后世之墨者，必以自苦腓无胈胫无毛，相进而已矣。乱之上也，治之下也。虽然，墨子真天下之好也，将求之不得也，虽枯槁不舍也，才士也夫！①

墨子"节用"思想的原则是："使各从事其所能"，"凡足以奉给民用诸，加费不加民利则止"。②墨家穿的是"短褐之衣"，吃的是"藜藿之羹"，节约勤俭、自律极严是墨家的标志。他们反对奢侈浪费，批判当时的诸侯统治者"厚作敛于百姓，以为美食刍豢蒸炙鱼鳖，大国累百器，小国累十器，前方丈，目不能遍视，手不能遍提，口不能遍味"的奢靡之风。

墨家主张节葬，"棺三寸足以朽骨，衣三领足以朽肉；掘地之深下无沮漏，气无发泄于上，垄足以期其所，则止矣。哭往哭来，返从事乎衣食之财"，这是对当时的统治阶级"厚葬久丧"习俗的反对和批判。当时的诸侯统治者提倡"棺椁必重，葬埋必厚，衣衾必多，丘垄必巨"，厚葬的结果是"虚府库，然后金玉珠玑比乎身，纶组节束车马藏乎圹，又必多为幕鼎鼓几筵壶鉴，戈剑羽旄齿革，挟而埋之"。劳民伤财，耽误生产，莫此为甚！在墨家看来，此种行径既无耻透顶，又愚蠢无比。

由"兼相爱"引申出来的"非攻"思想，主要是反对当时列国之间征伐不已的惨烈战争。战争给人民的生命、财产造成了极大的损失，因此遭到墨家的严厉谴责。战争耽误农耕生产，破坏渔、牧、林、手工业等各个行业的正常生产秩序，让老百姓陷入饥饿之中。《墨子·非攻中》说："今师徒唯毋兴起，春则废民耕稼树艺，秋则废民获敛。今唯毋废一时，百姓饥寒冻馁而死者，不可胜数。"战争之中，掠夺百姓财富的行为成为常态，"今王公大人，天下之诸侯，将必皆差爪牙之士，皆列其舟车之卒伍，于此为坚甲利兵，以往攻伐无罪之国，入其国家边境，刈其禾稼，斩其树木"，粗暴的掠夺行为破坏了生态环境，也破坏了正常的经济环境。战争行为不仅让敌对方受损失，同时也让自己受损失，俗话说"杀敌一千自损八百"，全民动员并将全国物质财富集中起来统一调配使用、正常的生产生活秩序全被打乱的战

---

① 《庄子今注今译》，陈鼓应注译，中华书局1983年版，第862—864页。
② 吴毓江：《墨子校注》，中华书局1993年版，第249页。

争行为，同样也让战争发动国的生态环境受损，百姓罹难。墨家就是在此意义上坚决反对战争行为的，尤其是反对大国、强国对小国、弱国的攻伐掠夺。这种思想在战乱频仍的东周时代极具现实批判精神，体现了对人类生命的尊重与主体性自觉。

第四节　佛教的"众生平等"思想

一、佛教文化

佛教是世界三大宗教之一[①]，产生于公元前 6 世纪的印度，创始人是乔达摩·悉达多。佛教的基本理论包括四谛说、十二因缘说、业力说、无常说和无我说等。[②] 佛教教义的核心，宣扬人生是一场漫长的苦难旅程，只有信奉佛教，加强修炼，才能上升至视世界万物和自我为"空"的境界，由此才能摆脱世间痛苦，以灭绝欲望的方式实现"涅槃"。佛教修行的方式是"戒"——约束身心；"定"——增强磨炼受苦的能力；"慧"——达观镇静。范晔《后汉书》记载："世传明帝梦见金人长大，项有光明，以问群臣。或曰：'西方有神，名曰佛，其形长丈六尺，而黄金色。'帝于是遣使天竺，问佛道法，遂于中国图画形象焉。"佛教从东汉初期开始传入中国，后来经过长期的传播发展，最终形成具有中国民族特色的中国佛教，对中国知识分子和普通民众产生过长期的重要的深远的影响。尤其是因果报应、三世轮回思想，在庙堂和民间社会都产生过深刻影响，某种程度上已经内化为中国文化的重要基因。

古印度佛教主要分为两大门派，一派是大乘佛教；另一派是小乘佛教。大乘佛教以拯救众生为志趣，只有当一切生灵皆脱离苦难成佛之后，自己才能成佛。小乘佛教主张通过自己的修行，斩断人间烦恼，超脱生死之忧，就可以成为"阿罗汉"。到隋唐以后，小乘佛教在中国日趋式微。真正在中国

[①]　世界三大宗教为佛教、基督教、伊斯兰教。

[②]　参见方立天：《佛教哲学》，中国人民大学出版社 1986 年版。

兴旺发达的八个宗派，都属于大乘佛教系统。这八个宗派分别是：律宗、密宗、禅宗、三论宗、天台宗、华严宗、法相宗、净土宗，简称"八宗"。

东汉以后，由于传入中国的时间、路径、地区各异，加上各民族文化、社会历史、语言环境等条件的不同，佛教在中国逐渐形成为三大派系，即汉地佛教（汉语系）、藏传佛教（藏语系）、云南上座部佛教（巴利语系）。

汉地佛教。佛教传入中国汉族地区，起源于东汉明帝时期从西域取回佛教经典著作《四十二章经》。当时佛教的传播地域主要在长安、洛阳一带。洛阳白马寺是中国最早的寺院，也称中国佛教的"祖庭"。"金人入梦白马驮经；读书台高浮屠地迥"，东汉时期绝大多数的佛经都是在白马寺翻译过来的。"南朝四百八十寺，多少楼台烟雨中"，佛教在魏晋南北朝时期得到持续发展，佛教信众激增，佛塔、寺院遍布丛林。此期佛教石窟艺术达到巅峰状态，举世闻名，如敦煌、云冈、龙门等地的雕塑、壁画，堪称世界艺术瑰宝。在佛经翻译方面，鸠摩罗什、法显等名僧辈出。梁武帝笃信佛教，在位 14 年曾经四度舍身为寺奴，当时共有寺院 2860 所，僧尼 82700 余人。唐朝是中国佛教发展的鼎盛时期。唐太宗时期高僧玄奘西行求法，历时 19 年，长途跋涉 5 万余里，前往印度取回佛经，并在大雁塔翻译出佛经 75 部 1335 卷，还写出了记载其艰辛求法经历的《大唐西域记》。北宋、南宋时期，佛教持续发展。元朝蒙古民族崇尚藏传佛教，对汉地佛教也采取了保护政策。明太祖本身就曾经做过僧人，即位后自封"大庆法王"，宣扬佛法。清朝皇室崇奉藏传佛教，汉语系佛教仍在民间流行。晚清至民国时代，杨文会、欧阳竟无、大虚、康有为、谭嗣同、章太炎、梁启超等都曾经研究过佛学，将中国佛学研究提升至新的高度。

藏传佛教。藏传佛教俗称"喇嘛"教。藏语"喇嘛"意为"上师"。藏语系佛教始于公元 7 世纪中叶，藏王松赞干布迎娶尼泊尔尺尊公主和唐朝文成公主时，两位公主都带去了佛像、佛经。松赞干布在两位公主的影响下皈依佛教，建筑了大昭寺和小昭寺。8 世纪中叶，佛教从印度传入西藏地区。10 世纪后期，藏传佛教正式形成。13 世纪开始流行于蒙古地区。此后发展形成为各具特色的分支教派，它们普遍信奉佛法中的密宗。在西藏，上层喇嘛逐步掌握了地方政权，最终形成政教合一的藏传佛教。西藏最著名的佛教建筑是布达拉宫。

云南上座部佛教。公元 7 世纪中叶，佛教从缅甸传入中国云南，形成云南上座部佛教。云南上座部佛教流传于云南省傣族、布朗族等居住区，其佛教传统信仰与南亚佛教国，如泰国、缅甸等大致相同。

魏晋南北朝以来的中国传统文化，已经无可争辩地带上了佛教文化的影响印迹，儒道佛三家汇合已成为中华文化的发展主流。佛教蕴藏着深刻的人生智慧，"它对宇宙人生的洞察，对人类理性的反省，对概念的分析，有着深刻独到的见解"；在世界观上，佛教认为世间万物都处在无始无终相互联系的因果网络之中；在人生观上，佛教提倡将一己的解脱与拯救人类结合起来。① 在中国文学、艺术、哲学、语言、思想史等领域，佛教文化的影响几乎无处不在。

二、佛教的"众生平等"思想及其生态学意义

"众生平等"是佛教的一个基本观念，产生于公元前 6—5 世纪的印度佛教。当时的印度思想界被婆罗门教所主宰。婆罗门教推行种姓制度，在诸种姓中婆罗门位于第一，下等种姓要绝对服从上等种姓。这种等级观念在普通民众的心灵深处根深蒂固，一直持续到佛教产生后才发生了明显的改变。早期佛教徒主要来源于印度四种姓中的刹帝利和吠舍阶层，他们反对婆罗门教的种姓制度和等级观念，认为人所出生时的阶层属性并不能决定其身份的高低贵贱，"众生平等"，人人皆可以通过修行最终成为贤人。《别译杂阿含经》云："不应问生处，宜问其所行，微木能生火，卑贱生贤达。"《长阿含经》记载："汝今当知，今我弟子，种姓不同，所出各异，于我法中出家修道，若有人问：汝谁种姓？当答彼言：我是沙门释种子也。"佛教徒游历各地，或者在茂密的森林中苦修，或者在四散的村落中传教，依靠人们布施的食物生活。早期佛教徒被称为游历者、遁世者、苦行者、比丘等。佛教徒旗帜鲜明地主张平等观念，反对婆罗门教的种姓不平等理论。佛教徒提倡不问身份和出身，主张人人平等，人人皆可以修道成佛。

---

① 参见上海古籍出版社编：《中国文化史三百题》，上海古籍出版社 1987 年版，第 443 页。

佛教"众生平等"的思想观念还由人类推及到宇宙众生之间的"平等"。佛教主张缘起论，他们认为，现象界的一切都是由各种条件和合形成的，而非孤立的存在。《杂阿含经》说："有因有缘集世间，有因有缘世间集；有因有缘灭世间，有因有缘世间灭。"现象的世界是因缘起故，世间万象"此有故彼有，此生故彼生，此无故彼无，此灭故彼灭"。也就是说，宇宙间的万事万物都是相互依存，相互联系，互为因果的，万法依因缘而生灭。因此，佛教认为人与人、人与动物、人与植物，都是息息相关、相依相成的，不能断然分割，不能单独存在。人不能离开大自然单独存在，大自然对于人的意义极其重要。营造良好的生态环境，其目的和意义都是为了人自身。在佛教看来，众生依据其生存状态可以分为两种：有情众生与无情众生。凡是有情识的，如人与动物等，都叫有情众生；没有情识的，如植物、宇宙、山河、大地、河流等，都归为无情众生。一切有情众生都在三世六道中轮回。"三世"即是指过去、现在、将来三个世界，在每一个世界里又有地狱、饿鬼、畜生、阿修罗、人、天等六道之分。佛教认为，有情众生无一例外地要在过去、现在、未来三世之间无穷流转，同时在六道中不断轮回，所以又称"三世六道轮回"。有情众生的"正报"，必然同时伴随着无情众生的"依报"。有情众生依据在过去世中的行为所产生的"业力"，在现世中得以获得"果报"，佛教称作"正报"。而所谓"依报"是指有情众生所依据的环境，也就是生命主体赖以生存的宇宙大地、山川河流、树木花草等无情众生。佛教认为"正报"必然依靠"依报"，任何生命体都必须依靠其生存环境，因此环境与生命体自身的存在是紧密相关的，二者之间的关系是不可分割的，所以称之为"依正不二"。于此可见，佛教把人类生命体与其赖以生存的自然环境看作是一个不可分割的整体。根据佛教缘起论，在三世六道中轮回的众生，本质上都是相同的，在畜生、阿修罗、人、天之间可以互换角色，正所谓"今生为人，来世做牛做马"。因此，在佛教的视域中，"众生平等"，在本性上是相等的，没有高下贵贱之分。《长阿含经》云："尔时无有男女、尊卑、上下，亦无异名，众共生世故名众生。"

唐代天台宗大师湛然提出"无情有性"论，他认为没有情感意识的山川、草木、大地、瓦石等，其实都具有佛性。佛性本身是不变的，体现于万物之中，每一个事物之中都蕴涵着佛性，因此都具有平等的价值。禅宗强调说："郁郁黄花无非般若，清清翠竹皆是法身。"大自然的一草一木，无不是佛性的具体体现。佛教将自然看作佛性的显现，因此要珍爱自然，珍惜我们生存的家园。佛教的"无情有性"说，与当代生态学颇多相通之处。如美国的莱奥波尔德认为："大地伦理学扩大社会的边界，包括土壤、水域、植物和动物或它们的集合：大地"，"大地伦理学改变人类的地位，从他是大地——社会的征服者转变到他是其中的普通一员和公民。这意味着人类应当尊重他的生物同伴而且也以同样的态度尊重大地社会"。英国历史学家汤因比发挥了佛教的"无情有性"说，指出："宇宙全体，还有其中的万物都有尊严性，它是这种意义上的存在。就是说，自然界的无生物和无机物也都有尊严性。大地、空气、水、岩石、泉、河流、海，这一切都有尊严性。如果人侵犯了它的尊严性，就等于侵犯了我们本身的尊严性。"佛教对于生命的理解具有启示性意义，宇宙间的每个生命都是平等的，因为"一切众生，悉有佛性"，而佛性是平等的，是没有高下之分的，"上从诸佛，下至旁生，平等无所分别"。佛教生命伦理的核心是众生平等和生命轮回。根据这种理论，世界上没有任何事物可以离开因缘，每个人都与众生息息相关，众生具有存在的同一性、相通性。佛教的"众生平等"思想是一种最彻底的平等观，一种终极意义上的平等观。所以，佛教提倡善待一切生灵，戒杀、慈悲、放生、报众生恩。《大智度论》云："诸罪当中，杀罪最重；诸功德中，不杀第一。"人如果触犯杀戒，灭绝人畜，无论是亲杀，还是他杀，死后都将坠入畜生、地狱、饿鬼三恶道。

佛教理想的生态世界图式就是西方极乐世界。佛经对西方极乐世界的描述，可以视为佛教徒对于未来理想生态世界的描摹。在西方极乐世界里，一切皆井然有序，欢乐祥和。极乐世界中秩序井然。《称佛净土佛摄受经》云："极乐世界，净佛土中，处处皆有七重行列妙宝栏木盾，七重行列宝多罗树，及有七重妙宝罗网。"极乐世界中有丰富的优质水源："极乐世界，净佛土中，处处皆有七妙宝池，八功德水弥满其中。何等名为八功德水？一者澄清，二者清冷，三者甘美，四者轻软，五者润泽，六者安和，七者饮时除饥渴等无量过患，八者饮已定能长养诸根四大，增益种种殊胜善根，多福众生常乐受用。"极乐世界里有茂密的森林、鲜艳的花朵:"诸池周匝有妙宝树,间饰行列,香气芬馥"。极乐世界有优美的音乐:"极乐世界,净佛土中,自然常有无量无边众妙伎乐,音曲和雅,甚可爱乐。诸有情类,间斯妙音,诸恶烦恼,悉皆消灭。无量善法,渐次增长,速证无上正等菩提。"极乐世界里天花缤纷,四时不败,有益身心健康:"净佛土中,昼夜六时,常雨种种上妙天华,光浑香洁,细柔杂色,虽令见者身心适悦,而不贪著,增长有情无量无数不可思议殊胜功德。"极乐世界里有各种杂色美丽的鸟群:"极乐世界,净佛土中,常有种种奇妙可爱杂色众鸟,所谓鹅、雁、鹙、鹭、鸿、鹤、孔雀、鹦鹉、羯罗频迦、共命鸟等。如是众鸟,昼夜六时,恒共集会,出和雅声,随其类音宣扬妙法"。极乐世界里有纯净美妙的空气:"极乐世界,净佛土中,常有妙风吹诸宝树及宝罗网,出微妙音。"由此可见,佛教关于西方极乐世界的描绘,蕴涵着丰富的生态学内容,为我们展示出美好的生态发展前景,充分体现出佛教的生态理想观。

佛教"众生平等"的生态思想也体现在其日常生活中。我们知道,中国佛教徒都有植树造林、养林护林、栽花种草的优良传统。古诗云:"曲径通幽处,禅房花木深。"佛教寺院通常都会修建在林木葱郁、环境清幽、背山面水、鸟语花香的丛林之中。这既是其生态思想的体现,也是"庄严国土,利乐有情"的佛学理念的具体体现,只有在安静和谐的环境中才能更好地参禅修道。在佛教寺院内外,教徒们广植花木花草,颇得园林之幽趣,表现出佛教对于人类心灵的净化,对于自然环境的保护的积极意义。在某种意义上来说,寺庙园林就是佛教对于西方净土的具体表现,充分体现出佛教徒对于生态环境的重视。此外,佛教徒生活俭朴,饮食节制,注重修行,物质上无限贫乏,以确保精神上的无限富有。在简朴的生活中实现心灵的提升,这是中国传统文化的共同旨趣,殊途而同归。佛教徒注重节约、节俭的优秀美德,与当前方兴未艾的绿色环保运动不谋而合,颇多异曲同工之处。

第五节　中国传统生态文化的独特价值与时代局限

一、中国传统生态文化的独特价值

儒家"天人合一"思想、道家"道法自然"思想、墨家"兼相爱、交相利"思想和佛教"众生平等"思想，作为中国传统文化的重要组成部分，本身包含着丰富的生态思想。中国传统生态文化的典型特征，在于其鲜明的地域性与时代性，即中国传统生态文化是从中国本土的实际，从中国古代的客观现实需要出发提出的一系列生态主张，因此，与西方天人两分、人类中心主义、追求极端个体价值的观念截然不同，中国传统生态文化在总体上都主张天人和谐，认为人与天、人道与天道是可以相通的，因而可以达到最终的统一。中国传统生态文化蕴涵着丰富的生态智慧，具有突破时代局限的前瞻性，对于当下我们正在实施的生态文明建设具有重要的理论和实践价值。其价值主要体现在以下三个方面：认识论价值——建构人与自然的和谐关系；方法论价值——实施可持续发展；思想教育价值——培育生态文明观。总之，中国传统生态文化对于建立生态伦理秩序、正确处理好环境资源与发展的辩证关系，都具有积极的借鉴意义。

传统生态文化仍然具有重要的现代价值。我们以在中国传统社会中长期占据主流价值地位的儒家"天人合一"思想为例，来观照其现代生态意义。我们认为，儒家"天人合一"思想可以帮助我们走出"人类中心论"的认知误区，可以为我们解决生态环境恶化问题提供新的思路，有利于我们通过节约自然资源促进人与自然的和谐发展，其现代性价值和意义都是十分明显和积极的。

第一，可以帮助我们走出"人类中心论"的认知误区。儒家"天人合一"思想对于我们实现从传统的"人类中心论"走向现代意义上的人与自然的有效合作、协同发展，具有世界观的重要的指导性意义。"人类中心论"总是作为一种价值观和价值评价尺度被使用，它要求把人类的利益作为价值原点和一切道德评价的依据，有且只有人类才是价值判断的主体。其基本主张包括以下内容：一是在人与自然的价值关系中，只有拥有意识的人类才是主体，自然只是被征服的对象和纯粹客体。价值评价的尺度必须掌握和始终掌握在人类的手中，任何时候谈到"价值"都是指"对于人的意义"。二是在人与自然的伦理关系中，强调"人是目的"，这一主张最早由康德提出，这被认为是人类中心主义在理论上完成的标志。三是人类的一切活动都是为了满足自己的生存和发展的需要，不能达到这一目的的活动就是没有任何意义的，因此一切应当以人类的利益为出发点和归宿。人类中心主义实际上就是把人类的生存和发展作为最高目标的思想，它要求人的一切活动都应该遵循这一价值目标。事实上，随着环境的恶化和人类认知水平的日益进步，"人类中心论"已经遭受到普遍性的质疑。西方许多有识之士将自然价值、人类道德主体与人类的义务、人类价值需求和实现自己目的的手段的合理性等进行综合考量，证明"人类中心论"的自大与偏缪。儒家"天人合一"思想坚持人与天的整体性统一，这种世界观为当今时代因为人与自然的敌对性关系而处于迷惘无解之中的人们重新寻找到解决问题的途径，实现人与自然的和谐进步，无疑提供了重要的思想资源。我们可以说，生态环境恶化到当下如此不堪的地步，正是过往岁月中"人类中心论"无限膨胀的必然结果。人类为了满足自己的私欲，将自然当作沉默的毫无反抗能力的羔羊予以宰杀，无限索取，竭泽而渔，严重地加剧了人与大自然之间的紧张关系，严重地破坏了大自然内在的平衡系统，从而招致大自然的严酷报复。生态环境的破坏，就是"人类中心论"咎由自取的结果。儒家"天人合一"思想秉持与大自然共生共存的基本伦理精神，主张人与大自然和谐相处，倡扬"民胞物与"、推己及物的仁心仁行，这对于我们今天构建和谐社会、建设生态文明，无疑具有重要的启示意义。

第二，可以为我们解决生态环境恶化问题提供新的思路。科学地处理好人与大自然的关系，解决日益恶化的生态环境问题，是生态文明建设的题中应有之义。而在科学技术至上主义思潮泛滥的背景下，解决生态环境恶化问题，人们多采用"头痛医头、脚痛医脚"的方法，而缺乏一种整体性意义上的观照，更缺乏对自然规律的了解与尊重，在此意义上，儒家"天人合一"思想可以为我们提供新的解决问题的思路。"天人合一"思想在解决天、人关系时，主张作为主体的人"赞天地之化育"、"敬畏天命"，承认人的认知的有限性，体现出对自然规律的遵循。大自然的运行自有其客观规律，人类应该按规律办事，根据时间的变化处理好生产、生活问题，在让大自然为人类造福的同时，也要格外尊重大自然自身的发展规律，实现人与大自然的和谐共存、和谐发展。在工业化进程中造成的人与大自然的矛盾冲突日益严重，最终产生了严重的生态危机和全球环境恶化的当下，越来越多的有识之士开始关注中国传统儒家"天人合一"思想的重要意义。"天人合一"思想具有特殊的现实意义，可以为我们在制订可持续发展战略的过程中予以认真地分析、科学地总结、有效地探索、成功地借鉴。在如何处理人与自然的关系问题上，"天人合一"思想为我们提供了一种可持续发展的理论模式。正如张岱年等人所说："中国古代的天人合一思想，强调人与自然的统一，人的行为与自然的协调，道德理性与自然理性的一致，充分显示了中国古代思想家对于主客体之间、主观能动性与客观规律性之间关系的辩证思考。"[1]"天人合一"思想提供的是新思路、新思考，这对于打破当前生态文明建设和经济社会发展的迷局和困境，实现重大突破，无疑具有重要的思想和理论意义。

第三，有利于我们通过节约自然资源促进人与自然的和谐发展。随着生产效率的提高，生产力的高速发展，人们生活条件得到极大的改善，向大自然的攫取力度也日益扩大，远远超出了资源的可再生能力，造成了人类生活需求与资源开发使用之间的突出矛盾。为了解决这一矛盾，就应该大力提倡资源消费的节俭观。节约光荣，浪费可耻，理应成为人们的日常行为规范和生态伦理准则。儒家"天人合一"思想出于对自然资源的爱护，极力反对奢侈浪费，提倡节俭和节制的生活方式。"节用而爱人"，这种儒家行为准则正在被越来越多的人所接受。《论语》反复申说："礼，与其奢也，宁俭。"[2]"麻冕，礼也；今也纯，俭。吾从众。"[3]"奢则不孙，俭则固。与其不孙

---

① 　张岱年、方克文主编：《中国文化概论》，北京师范大学出版社 1994 年版，第 381 页。

② 　《论语·八佾》，《四书五经》，岳麓书社 1991 年版，第 20 页。

③ 　《论语·子罕》，《四书五经》，岳麓书社 1991 年版，第 32 页。

也，宁固。"① 孔子一生安贫乐道，不事奢华，曾经自评说："饭疏食，饮水，曲肱而枕之，乐亦在其中矣。"② 他热情地赞扬安贫乐学的弟子颜回，说他："贤哉，回也！一箪食，一瓢饮，在陋巷。人不堪其忧，回也不改其乐。"③ 这种反对浪费自然资源、崇尚节俭生活方式的思想主张，集中表现出儒家文化对于自然万物的爱护和尊重。建设生态文明，建设资源节约型和环境友好型的新型社会，我们要在宏观层面上，严格执法，依法行政，推动节约资源的工作走上法制化和规范化的轨道；加快形成可持续发展的新体制和新机制，构建有利于能源节约的产业结构、增长方式和消费模式；积极开发和推广节约型、可循环利用的先进适用技术，发展清洁能源和可再生能源；保护淡水、石油、土地等资源，建设科学合理的资源利用体系；倡导适度消费和绿色消费，形成"节约资源，匹夫有责"的良好社会氛围。我们要加大监督执法和服务的力度，查处和曝光严重浪费社会资源的行为。在微观层面上，切实把建设资源节约型社会的要求落实到每个单位、每个家庭。把节约资源放在突出位置上，尽最大可能地多节约土地、能源和水源。每个公民都要从现在做起，从自己做起，强化资源意识、节能意识，自觉使用节能产品，从节约一度电、一粒粮、一滴水、一张纸开始做起，珍惜资源，节约资源，取予有度，消费有节，积极构建生态文明，实现人与自然的和谐，形成可持续发展的良好格局。

总的来看，中国传统生态文化思想在现代社会仍然具有重要意义，在传统生态文化的视域中，大自然是我们的存在家园，我们要以大自然为"本"，而不能把人类凌驾于大自然之上。如果我们凌驾于大自然之上，那就是"忘本"。我们要对大自然进行合理的开发利用，保护好生态环境，在保护生态的前提下才能保证可持续发展。儒家"天人合一"思想，并不否定对大自然的开发利用，而是要在遵循大自然规律的前提下，适当地合理地开发利用。我们要大力弘扬中国传统生态文化思想，搞好生态文明建设。中国传统文化中蕴藏着丰富的生态文化思想，闪烁着不朽的智慧光芒。儒家"天人

① 《论语·述而》，《四书五经》，岳麓书社 1991 年版，第 30 页。
② 《论语·述而》，《四书五经》，岳麓书社 1991 年版，第 29 页。
③ 《论语·雍也》，《四书五经》，岳麓书社 1991 年版，第 27 页。

合一"思想、道家"道法自然"思想、墨家"兼相爱、交相利"思想和佛教"众生平等"思想等，无不闪耀着生态保护的时代光辉。因此，我们要学习好、发扬好中国生态文化传统，积极弘扬中国传统生态文化，大力建设资源节约型、环境友好型社会，使人民群众在良好的生态环境中愉快地生产生活。最近，习近平在中央城镇化工作会议上指出，城镇建设，要实事求是，搞好城市定位，科学规划和务实行动，避免走弯路；要体现尊重自然、顺应自然、天人合一的理念，依托现有山水脉络等独特风光，让城市融入大自然，让居民望得见山、看得见水、记得住乡愁。在城镇化建设实践中，我们需要借鉴传统生态文化的思想资源，实现这个生态发展目标。

二、中国传统生态文化的时代局限

一方面，中国传统生态文化蕴涵着丰富的生态文化思想资源，可以为当下的生态文明建设提供思想支撑、伦理依据、理论指导和实践方法，因此具有重要价值和积极意义；另一方面，中国传统生态文化毕竟产生于中国传统社会，是传统中国智者针对那个时代出现的各种问题所给出的答案，因此又难免带有其时代的、地域的局限性。传统生态文化形成于人类直接依赖土地和血缘关系的时代，对于近代以来伴随着工业文明对自然界的全面开发而造成的生态环境破坏、生态系统面临崩溃的全球性难题，表现出了明显的时代局限性。这种局限性主要表现在以下几个方面：

第一，重伦理轻自然。中国传统文化尤其是儒家文化，在天人关系的看法上往往表现为重伦理而轻自然，将自然规律伦理化，即"天道人伦化"这一思想倾向十分明显。中国传统文化的思维路径往往是推己及人，推人及物，推物及于宇宙，对于本来是客观存在的具有自然运动规律的"天道"，也往往会用"人道"的方式予以阐释。而且，在中国传统文化中，"天道"常常要服从于"人伦之理"，即表现出非常明显地将客观自然规律进行人为的伦理化改造的思想倾向。比如自然界经常发生的流星雨、地震、暴雨、日食等灾异现象，常常被拿来作为人事善恶的评价依据，阴阳大化、五行生克之说盛行。董仲舒就曾借助"天人相类"、"天人感应"的逻辑环节，将儒家伦理道德予以无限拔高、神化。在此，"天道"的客观性、科学性均已被消解殆尽，体现出来的只是人的工具性或者手段性。朱熹在《朱子语类》中认为："未有天地之先，毕竟也只是理。有此理，便有此天地。若无此理，便亦无天地，无人无物，都无该载了！"对于这种思想倾向，张岱年分析说："自然与人的关系是一个复杂的问题。一方面，人是自然界的一部分，人必须遵循自然界的普遍规律。另一方面，人类社会有自己的特殊规律，道德是人类社会特有的现象，不得将其强加于自然界。汉宋儒家讲天人合一，其肯定人类与自然界的统一，有正确的一面；而将道德原则看作自然界的普遍规律，就完全错误了。对此问题，应作具体分析。"① 长期重伦理轻自然，结果必然会是对生态环境的关切较少，有关生态环境的知识也相对缺乏，也很少积极、主动地去维护生态平衡。如道家、佛家、墨家的生态文化思想，对于大自然往往只是消极地、被动地"不破坏"，推崇"节俭"，而没有积极地保护大自然，更没有主动地与那些破坏大自然的各种行径作殊死的斗争。

第二，重道德轻科技。在中国传统社会中，对伦理道德精神的过度崇扬，势必会在一定程度上妨碍人们的科学理性认知。如孔子就曾经将要求"学稼"的学生樊迟斥责为"小人"，他将各种生产或手工技艺均看成"小器"、"末业"，"儒者不为"。由于受到生产力发展水平和科学技术认知水平的限制，传统中国人对于人与自然的关系长期缺乏深入的探索和研究，没有认识到自然本身的复杂结构，也没有充分地研究自然的规律和属性。例如，《荀子·君道》说："君子之于天地万物也，不务说其所以然，而致善用其材。"事实上，利用万物，必须掌握万物的规律，不理解万物的"所以然"，是难以"善用其材"的。而天文历算、星相观测只被限定为天官、史官或者阴阳家的"秘业"，对此专业的学习和传授均被严格控制，因为传统文化认为天文历算、星相观察与国运盛衰紧密相关。这种观点在中国文化史上不断得到加固，最终形成为一个庞大而悠远的人文价值传统，近代中国为此付出了沉重的代价。传统中国的科学技术水平一直停留在直观经验的水平上，对人与自然关系的认知也是缺乏科学理性的。虽然传统生态文化

---

① 张岱年：《中国哲学大纲》，中国社会科学出版社 1982 年版，第 177 页。

思想与现代生态伦理思想在许多地方、不少层面上不谋而合，但传统生态文化思想毕竟只是古代中国人探寻人与自然关系的朴素的、初步的表达，或者说只是一种经验性的认知。今天，"人与自然的和谐统一是现代人追求的理想生存图景"，为了这个理想，"人类在想方设法寻求各种路径解决人与自然不相和谐的一面"，传统生态文化思想为我们提供了过往历史的中国经验，但是，"为了避免其困境带来的不利"，还需要对其进行现代转换，"以期更加符合现代生态伦理的思维方式"①，为人与自然关系的改善作出应有的贡献。

　　第三，重主体轻客体。在中国传统生态文化系统中，中国传统文化的核心命题，如天、地、人等概念之间的关系，并不是平等的，尤其是占据中国传统文化主流的儒家文化，对人的主体地位的重视和高扬，表达了中华民族的浓郁的"重生"意识，即重视人的生命，尊重人的生命，重视"此生的意义"，追求"当下的存在意义"，这与传统中国社会注重生命的生生不息的伦理要求契合无间。我们可以说，中国传统文化的"天人合一"思想，包含着这样一种内涵，即宇宙洪荒、天地万物都可以、也应该统一于人的生命存在之中，因此自然客体都可以、也应该作为保持生命、延续生命的对象和材料，这就在实际上将主体人的生命的存在意义拔高至极端，看成是最终的目的，而客体自然的目的性则往往在这种对主体的拔高中被矮化、被忽略了，或者只是强调其工具价值意义。所以，在此意义上来看，尽管中国文化的"天人合一"思想与西方文化的"主客二分"思想在思维路径和实际运作中存在着很大的不同，但是在忽视自然客体的必然性这一点上，二者可谓殊途同归。片面性地注重主体轻视客体的结果，必然是对客体自然的边界意识模糊不清，主体与客体不分，这正是中国传统文化的思维特征。从学术史的角度来考察，我们发现，现代系统科学和生态伦理思维都强调人与自然的和谐，其前提就是承认人与自然的差别，对主体与客体作出明确的界限划分，并且主张通过主体的能动的实践活动来实现人与自然的和谐。而传统中国生

---

① 王丽娜：《儒家"天人合一"思想的生态智慧与困境》，《重庆科技学院学报》（社会科学版）2009 年第 9 期。

态文化却往往视主体的人与客体的天、地、万物是一个无等差的、被消解了对立和矛盾的系统。在此系统中，主体人与客体自然的关系变得模糊、混沌，缺乏精确性和科学性。总之，中国传统生态文化带有许多原始思维的特征，注重直觉，依凭经验，重主体轻客体，这在当下生态文明建设实践中不能不说是一种缺陷。

当然，我们对中国传统生态文化思想的时代局限性还需要进行辩证分析，因为儒家、道家、墨家、佛家生态文化思想主张之间，往往并不一致，由此形成彼此冲突的文化对话、互补关系，某一家思想的长处与缺点，有时正可以与另一家思想的缺失和长处互相补充，这就需要我们有更高的智慧来辩证借鉴传统生态文化思想，以服务于当下的生态文明建设。而更为吊诡的是，"今日之是"往往却是"昨日之非"。中国传统文化往往被贴上不思进取、封闭保守的标签，殊不知这种文化特征却是文明发展和长存的保证。正如有学者所指出的："中华传统文化从来都是追求人与自然关系的和谐，关注人类社会文明的延续，由此便产生了天理与人理、天道与人道合二为一的生态伦理文化，其中，顺应天时地利人和的朴素的生态观念和生态伦理千百年来世代相承，使中华民族赖以生存和发展的自然环境和生态系统没有像古埃及、巴比伦等古国一样遭到毁灭性的破坏，中华文明历经磨难却始终保持了旺盛的生命力。"① "实践是检验真理的唯一标准"，我们要在生态文明建设实践中，不断探索，勇于实践，走出一条古今结合、中西结合的现代生态文明建设之路。

"知我者谓我心忧，不知我者谓我何求。"生态破坏和环境污染已经成为迫在眉睫的、不得不解决的严重问题了。就在笔者写作此段文字之际，紧闭的窗户之外，是武汉灰黄的雾霾天，空气中弥满着浓郁的刺鼻怪味。看报纸，知道有数千处工地正在施工，在楼盘空置率长期居高不下的情况下，不计其数的新建住宅楼仍如雨后春笋拔地而起，到处都在热火朝天烟尘弥漫地拆迁，刚刚开肠破肚缝合好的"马路拉链"又被重新打开铺设管道，宽阔的柏油路上停泊着开着大灯鸣着喇叭的汽车长龙……"天翻地覆慨而慷"，盲

---

① 李清源：《对我国传统生态文化现实价值的认识》，《攀登》2007 年第 3 期。

目的过快的发展必然会让所有人都付出沉重的代价。神州大地已经变成雾霾环绕的"人间仙境"。难道我们关联着蓝天白云、小桥流水、清风明月、陌上繁花、灞桥烟柳、雨雪霏霏的乡愁，就只能永久封存于唐诗宋词的文化记忆之中吗？乡关何处？——唯愿这不是"天问"！我们对于生态文明建设充满期待！

第四章　西方生态理论评述

　　第一次工业革命以后，随着科学技术的发展和社会生产力的提高，人类干预自然的能力越来越强，规模也逐渐扩大。与此同时，人类改造自然活动的负面影响也越来越大，到20世纪中叶，这种负面影响已经发展成为全球性的生态危机，严重威胁到人类自身的生存和发展。在这一背景下，西方世界开始关注生态问题，反思工业文明，并尝试挖掘生态危机产生的根源，提出解决生态危机的方略，由此形成了声势浩大、蔚为壮观的生态运动。与之相伴随，西方生态思想开始孕育、发展和成熟。它从学界到民众、从边缘到中心、从理论到实践，逐步成为当代西方最具影响力的思潮之一。

　　西方生态思潮的兴起和发展是人类思想史上的一件大事。它改变了人们思考问题的传统模式，引发了伦理学、政治学、经济学等诸多学科思维方式的变革；从理念、制度、政策等层面揭示了当代资本主义社会存在的问题，促使西方资本主义国家对科学技术的发展方向及政治制度等作出调整；引起了人们对生态环境问题的重视，对实现人类的可持续发展作出了一定的贡献，并且反映和推动了人类社会由工业文明向生态文明的转型。系统梳理西方生态思潮的发展脉络，总结各种生态思想的贡献和局限，可以为我们建设中国特色社会主义生态文明提供有益借鉴。

　　西方生态思潮本身是复杂多样、异彩纷呈的，下面我们选取非人类中心主义理论、生态马克思主义理论、可持续发展理论、生态现代化理论等重要的有代表性的流派予以介绍和评析。其中，非人类中心主义理论取代传统人类中心主义成为生态伦理思想的主流，可视为广义生态运动"深绿"派的代表；生态社会主义理论主要从政治制度方面探讨了生态危机的根源和出路，可视为广义生态运动"红绿"派的代表；生态现代化理论提出了在现有制度框架下应对生态环境问题的渐进性思路，可视为广义生态运动"浅绿"派的代表；可持续发展则是世界许多国家广泛认同的综合性的社会经济发展战略。

第一节　非人类中心主义

面对工业文明带来的人与自然的严重对立，人类生存环境的日益恶化，一些国家试图采取经济和法律手段来解决生态危机，但这似乎远远不够，人们还必须在思想观念上有所改变。于是，随着现代西方自然环境保护运动的蓬勃发展，人类开始对人与自然的关系进行反思，重新思考自己在自然中的角色和地位，其突出表现和重要成果就是生态伦理学的确立。生态伦理学将道德关怀的视野从人类社会扩展到整个自然界，将伦理道德的范围从人与人的关系扩展到人与自然的关系，为当代环境保护实践提供了一个可靠的道德基础。在生态伦理学中，存在着人类中心主义与非人类中心主义两大基本派别。其中，人类中心主义价值观念在西方文化中源远流长，长期占据主导地位。生态危机的日趋严重，促使人们寻找其罪魁祸首，从而对传统的人类中心主义提出挑战，并将其视为造成当代环境问题的根源。最近几十年，非人类中心主义逐渐成为西方生态伦理思想的主流，得到了越来越多的认可与支持。

一、从人类中心主义到非人类中心主义

非人类中心主义是相对于人类中心主义而言的，反对人类中心主义一直是非人类中心主义的主导话语。"人类中心主义，或人类中心论，是一种以人为宇宙中心的观点。它的实质是：一切以人为中心，或一切以人为尺度，为人的利益服务，一切从人的利益出发。"[①] 在人与自然的关系问题上，

[①]　余谋昌：《走出人类中心主义》，载曹孟勤、卢风主编：《中国环境哲学 20 年》，南京师范大学出版社 2012 年版，第 3 页。

西方文化长期坚持人类中心主义的价值观念，强调征服自然、战胜自然的行动观念。从人类中心主义到非人类中心主义的演进，反映了人与自然关系的深刻变化和西方生态思想的发展轨迹。

人类中心主义的概念和理论并不是一开始就有的，但是人类中心主义的观念则有着悠久的历史。作为一种价值观念，人类中心主义伴随着人类对自身在宇宙中的地位问题也即人与自然的关系问题的思考而产生并不断发展变化着。人类中心主义最初是一种以人为宇宙中心的观点，其核心主张就是人类在空间方位的意义上是宇宙的中心。在西方，这种古代的人类中心主义是建立在以古罗马天文学家托勒密为代表的"地心学"基础之上的。古希腊哲学家普罗泰戈拉提出的"人是万物的尺度"，是西方文化中人类中心主义的最早表述。这是人类最初摆脱因生产力低下而受到大自然困扰后逐渐产生的以自我为中心的观点。其后，柏拉图从人的"理念"出发建构起以人为中心的世界体系，把普罗泰戈拉的思想进一步具体化。在他所设计的理念世界中，人是至高无上的理念，它是其他理念所追求的目标。在这一时期，人虽然通过自身的实践活动从自然中独立分化出来，并初步获取了自身的主体性规定，但由于人类实践水平与实践能力的低下，人类中心主义更多的是抽象的、观念上的人类中心主义，还没有取得现实的实质性的内容。西方中世纪的基督教进一步从宗教的角度强化了这种意义上的人类中心主义。它认为，人类不仅在空间方位的意义上位于宇宙的中心，而且还在"目的"的意义上处于宇宙的中心地位，上帝是为了人类才创造其他非人类事物的，因而人类是宇宙间万事万物的目的。"人为神而存在，万物为人而存在"在中世纪成了一种普遍永恒的信仰。将人从自然界中分离出来，是人类认识自然的前提，也是人类自我觉醒的标志，但也促成了人对大自然肆无忌惮的剥夺和破坏，并助长了人类对自然的征服和控制的欲望。可以说，从古希腊到中世纪，已经存在着人类中心主义最基本的传统，不过这一时期的人类中心主义还带有一种神秘性和朴素性。

随着16、17世纪人文精神的兴起和自然科学的发展，人在自然界面前的地位也相应地有了极大的改变，人类征服自然、改造自然，挣脱自然的束缚、做自然的主宰的欲望越来越强烈。文艺复兴时期的人本主义思潮，一方面使人类摆脱了基督教的束缚，另一方面又进一步强化了人类自我中心的观念，上帝的权威逐渐失落，人性的自觉得到张扬，人类开始破除压在心头的宗教和自然力量的神秘性，积极为自己的生存发展寻找理论支点。笛卡尔以"我思故我在"严格区分了心与物，将精神与自然对立起来。他认为人具有心灵或灵魂，而一切动植物只具有躯体，因此人比动植物要高级得多。人类要通过作用于自然并对它进行控制的实践知识来实现对自然的利用、控制和征服，人类凭借着理性完全能够解开自然的秘密，并为征服自然开辟全新的道路。弗朗西斯·培根提出了"知识就是力量"的论断，引导人们了解自然，并借助知识的力量向自然进军。这里，人不再是神的奴仆和工具，也不是在自然界面前无所作为的被动者，人们只要认识了自然规律，就能获得一种改造自然的伟大力量，使自然服从自己的利益需要。洛克提出"对自然的否定就是通往幸福之路"，强调对自然的否定就是借助科学技术的力量把人类自身从自然的束缚下解放出来。于是，自然界变成了人的能力的试验场，人类中心主义的观念得到"科学万能论"的强化。康德提出"人是自然的立法者"，进一步高扬了人的主体性，黑格尔则把人的理性提高到了至高无上、支配一切的地位，他们确立了人类理性、主体的权威，成为人类中心主义的完成者。

西方人类中心主义的价值观念在人类历史上起过非常大的进步作用，人类第一次在思想和观念的意义上从自然界中站立起来，自然界不再被看成是具有无限威力的、人们必须屈服于它的神秘实体，而成为人可以任意加工改造的对象，人类对自然所获得的这种心理上的优势标志着人类在追求自我解放的道路上迈出了一大步。但是，人类中心主义在铸造辉煌的工业文明的同时，并没有带来良好健全的生态环境，人类赖以生存的地球已经在毫无节制的掠夺性开发中变得越来越不堪重负。当人类沉浸在创造的文明与财富之中时，发现自己已经深陷到生态危机中。从深层次上看，生态危机不是由自然环境本身的变迁引起的，而是由人类不合理地改造自然的实践活动导致的，而支撑这种实践的主要理论基石便是近代的人类中心主义，可以说近代人类中心主义与当代生态危机有着直接的逻辑关系。用人类中心主义既可以说明迄今为止人类所取得的所有成就，也可以说明当前人类所面临的困难。① 生态社会学家威尔森（Edward O.Wilson）断言："没有任何一种丑恶的意识形态，能够比得上与自然对立的、自我放纵的人类中心主义所带来的危害！"② 于是一些学者开始认为：我们不能从表面上对其加以控制，而应该重新审视人与自然的关系，探寻当代生态问题的实质和根源，找出一条人与自然和谐相处的道路。只有对人类的伦理道德观念做彻底的变革，才能真正走出环境危机的困境。非人类中心主义的理论思潮便在这样的情况下应运而生。作为一种寻求代替工业文明的主流价值观的尝试，非人类中心主义理论的形成直接推动和标志着生态伦理学的创生。从人类中心主义到非人类中心主义价值观的演变，是人类思想史上的一次飞跃。

二、非人类中心主义理论的主要流派和观点

在西方，非人类中心主义思想古已有之，但作为一种理论流派，非人类中心主义是随着西方生态伦理学的创立而出现的。19 世纪下半叶到 20 世纪初是西方生态伦理学的孕育阶段，20 世纪初到 20 世纪中叶是生态伦理学的创立阶段，20 世纪中叶以后是生态伦理学的系统发展阶段。生态伦理学孕育阶段的基调是人类中心主义，生态伦理学创立阶段的基调是非人类中心主义，伦理学系统发展阶段则分化出许多各具特色的甚至是相互对立的理论学派。③

国内学界一般将非人类中心主义理论划分为三大派别，即以辛格（Peter Singer）、雷根（Tom Regan）为代表的动物解放／权利论，以施韦兹（Albert Schweitzer）、泰勒（Paul Taylor）为代表的生物中心论，以利奥波德（Aldo Leopold）、纳斯（Arne Naess）、罗尔斯顿（Holmes Rolston Ⅲ）为代表的生态中心论。它们进行道德关怀的对象首先是动物，之后发展到所有生命，最后扩展到整个自然界或生态系统。

其一，动物解放／权利论。该流派认为人类应当把道德应用的范围扩展

---

① 参见余谋昌：《走出人类中心主义》，载曹孟勤、卢风主编：《中国环境哲学 20 年》，南京师范大学出版社 2012 年版，第 12 页。

② Edward O.Wilson, *On Human Nature*, *Harvard University Press*, 1978, p.17.

③ 博华：《西方生态伦理学研究概况》（上），《北京行政学院学报》2001 年第 3 期。

到所有动物，尊重动物生存和发展的权利。它包括辛格的动物解放论和雷根的动物权利论。

辛格于 1975 年著《动物解放：我们对待动物的一种新伦理学》一书，认为人与动物是平等的，应把适应人类的平等原则也推行到动物身上。因为所有动物跟人一样，都有感受痛苦和快乐的能力。这种感受能力，而不是任何智力、情感能力、理性，是动物拥有利益、获得道德关怀的充分条件。如果一个动物能够感受到痛苦和快乐，那么拒绝对它进行道德关怀就没有任何伦理上的合理性。他认为："动物不是为我们而存在的，它们拥有属于它们自己的生命和价值。"[①] 他还明确指出了种族主义、性别歧视主义与物种歧视主义存在的一些共同点，即都违反了平等原则。他说："种族主义在自己种族的利益与其他种族的利益冲突时，看重自己种族成员的利益，结果违反了平等之原则。性别歧视者偏袒自己的性别利益，违反了平等之原则。同样地，物种歧视主义容许自己物种的利益优先于其他物种的利益。在这三种情况里，我们看到的模式是一样的。"[②]

雷根于 1986 年著有《动物权利案例》一书，认为人们用来证明人拥有权利的理由与用来证明动物拥有权利的理由是相同的，即都具有一种天赋价值。天赋价值同等地属于所有生命的体验主体，具有这种价值的存在物都必须被当作目的本身，而不能当作工具来对待。人拥有天赋价值源于人是有生命、有感觉的生命主体，而动物（至少某些哺乳动物）也具有成为生命主体的种种特征，因而动物也拥有值得我们尊重的天赋价值，动物和人一样都应有获得尊重的平等权利。动物的这种权利决定了人类不应该而且不能把它们当作一种仅仅能促进人类福利的工具来对待，而应以一种尊重天赋价值的方式来对待。

其二，生物中心论。该流派把道德关怀的范围扩展到所有生命。它强调有机体个体的价值和权利，认为生物个体的生存具有道德优先性，属于一种个体主义的生态伦理学。其中，包括施韦兹的敬畏生命的伦理学和泰勒的

---

① [澳] 彼得·辛格：《所有的动物都是平等的》，江娅译，《哲学译丛》1994 年第 5 期。
② [澳] 彼得·辛格：《动物解放》，孟祥森、钱永祥译，光明日报出版社 1999 年版，第 12 页。

生命平等主义伦理学。

　　施韦兹于1923年在其代表作《文明与伦理》一书中提出了敬畏生命的伦理观。施韦兹提出，伦理的基本原则是敬畏生命。自然不懂得敬畏生命，它以最有意义的方式产生着无数的生命，又以毫无意义的方式毁灭着生命。只有人能够认识到敬畏生命，能够认识到与其他生命的休戚与共，能够摆脱其余生物苦陷其中的无知。他明确指出，生命没有等级之分，一切生命都是神圣的。只有当人认为所有生命，包括人的生命和一切生物的生命都是神圣的时候，他才是有道德的。敬畏生命伦理学的核心内容是爱并且尊敬一切生命，保持生命，促进生命，使生命达到其最高程度的发展。

　　在《尊重自然：一种环境伦理学理论》中，泰勒继承和发挥了施韦兹的生态伦理思想，构建了完整的生物中心论伦理学体系。他认为，生命有机体是一个具有目标导向的、完整有序而又自我协调的活动系统，这个活动系统指向一个目标：实现有机体的生长、发育、繁殖和延续。人只不过是地球生物共同体中的一个成员，人的生命并不比其他生命优越。他还提出了尊重生命有机体的道德规范，包括：不作恶，即不伤害自然界中的所有有机体、所有生物种群和生物共同体；不干预，即不限制生物有机体的自然生长，顺其自然；忠诚，即不辜负野生动物对我们人类的"信任"；补偿正义，即人不必为其他生物的利益而牺牲自己的利益，但必须对其他生物作出大致与对它们的伤害相等的补偿，以维护生态系统和生命共同体的健康和完整。

　　其三，生态中心论。它与生命中心论的主要区别是，把道德关怀的重点和伦理价值的范畴从生命的个体扩展到自然界的整个生态系统，是一种整体主义的生态伦理学。生态中心论主要包括利奥波德的大地伦理学、纳斯的深层生态学和罗尔斯顿的自然价值论。

　　利奥波德于1947年完成了被誉为"环境主义运动的一本圣经"的生态伦理学经典——《沙乡年鉴》，书中完整阐述了他的大地伦理学思想。他提出，大地伦理学的任务就是扩展道德共同体的界限，使之包括土壤、水、植物和动物，或者由它们组成的整体——土地，并把人的角色从土地共同体的征服者改变成其平等的一员和公民。人类不仅要把"权利"概念扩展到大地共同体，而且要把"良心"和"义务"扩展到大地共同体。大地伦理学的主要原则是："当一个事物有助于保护生物共同体的和谐、稳定和美丽时候，它就是正确的，当它走向反面时，就是错误的。"①

生态中心论的另一代表人物是纳斯。他在《浅层生态运动与深层、长远生态运动：一个概要》中，首次提出了"深层生态伦理学"概念。"自我实现"和"生物中心主义的平等"是深层生态学理论的两个最高规范，也是深层生态学思想的理论基础。其中，"自我实现"中的"自我"不仅包括"我"这一个个别的人，而且包括全人类，包括所有的动植物，甚至还包括热带雨林、山川、河流和土壤中的微生物等；自我实现的过程就是人不断扩大自我认同对象的范围、超越整个人类而达到一种对包括非人类世界的整体认识的过程。"生态中心主义的平等"则主张，在生态系统中，一切生命体都具有内在目的性，都具有内在价值，都处于平等的地位，没有等级差别，而人类不过是众多物种中的一种。"自我实现"的过程就是一个不断扩大与自然认同的过程，它的前提就是生命的平等和对生命的尊重，而"生态中心主义的平等"的最高境界就是自我实现。

罗尔斯顿是当代西方生态伦理学领域的重量级人物。他的主要著作有《哲学走向荒野》、《自然界的价值》、《环境伦理学：自然界的价值和对自然界的义务》等。在这些著作里，他创造性地提出了自然价值论，从而使生态伦理学进一步系统化。罗尔斯顿指出："作为生态系统的自然并非不好的意义上的'荒野'，也不是堕落的，更不是没有价值的。相反，她是一个呈现着美丽、完整与稳定的生命共同体。"② 荒野自然界是一个自组织、自动调节的生态系统，它无时无刻不在进行"积极的创造"。人类没有创造荒野，相反，荒野创造了人类。荒野是一切价值之源，也是人类价值之源。自然界不仅具有以人为尺度的工具价值，而且具有以它自身为尺度的内在价值，还具有由工具价值和内在价值相互交织而形成的系统价值。"自然系统作为一个创生万物的系统，是有内在价值的，人只是它的众多创造物之一，尽管也

---

① ［美］奥尔多·利奥波德：《沙乡年鉴》，侯文蕙译，吉林人民出版社1997年版，第213页。

② ［美］霍尔姆斯·罗尔斯顿：《哲学走向荒野》，刘耳、叶平译，吉林人民出版社2000年版，第10页。

许是最高级的创造物。"① 为了所有生命和非生命存在物的利益，必须遵循自然规律，把遵循自然规律作为我们人类的道德义务。这就是生态伦理学的主题。

总起来说，非人类中心主义的主要观点是：第一，自然具有不依赖于对人类的价值而客观存在的内在价值。在整个生态系统中，每一个个体生物的价值都是整体生态系统固有价值的组成部分，整体价值大于其中任何一个组成部分所具有的内在价值。第二，将道德权利的概念扩展到生命和自然界的其他实体。因为它们作为自然整体的有机部分是具有内在价值的，每一种事物都具有自己的地位，发挥着独特的作用。第三，人类对非人类存在物负有直接的道德义务。作为生物圈中最有力量，也是唯一的道德代理人，人类负有直接考虑他们自己和其他生命形式的需要的责任，他们在实现自身权利的同时，也应给予其他存在物以同等地实现其各自生物潜能的机会。

三、非人类中心主义的历史贡献

从人类中心主义到非人类中心主义价值观的演变，是人类思想史上的一次飞跃。伴随着这场观念变革，人类把道德关怀的对象从人类扩展到所有自然存在物，重新定位了人与自然的关系，重新锻铸了一种新的价值观念，具有巨大的历史进步意义。

首先，非人类中心主义价值观的产生是人与自然关系认识史上的重大进步。自启蒙运动以来，人与自然的关系就陷入一种对立的状态，在关于人与自然关系的认识上，人类中心主义也一直占据主导地位。人类中心主义认为，人类在整个自然界的地位是至高无上的，是整个生态系统的中心，是自然界的绝对主人。人类有权支配、统治和处理一切非人类存在物，自然界的一切都是为了人而存在的。人类中心主义观念历史地引导了人类在地球上的生存实践活动，并使人成功地摆脱了荒野自然的束缚。人与自然的关系或结合状态的变化，即从荒野到乡村、再由乡村到城市的演进历程，印证了人类

---

① ［美］霍尔姆斯·罗尔斯顿：《环境伦理学》，杨通进译，中国社会科学出版社 2000 年版，第 269 页。

中心主义作为一种文化观念的历史意义。然而，也正是由于这种合理性本身在文化进化上所呈现出的阶段性、历史性特征，决定了它的被超越性。只有超越了传统的价值认同，才会对自然有深切的价值关怀，才会承认人只是自然界中平等的一员，有承认并尊重其他存在物的义务；只有变革了传统的以人的利益为最终尺度的价值观，才能从根本上面对人类所面临的生存困境。从人的文化进化的角度看，传统人类中心主义作为一种文化观念，已历史地完成了它的使命，由于它的历史局限性，它必然让位于一种与新的文化发展相适应的观念，即非人类中心主义。非人类中心主义者们希望通过对人类社会价值目标的重新认识，通过对人与自然之间关系的反思，建立起人与自然和谐的伦理关系。相对于只关注人类自身利益的传统人类中心主义而言，非人类中心主义是一种更为合理的价值观，它体现了人类对自身与自然的完整的终极关怀，有利于从根本上缓解人与自然的关系。以非人类中心主义观念取代人类中心主义观念，是人类的思想进化中的一次革命性的转换，是人类文化从不成熟走向成熟的一个重要标志。

其次，非人类中心主义理论的形成是伦理学史上的一次革命。在传统的伦理学看来，伦理就是人伦之理，就是从道德的角度审视、规范人与人之间的关系。人只对人负有直接的道德义务，对非人类存在物只负有间接的道德义务。这种伦理观显然是把非人类存在物排除在伦理关系之外。生态伦理是完全不同于传统的人际伦理和社会伦理的一种新型伦理，而从生态伦理学的发展历史看，非人类中心主义是生态伦理学的主要流派和重要标识。"传统伦理学只关心一个物种——人的福利，生态伦理学除了关心人的福利，还关心地球上千百万物种和生态系统的福利，因而生态伦理学实际上是非人类中心主义的伦理学。"[①] 非人类中心主义的伦理学之所以是一种新型的伦理，就在于人类的道德所关怀的对象已经发生了根本变化，它要求把对人类自身的道德关怀推广到非人类生命乃至整个自然之中。这种道德观念的出现是革命性的，因为它对以往的以人类中心主义为本质特征的人类道德体系的合理

---

① 余谋昌：《走出人类中心主义》，载曹孟勤、卢风主编：《中国环境哲学 20 年》，南京师范大学出版社 2012 年版，第 9 页。

性和完备性构成了一个巨大的挑战。"人与自然界的关系应被视为一种由伦理原则调节或制约的关系——这种观点的产生是当代思想史中最不寻常的发展之一。有些人相信，这一观念所包含着的从根本上彻底改变人们的思想和行为的潜力，可以与 17、18 世纪民主革命时代的人权和正义思想相媲美。"①并且，非人类中心主义对传统人类中心主义的批判，促使人类更清醒地认识自己及其思想的不足，并重新反思、调整人与自然的关系。进入 20 世纪以后，特别是伴随着当代全球性生态危机的加深和生态科学的发展，现代人类中心主义者在固守人类中心立场的同时，其理论观点也出现了某些转变。非人类中心主义和现代人类中心主义的争锋和交流，共同推进了生态伦理学的成熟和发展。

最后，非人类中心主义理论是环境保护运动的理论依据和旗帜。人类的生存和发展离不开一个稳定的自然生态环境，人类对自然界的肆意掠夺和污染导致了自然生态的严重破坏，危及了人类的生存，损害了人类的利益。生态危机并不仅仅是人类生存环境的恶化，而是折射出了人类伦理道德、价值观念的困境。要真正克服人类遭遇到的生态危机，必须从端正对人与自然关系的认识做起，走出人类中心主义的樊篱，使人类的自我意识和生态观念得到升华。非人类中心主义理论体现了人们对拯救生态危机和实现人与自然和谐发展的深切关注与积极努力，它是人类面对生存危机自我反省、自我发现的结果。这种价值观的指导，将有利于实现伦理学从理论到实践的转变，更好地发挥道德作为实践理性的功能。实际上，非人类中心主义理论正是现代西方自然环境保护运动的产物，并且随着西方自然环境保护运动的发展而发展。非人类中心主义理论的形成和发展推动了生态伦理学的繁荣，为人类的生态保护行动提供了理论依据，也帮助人类反思自身与自然的关系，重新树立正确的自然观和生态观，从而推动环境保护运动的深入发展。

---

① ［美］罗德里克·弗雷泽·纳什：《大自然的权利：环境伦理学史》，杨通进译，青岛出版社 1999 年版，第 3 页。

四、非人类中心主义的理论困境

人类的社会关系是伦理的研究对象，道德只存在于人与人之间，这是几千年伦理历史已经形成的传统和定势。非人类中心主义试图进行一场道德革命，把伦理关系扩大到非人类物种，这是艰难的。正是在确定人与非人类物种是否具有伦理关系的问题上，非人类中心主义生态伦理学陷入了理论困境。

第一，自然界是否具有内在价值。自然界的"内在价值"是非人类中心主义生态伦理观的一个核心概念，对自然界内在价值的确认是非人类中心主义生态伦理观的价值论基础。非人类中心主义要离开人类生存利益的尺度，单纯用自然事实来解释保护生态自然的道德要求，就必须把自然生态事实本身说成是具有内在价值的。所谓内在价值是相对于工具价值而言的，这种价值是不依赖于人类评价者而"自在"、"自存"的。非人类中心主义伦理观认为，自然之物的价值不是由人类赋予的，而是它们的存在所固有的，自然之物的存在本身即代表了它们的价值。只有自然界具有内在价值，它们才是值得我们尊重和保护的。但是我们知道，价值是揭示外部客观世界对于满足人的需要的意义关系的范畴，是指具有特定属性的客体对于主体需要的意义。马克思说："'价值'这个普遍的概念是从人们对待满足他们需要的外界物的关系中产生的。"[1] "价值"概念具有属人的属性，离开了人类的存在，价值也就失去了意义。依照马克思的看法："被抽象地理解的、自为的、被确定为与人分隔开来的自然界，对人来说也是无。"[2] 正是由于人的存在，世界才成为价值的世界，人之外的一切存在物当然也包括所有的非人生命体并没有所谓的独立价值。而具体而言，关于自然界的价值，罗尔斯顿列出了12种，即经济价值、消遣价值、科学价值、唯美价值、历史价值、哲学和宗教价值、生命支撑价值、遗传和生物多样性价值、生命价值、统一性和多样性价值、稳定性和自发性价值、辩证的价值。[3] 我们可以看到，前7种价

---

① 《马克思恩格斯全集》第19卷，人民出版社1963年版，第406页。

② 《马克思恩格斯文集》第1卷，人民出版社2009年版，第220页。

③ 参见叶平：《关于环境伦理学的一些问题——访霍尔姆斯·罗尔斯顿教授》，《哲学动态》1999年第9期。

值直接与人联系在一起，与工具价值无异；后面 5 种价值只有"生命价值"具有非人类中心主义的意味，其余都是基于维持生态系统稳定的前提条件，其最终目的仍是人的利益。

第二，自然界是否具有权利。自然界的"权利"，也是非人类中心主义生态伦理观的一个支柱性概念。非人类中心主义坚持自然物拥有权利，主要理由是它们存在，存在就意味着拥有存在的权利，就应当受到保护。但是，从权利概念的产生来看，现代意义上的权利首先是作为人的权利提出的。权利如同价值一样，是属人概念，只能在人与人之间使用，不能外推。一般来说，权利所有者至少应具备下述必要条件：一是必须有意志，有意志才能形成维护和行使自己权利的行为。二是必须有自我意识，只有意识到自我的存在才会有权利要求。三是必须得到他人的认可，否则其权利就不会得到同类的尊重。很显然，自然物是不具备成为权利所有者的必要条件的，因而谈不上什么自然界的权利。① 同时，任何权利的实现总是以义务的履行为条件的，而任何义务的履行也总是以权利的享有为条件的。权利的合理性要靠权利与由之产生的义务之间的利益平衡来判断，也就是说，享有某种权利的同时，必须担负某种义务。因此，确定权利的主体必须同时考虑权利主体与义务主体的统一。但是众所周知，非人类存在物不具有权利和义务的意识，也不具有行使权利和履行义务的能力，因而没有成为权利主体的资格。正如 J. 帕斯莫尔（J.Passmore）所说："权利思想完全不适用于非人类存在物，人类之外的生命认识不到彼此之间的责任，也没有能力交流对责任的看法，这一事实意味着只有人才是道德共同体的成员。"②

第三，生态伦理能否离开社会伦理。非人类中心主义的理论困境，总起来可以归结为生态伦理的基础或者本质问题。伦理关系本质上是一种主体与主体之间的权利与义务关系，伦理主体应当自觉地、能动地履行道德义务和享受道德权利，必须具备履行道德义务和享受道德权利的能力和资格。显然，从理论上看，人类和自然界之间不存在产生伦理关系的必要条件。为了

---

① 参见刘福森：《自然中心主义生态伦理观的理论困境》，载曹孟勤、卢风主编：《中国环境哲学 20 年》，南京师范大学出版社 2012 年版，第 30 页。

② 傅华：《生态伦理学探究》，华夏出版社 2002 年版，第 208 页。

将自然纳入伦理范畴，非人类中心主义将自然界拥有内在价值和天赋权利作为自然道德的基础，从而陷入了争议和困境。人类社会之所以存在着生态伦理关系，是为了自身长远的生存和发展的需要，其最深刻的基础则在于自然界和人类的相互依存、制约关系。一方面，自然界是人类社会发展的经常的和必要的条件，其存在状况如何直接制约、影响着人类社会的生存与发展；另一方面，人类社会的发展状况，特别是社会关系状况如何，又反过来影响和制约着自然界的存在状况。这种交互作用关系说明，人类为了更好地生存与发展，就必须协调各部分社会成员之间的权利义务关系，步调一致地有节制地开发、利用自然界，改善自然界的存在状况，维护生态环境的平衡发展，以便为人类社会保持一个良好的生存、发展环境。因此，生态伦理协调的是社会成员之间的社会关系，目的是为了解决人类社会与生态环境或自然界之间的矛盾。[①] 非人类中心主义理论流派执着于论证人与自然之间的伦理关系，忽视了对人际伦理的研究，企图离开人的利益抽象地空谈人与自然的关系，只会以理想主义的方式赋予万物以同等的天赋价值，号召人们用他们的理解、意志和爱去解决环境问题，这致使其提出的普遍法则几十年来一直处于被怀疑、被质问的状态，不能直接成为指导人类对待自然行为的准则。可见，非人类中心主义生态伦理学并没有完成它所开展的道德革命，其旨在摆脱人类中心主义的主张和目的只不过是过分理想化的愿望，是一种缺乏哲学和现实根基的乌托邦。

第二节　生态马克思主义

　　西方生态马克思主义是西方马克思主义中最具时代性的理论热点，是国外马克思主义的最新流派之一。它产生于 20 世纪 60 年代，至今已经历了半个多世纪的发展，其主要代表人物有威廉·莱易斯（William Leiss）、本·阿格尔（Ben Agger）、詹姆斯·奥康纳（James O'Connor）、约翰·贝

---

① 参见高懿德、李文义：《西方生态伦理观念评议》，《齐鲁学刊》1997 年第 5 期。

拉米·福斯特（John Bellamy Foster）、安德烈·高兹（André Gorz）以及戴维·佩珀（David Pepper）等。西方生态马克思主义以马克思主义的基本立场、观点和方法为基础去研究人与自然之间的关系，对生态问题产生的根源和解决途径进行了广泛而深入的探讨。作为西方广义绿色运动中"红绿"派的主要代表，生态马克思主义说明了资本主义制度以及在该制度下所实行的生产方式才是当代社会生态危机的根源，指出了生态问题解决的最终途径在于社会制度、生产方式和道德观念的变革，并为生态问题的最终解决指出了一条生态社会主义的道路。

一、生态马克思主义的发展历史

20世纪中期以来，在马克思主义发展处于低潮时期、世界社会主义运动面临重大挫折和全球生态危机日益严重的情况下，一部分西方马克思主义者将目光投向了生态问题，试图以马克思主义为工具来解释生态问题的社会根源，寻求解决生态危机的新途径，进而形成了生态马克思主义。生态马克思主义的形成和发展大致经历了以下三个阶段：

第一阶段，20世纪六七十年代。这一阶段是生态马克思主义的理论萌芽期。法兰克福学派的一些理论家对生态马克思主义的形成起到了决定性作用，可以说法兰克福学派是生态马克思主义的最初形态。1947年，霍克海默（M. Max Horkheimer）和阿多诺（Theodor Wiesengrund Adorno）在《启蒙辩证法》中对工业文明和启蒙精神进行了系统性批判，既对文明社会的未来发展做了悲观的预测和呈示，也流露出对田园牧歌式的人与自然和谐相处的美好向往和追求，其中已经包含诸多生态学思想的萌芽因素。马尔库塞（Herbert Marcuse）是法兰克福学派第一代学者中从资本主义制度的角度对科学技术与生态危机之间的关系论述得最多和最充分的人物之一。1964年，他在《单向度的人》中提出了"技术的资本主义滥用"这一概念，分析了资本主义对科学技术的滥用是造成资本主义社会"单向度"的主要原因。在《论解放》（1967年）和《反革命和造反》（1972年）等著作中，他阐述了马克思主义关于人与自然相互关系的理论，详细地论证了解放自然和生态革命的必要性和可能性，为生态马克思主义理论的建立奠定了重要的基础。

　　第二阶段，20世纪70—80年代。这一阶段是西方生态马克思主义的初步形成期。这一时期，在强大的生态运动的推动下，更多的西方马克思主义者投入到生态马克思主义的研究之中，如加拿大学者莱易斯和阿格尔、法国学者高兹等，他们的一些著作构成了生态马克思主义的理论体系。如莱易斯于1972年和1976年相继出版的《自然的控制》、《满足的极限》，被阿格尔盛赞为对一种生态马克思主义观点的最清楚、最系统的表述。在这两本著作中，莱易斯对"控制自然"的观念进行了批判，并提出了建立"易于生存的社会"的构想。在此基础上，阿格尔在1979年出版的《西方马克思主义概论》一书中，首次明确提出了"生态马克思主义"一词，指出了资本主义社会中广泛存在的异化消费现象及其与生态危机的密切联系，并对生态马克思主义的内涵做了开创性的论述，他的这本著作被国内外学界比较一致地视为生态马克思主义学派形成的标志。在这一时期，生态马克思主义形成了较为完整的理论体系，无论是在生态危机的根源、遏制生态危机的社会力量和应当采取的手段方面，还是在对未来社会的构想方面都有了一整套较系统的看法。

　　第三阶段，20世纪90年代以后。这一阶段是西方生态马克思主义的完善期。这一时期，东欧剧变，苏联解体，传统社会主义运动步入低谷。然而，就在西方一些资本主义学者大力宣扬社会主义已经死亡，资本主义制度是最完善的社会制度时，生态马克思主义不仅没有衰落，反而获得了重要的发展机遇，形成了更加深刻、更加完善的理论体系。人们在反思传统社会主义在实践中所犯的种种生态错误的同时，更加关注生态社会主义，更多的学者转入了对生态马克思主义的研究，涌现出一大批著名的生态马克思主义著作。比较有代表性的有高兹的《资本主义、社会主义和生态学》（1991年）、佩珀的《生态社会主义：从深生态学到社会正义》（1993年）、奥康纳的《自然的理由：生态马克思主义研究》（1997年）和福斯特的《马克思的生态学：唯物主义与自然》（2000年）等。其中，奥康纳在《自然的理由：生态马克思主义研究》中提出了资本主义经济危机和生态危机并存的双重危机理论；福斯特的《马克思的生态学：唯物主义与自然》是较早的一部专门研究马克思主义生态思想的著作。这些学者和著作更加深入地分析了生态危机产生的资本主义制度根源，发掘和论述了马克思原著里的生态思想，指出了生态危机最终解决的生态社会主义道路，大大完善了生态马克思主义的理论体系。

二、生态马克思主义的核心内容

生态马克思主义关注的核心是批判和反思现代工业社会在人与自然关系上的危机，对由资本主义社会基本矛盾引起的危机的表现形式进行重新考察，分析资本主义社会生态危机的根源，并寻找一条既能解决生态危机又能实现社会主义的新道路。总起来看，其理论成果主要集中在以下几个大的方面：

其一，马克思的生态思想。在当代的西方马克思主义理论界，绝大多数学者都承认马克思的理论中有着较为深刻的生态思想，然而这一观点的形成却经历了一个曲折的过程。而且，生态马克思主义建构马克思主义生态维度的理论特点各有不同。

马克思主义诞生于资本主义工业化初期，资本主义工业化所带来的生态危机远不如今天这样严重，也远不如资本主义的制度性危机那样吸引当时的社会批评家的注意。马克思在描述共产主义这个美好的未来社会时，仍然特别强调"财富的极大丰富"，而技术的发明和运用为人类"财富的极大丰富"提供了条件，因而马克思主义又被认为是科学技术论，甚至被认为是反生态的。在 20 世纪上半叶，随着资本主义的发展和环境问题的出现，法兰克福学派已经意识到了资本主义生产方式对生态环境的破坏，但是由于他们将生态环境问题的出现归咎于科学技术的发展和使用，因此大多数学者不认为马克思有生态思想。如，阿格尔认为，随着资本主义不断发展变化，资本主义危机发生了根本性变化。当代资本主义社会危机已转移到消费领域，生态危机已成为资本主义危机的最重要内容。因此，原本只属于工业资本主义生产领域的危机理论已经失去效用，不能够解释资本主义的继续存在和发展，也不能够为资本主义社会向社会主义社会的转变提供理论指导，必须以新的生态危机理论取代马克思主义的经济危机理论。

到 20 世纪后期，随着生态问题的进一步激化和西方生态马克思主义学者对生态问题根源认识的深入，生态问题产生的资本主义制度根源逐渐被人们所接受，生态批判的矛头也直接指向了资本主义生产方式和资本主义制度。此时，马克思主义对资本主义制度深刻批判的理论价值又开始被一些生态社会主义理论家如奥康纳等人所接受。当然，从理论出发点看，奥康纳并不赞同马克思具有生态思想，他指出："历史唯物主义事实上只给自然系统保留了极少的理论空间，而把主要的内容放在了人类系统上面"①。但是，奥康纳认为并不能由此把历史唯物主义同生态学完全对立起来。奥康纳强调，在马克思主义理论视域中，"人类历史和自然界的历史无疑是处于一种辩证的相互作用关系之中的；他们认识到了资本主义的反生态本质，意识到了建构一种能够清楚阐明交换价值和使用价值的矛盾关系的理论的必要性；至少可以说，他们具备了一种潜在的生态社会主义的理论视阈"②。虽然奥康纳等人总体上不承认马克思的理论对于当代生态危机的解决具有有效性，但是他们并不否认马克思的理论在资本主义制度批判中的当代价值。同时，他们主张用生态学的理论对马克思的思想进行修正和补充，使之成为解决因资本主义全球化而产生的生态危机的理论武器。

与奥康纳认为马克思主义只是潜在地存在生态思想，需要用生态学理论对马克思的思想进行修正和补充不同，福斯特断定马克思的思想中包含着丰富的生态内涵，认为我们要做的不是对马克思的思想进行生态学的补充，而是要挖掘和阐释马克思思想中蕴涵的深刻的生态学理论。福斯特从马克思关于人与自然的关系等理论中分析和阐发了马克思的生态思想，并把生态思想作为马克思主义的核心思想，从而使生态马克思主义进一步发展为马克思的生态学。

其二，当代资本主义的生态危机。经典马克思主义对资本主义危机的分析主要集中于生产领域中的经济危机，认为资本主义的基本矛盾随着资本主义的资本积累和扩大再生产规模的不断扩大而不断发展，激化到一定程度就必然爆发经济危机，造成产品的相对过剩、劳动者的贫困和生产的停滞，

---

① ［美］詹姆斯·奥康纳：《自然的理由——生态学马克思主义研究》，唐正东、臧佩洪译，南京大学出版社 2003 年版，第 7 页。

② ［美］詹姆斯·奥康纳：《自然的理由——生态学马克思主义研究》，唐正东、臧佩洪译，南京大学出版社 2003 年版，第 6 页。

对资本主义的生产力和生产关系造成极大破坏，并最终引发无产阶级革命。但是，资本主义进入垄断阶段之后，既纠正了社会生产的无政府状态，又改善了无产阶级的生活状况和经济地位，缓和了经典马克思主义所分析的资本主义社会的基本矛盾，资本主义非但没有灭亡的迹象，相反却呈现出进一步在全球发展的态势。对此，阿格尔认为，"今天危机的趋势已经转到消费领域，即生态危机取代了经济危机"①，必须根据资本主义发展过程中的新危机对资本主义进行批判。

20 世纪 80 年代后，地区性和全球性经济危机频发的事实，使生态马克思主义者对资本主义的危机产生了新的认识。在继承和改造经典马克思主义的资本主义经济危机理论和早期生态马克思主义生态危机理论的基础上，90 年代的生态马克思主义者奥康纳、高兹、福斯特等人开始承认在当代资本主义社会经济危机和生态危机并存，并研究和揭示了当代资本主义经济危机和生态危机之间的关系。在此基础上，奥康纳提出了双重危机理论。在他看来，经济危机和生态危机共存于当今资本主义体系当中，并且两者之间存在着相互联系、相互作用的关系。一方面，经济危机加剧生态危机。因为经济危机是与利润最大化、过度生产、效率迷恋等联系在一起的，而"自然界本身的节奏周期是根本不同于资本运作的节奏和周期的"②，这就必然导致环境恶化程度的加剧；另一方面，生态危机加剧经济危机。因为生态问题所导致的能源成本上升和原材料短缺等，会带来对利润的损害或引起通货膨胀的危险。

福斯特则认为生态危机是比经济危机更为严峻的危机。他认为，虽然经济危机对社会和人的生活产生了严重影响，但它毕竟是一个周期性的过程，危机过后便会迎来一段时期的经济复苏与增长，直到下次的危机降临。从这个意义上说，经济危机并不是当今资本主义遇到的最大的问题，资本主义最终能够从经济危机中走出来。相比较而言，人类面临的世界性生态危机

---

① ［加］本·阿格尔：《西方马克思主义概论》，慎之等译，中国人民大学出版社 1991 年版，第 486 页。

② ［美］詹姆斯·奥康纳：《自然的理由——生态学马克思主义研究》，唐正东、臧佩洪译，南京大学出版社 2003 年版，第 17 页。

是一种极有可能终结一切的危机。如果这种危机处理不好，它就将是人类的最后危机——人类将整体消亡，人类支配地球的时期将告终结。

其三，生态危机的制度根源。探寻生态危机的根源一直是生态马克思主义的理论主题之一，指认资本主义制度和生产方式是当代生态危机的根源，这是生态马克思主义理论家的共同点。因此，他们把生态马克思主义称为"反对资本主义的生态学"，并提出只有变革资本主义制度和生产方式，生态危机才能真正得到解决。

对生态危机根源问题的关注最早始于法兰克福学派。早在20世纪中期，法兰克福学派的学者，如霍克海默和阿多诺等就认识到生态环境的破坏与资本主义生产方式有着密切的联系。但是他们把矛头指向了科学技术，认为正是近代以来科学技术的快速发展和广泛应用才导致生态问题的出现。随着资本主义生产方式的全球化发展，人类对自然的开发和改造日益深入，对待自然界的态度日趋商业化，使得自然环境遭到极大的破坏。法兰克福学派的代表人物马尔库塞开始把生态被破坏的原因转向资本主义制度，认为科学技术广泛使用的背景正是资本主义制度的建立，生态环境被破坏的原因应当是科学技术在资本主义制度下的不合理使用。

莱易斯从两个维度探讨了生态危机产生的根源："控制自然"的观念和资本主义制度下人们的"虚假需求"。他认为，造成生态危机的思想根源是确立于近代并延续于当代西方社会的"控制自然"的观念，而且这种观念一直是资本主义社会最基本的意识形态。生态危机产生的现实原因是资本主义社会人的需要和商品生产之间的辩证运动，人们对商品的无限追求使得生产规模无限制地扩大，从而导致生态危机。在莱易斯的基础上，阿格尔提出"异化消费"是垄断资本主义生态危机产生的原因。他认为，"异化消费"是指人们为补偿自己那种单调乏味的、非创造性的且常常是报酬不足的劳动而致力于获得商品的一种现象，它是当代资本主义的一种典型病症。在异化消费的过程中，生态系统的有限性和资本主义生产能力的无限性发生矛盾，从而对自然造成破坏，引发生态危机。

20世纪90年代以后，西方发达资本主义国家的生态危机已经随着资本主义的全球化而成为全球性的生态危机。这一时期，人们对生态危机原因的批判逐渐转向对资本主义制度的批判。奥康纳把资本主义生产力、生产关系与生产条件之间的矛盾称为资本主义社会的"第二重矛盾",这里所说的"生产条件"包括资本主义生产所必需的自然条件。在他看来,马克思所揭示的两对基本矛盾的发展会导致以需求不足为特征的资本主义经济危机,而"第二重矛盾"的发展则会导致以生产不足为特征的生态危机。福斯特主要从分析资本的内在本性和资本主义生产方式的特点来揭示资本主义制度下生态危机发生的必然性。在他看来,资本的内在本性在于追逐利润。资本主义为了追求利润,必然会不惜一切代价追求经济增长,同时由于忽视环境而对环境条件造成破坏。"在现行体制下保持世界工业生产产出的成倍增长而又不发生整体的生态灾难是不可能的。事实上,我们已经超出了某些生态极限。"[1]

其四,生态危机的解决途径。生态危机的解决途径和生态危机产生的根源一样,是西方生态马克思主义最主要的理论主题。生态马克思主义开始形成的初期,受法兰克福学派早期将生态危机的根源归结为科学技术的影响,对生态危机解决途径的探讨主要集中于科学技术的合理运用。随着对生态危机制度根源的进一步认识,对生态危机解决途径的探讨开始围绕对待资本主义制度的态度而展开。生态马克思主义者认为,在资本主义制度下生态危机不可避免。他们从资本追求利润最大化的本性出发,推导出资本主义是反自然的、反人性的、不可持续发展的。他们虽然对于生态社会主义有着各自不同的设想,但是都坚持认为生态社会主义才是未来解决生态危机的最终方案。

对于如何实现生态社会主义,生态马克思主义都强调必须把社会结构的变革与价值观的变革结合起来,但不同的理论家在论述上又有不同的侧重点。莱易斯提出,要用"稳态经济"代替现行的资本主义经济,缩减资本主义的生产能力和扩大资本主义国家的调节作用;要改变生产、消费和人的需要之间的关系,建立一种新的消费价值观和需要价值观,最终创立一

---

[1] ［美］约翰·贝拉米·福斯特:《生态危机与资本主义》,耿建新、宋兴无译,上海译文出版社 2006 年版,第 38 页。

个"较易于生存的社会"。阿格尔提出，要解决生态危机，必须用"分散化"和"非官僚化"的生产组织代替资本主义高度集中的生产体制和日益官僚化的管理体制。同时，需要树立正确的需求观、消费观、劳动观和幸福观，使人们从资本主义制度以及由资本主义制度所造就的"异化消费"中摆脱出来。奥康纳认为，资本主义制度的非正义性主要体现在其生产的目的不是为了实现使用价值，而是为了实现交换价值，因此，生态社会主义就应该改变资本主义生产关系，而不是交换关系，以实现"生产性正义"。奥康纳强调应当把当时西方的生态运动转化成一场激进的社会运动，并且这一运动不应仅仅拘泥于社区和基层的行动，而应该具有全球性思维。福斯特强调，应当摒弃自资本主义制度兴起以来以"支配自然"为核心的道德价值观，建立一种新的生态道德价值观，引导人们重新学习在地球上如何居住，最终把自然看作是人类不可分割的一部分，实现人类和自然的和谐发展。同时，福斯特主张，应当建立环保主义者和工人之间的同盟，坚决反对和破除以谋取资本利润为目的的滥用自然资源的行为，并通过激进的环境革命和社会革命，破除建立在以人类和自然为代价的、以积聚财富为基础的国家与资本之间的合作关系，建立一种由崭新的民主化的国家政权与民众权力之间的合作关系，建立一个以公正和可持续发展为基础的生态社会主义社会。

总起来看，生态马克思主义理论家所提出的生态社会主义社会具有以下的特点：从其生产目的上看，它是一个力图满足人们基本生活需要的生产正义性社会；从其经济模式上看，它是一种追求人和自然和谐发展的"稳态经济"模式；从其生产过程和管理过程上看，它以"分散化"和"非官僚化"为特征，是工人直接参与经济决策和经济管理过程的民主方式；从其社会道德价值观上看，它树立了人的满足在于生产活动而不在于消费活动的价值观念，劳动成为人们自由和幸福的源泉。①

---

① 参见王雨辰：《制度批判、技术批判、消费批判与生态政治哲学——论西方生态学马克思主义的核心论题》，《国外社会科学》2007 年第 2 期。

三、生态马克思主义的理论价值

生态马克思主义是人类社会发展处于重要历史时刻，基于对人类生存困境深层思考而得出的理论成果，在当前全球生态危机日益严重的情况下，生态马克思主义者运用马克思主义的立场、观点和方法，对当代资本主义生态危机进行了深刻分析，是对马克思主义的创新与发展。

第一，彰显了马克思主义的理论生命力。人类社会进入到工业社会以后，科学技术快速发展和广泛运用，人类改造和利用自然的能力成倍增长，这既带来了巨大的物质财富，也伴随着日益严峻的环境问题。面对全球性的生态危机，人们开始创新和运用各种理论工具来解释和分析生态危机，寻求解决危机的有效途径。西方生态主义思潮和后马克思主义思潮认为，马克思主义是一种生产主义、技术决定论，不承认自然的极限，其在建立之初也未考虑生态问题，因而不可能解决诸如生态危机、技术的社会效应等现代性问题，并由此否定马克思主义的当代价值。生态马克思主义对马克思的原著进行了细致的解读，对其中与自然和生态相关的思想与观点进行了深入的分析，充分挖掘马克思主义理论中的生态思想，有力地批驳了当代西方学者对历史唯物主义的诘难，并以马克思恩格斯的相关论述为基础，运用马克思主义的立场、观点和方法，结合当代人类实践，从生态学的视角，通过对马克思主义理论的重释或重构，建立了以历史唯物主义为基础的系统的生态学理论，从而彰显了马克思主义的理论魅力和强大生命力。生态马克思主义富有说服力地向人们表明：马克思主义理论仍然是分析当代社会问题的科学理论工具，马克思的生态理论完全有资格成为指引当今人类消除生态危机、构建生态文明的旗帜。

第二，拓展了马克思主义的研究范围。马克思恩格斯所处的时代是资本主义工业化早期，此时虽已出现了工业污染、环境破坏等生态问题，但相对于经济危机而言，生态问题处于次要位置。因此，马克思恩格斯自然也就把注意力集中在如何解决经济危机方面。随着资本主义社会的发展，环境污染、生态失衡等问题对人类的生存与发展构成了严重威胁。生态马克思主义者立足于社会现实，全面论述了资本主义制度及其生产方式对生态环境的破坏，提出了构建生态社会主义的设想，在一定程度上弥补了马克思主义在生态问题方面的时代局限和思想缺位，拓宽了马克思主义在当代的研究范围。另外，生态马克思主义关于生态社会主义的思想在某种程度上弥补了传统社会主义理论的空白。传统社会主义理论关于社会主义的论述往往集中在所有制、人与人的关系、平等、公正等经济和政治方面，很少涉及生态问题。生态社会主义特别关注社会主义与生态问题的关系，进而要求从人与自然关系的角度重新把握社会主义的内涵，注重经济发展、社会发展和生态发展，确立了社会解放、人的解放和自然解放的目标。实践证明，随着工业文明的发展，生态问题是我们不能回避和绕过的问题，没有人与自然的和谐就没有真正的社会主义。

第三，丰富了马克思主义的批判视野。马克思恩格斯对资本主义的批判主要体现在对资本主义生产方式和社会制度的批判等方面。随着生态环境问题的日益严重，生态马克思主义者以人与自然的关系为切入点，开展了对资本主义制度和全球生态危机的全方位批判，丰富和扩展了马克思主义的批判视野。生态马克思主义者指出，生态危机实质上是资本主义制度及其生产方式的危机，是资本家追求利润最大化的必然结果；当代资本主义社会是一个自然异化与人的异化并存的病态社会，消费异化不仅加剧了自然异化，产生生态危机，而且造成了人的异化，形成人格扭曲；揭露了发达国家对发展中国家实行生态殖民主义的罪恶行径，认为这是生态危机日益全球化的重要原因。生态马克思主义将对资本的批判从生产领域拓展到了消费、文化和技术运用的领域，而且具体揭示和批判了以资本为基础的资本主义社会的消费异化、文化异化和技术异化现象，以及社会发展与人的发展相互背离的现象，在一定程度上拓展了马克思主义对当代资本主义的批判视野。

四、生态马克思主义的主要缺陷

生态马克思主义过分强调生态问题在整个人类历史发展过程中的重要性，对马克思的思想进行了过分的生态学解读，从而在一定程度上偏离甚至遮蔽了马克思主义的理论主旨。

第一，降低了马克思主义的理论价值。20 世纪 90 年代之后的西方生态马克思主义深入发掘和阐释了马克思的生态思想，促进了马克思主义在当代的传承和发展，但生态马克思主义者在阐释马克思生态思想的时候也陷入了一些误区，其中一个最为显著的特征就是出现了将马克思的思想乃至整个马克思主义生态化的趋势。如，在福斯特等人看来，在马克思的唯物主义自然观和历史观开始形成的时候就已经与生态问题密切地联系在一起，而且马克思后来的整个思想体系中始终以人与自然、社会与自然的关系为主线，所以生态问题是马克思的思想核心，也是整个马克思主义的理论主题。这种将马克思主义生态化，试图完全从生态学的角度来理解马克思主义甚至将马克思主义看作是一种生态理论的做法，大大降低了马克思主义的理论价值。马克思有着丰富的生态思想，然而他的生态思想不是单纯的以生态问题为中心的思想，而是蕴含在其人本思想之中的生态思想，马克思追求的是人的解放，而人的解放本身就蕴含着自然的解放，马克思生态思想的价值要远远高于单纯的生态主义。

第二，夸大了生态问题在人类社会发展中的作用。在西方生态马克思主义理论学派中，无论是主张马克思关于资本主义经济危机理论已经失去当代效用，应当用生态危机理论取而代之，还是承认经济危机理论的有效性，并在其基础上提出双重危机理论，错误都在于过分地夸大了生态问题在人类社会发展中的作用，从而无法正确认识经济危机和生态危机在资本主义社会危机形势中的主次地位。随着资本主义的深入发展和资本主义生产方式的全球化，当代资本主义社会确实出现了很多新情况和新问题，人与自然之间矛盾的激化所导致的生态危机就是其中的一种表现形式。很显然，生态危机是资本主义在当代社会发展中面临的一种重要的危机，但是我们也不能因此就把生态危机看成是资本主义社会中最重要的危机。马克思是在分析整个资本主义社会及其生产发展规律的基础上提出资本主义经济危机理论的，即经济危机是资本主义社会本质规律的体现，是全局性的危机。而生态危机只是资本主义发展过程中的一种特殊情况，即生态危机只是资本主义经济危机在当代的一种表现形式，是经济危机的衍生物。西方生态马克思主义以生态危机理论取代经济危机理论的看法，实际上已经偏离了马克思历史唯物主义的理论主题，还会转移人们反对资本主义斗争的视线和方向，甚至进而放弃社会变革。

第三，对未来社会的设想具有太多的空想性。马克思高度重视人类社会的物质生产能力，把物质资料的生产作为人类社会存在和发展的第一个前提。在马克思看来，未来社会最为显著的标志就是拥有高度发达的社会生产力，并创造出丰富的物质和精神财富，在共产主义的低级阶段即社会主义社会实行按劳分配，到了共产主义的高级阶段则实行按需分配。在生产力决定生产关系、经济基础决定上层建筑这一历史唯物主义基本规律的支配下，社会主义社会或是未来的共产主义社会要由理想变为现实，就必须从发展社会生产力这一基础着手，而社会化的大生产正是这一趋势的必然要求。西方生态马克思主义者的看法则不同，在他们看来，生产力的高度发达和生产技术的广泛使用正是造成生态问题的一个重要原因。因此，未来的生态社会主义不应该过分追求生产力的高度发达和物质财富的极大丰富，而应该实行"稳态经济"模式。他们认为不应该无限制地追求经济的增长和生产规模的扩大，而应该使经济和社会发展的目标趋于稳定，还主张实行小型化和分散化的生产模式，用手工技术和小规模技术代替现代化的大生产，从而减少社会生产对环境的破坏，实现人与自然的和谐。西方生态马克思主义理论试图绕过生产力和经济基础来构建未来的生态社会主义社会，这种想法显然是与马克思的历史唯物主义理论相违背的。主张按照小型化和分散化的原则来规划社会生产的布局，用手工技术和小型技术代替大规模的生产，这种理想化的"稳态经济"模式也是与当代生产社会化的历史发展趋势相冲突的，显然具有太多的空想性。

第三节 可持续发展理论

发展是人类的共同追求，是人类生存的永恒主题。人们对发展的认识是随着社会实践的演进而不断深化的。传统观念上的发展主要以国民经济生产总值的增长为主要指标，以工业化为基本内容。基于这种发展理论，人类形成了第二次世界大战之后空前的增长热。世界各发达国家单纯追求经济的高速增长，从而引发新的矛盾，出现了环境污染和生态恶化等一系列问题。

面对这些问题，人们不得不对产业革命以来人类经济的发展道路、发展方式进行重新审视，并试图寻找一种不同于传统工业化发展方式的新的发展模式，确立一种全新的发展理念，这就是 20 世纪 80 年代提出的可持续发展概念和理论。它要求改变单纯追求经济增长、忽视生态环境保护的传统发展模式，由资源型经济过渡到技术型经济，综合考虑社会、经济与环境效益，积极控制人口增长，通过产业结构调整和合理布局，应用高新技术，实行清洁生产和文明消费，协调环境与发展的关系，使社会、经济的发展既满足当代人的需求又不至于对后代人的需求构成危害，最终达到社会、经济和环境的持续稳定发展。目前，可持续发展理论已从学术讨论转向实践运用，成为全人类共同选择的经济社会发展战略。

一、可持续发展理论的缘起与形成

可持续发展思想最早是由发达国家的环境学家和生态学家针对经济高速发展对生态环境的破坏而提出来的，而后很快得到世界各国学术界和政界的广泛青睐。

自 18 世纪以来，工业革命空前地提高了社会生产力，人类通过科技革命成为自然界的主宰。到 19 世纪中叶，资产阶级在它不到 100 年的阶级统治中所创造的生产力比过去一切世代创造的全部生产力还要多，还要大。人们运用不断增长的生产力，在征服自然界的战役中不断取得阶段性胜利。但是，对于每一次这样的胜利，自然界都报复了我们。但由于当时人类征服自然的水平还不是很高，因而自然界报复人类的程度也并不十分严重。到了 20 世纪中叶，人类发明的新技术层出不穷，人类用以征服自然和改造自然的能力几乎呈几何级数增长，对自然环境的破坏也日益严重。特别是 20 世纪上半叶发生的两次世界大战，给人类自身以及人类所栖身的地球造成了无法言尽的伤害。第二次世界大战结束之后，无论是新独立的贫穷国家还是刚从战争中脱身的工业国，都迫切希望经济快速发展，而此时应运而生的发展经济学提供给人们的仍是传统的发展观。这种发展观仅仅注重经济增长，认为只要实现了经济增长，其他的问题就会自然而然地得到解决。这种发展观引导的还是产业革命以来以高生产、高消费、高污染为特征的传统发展模式。正是这种发展模式指导下的发展实践，造成了对自然界的侵蚀和破坏，并且最终形成了 20 世纪全球性的环境问题和生态危机。传统的发展理论及其指导下的发展实践，大量地消耗了地球上不可再生的资源和能源，不仅造成了自然生态系统的失衡，而且也破坏了人类生态系统的平衡，直接影响到人类自身的生存和发展。

于是，人类开始了对传统发展方式的反思，其最初表现为对环境、资源等问题的关切与思索，因而可持续发展理论最早是由环境学家和生态学家提出来的。1962 年，美国女生物学家莱切尔·卡逊（Rachel Carson）发表了轰动一时的环境科普著作《寂静的春天》，它描绘了一幅由于农药污染所带来的可怕景象，向人们发出了将失去"春光明媚的春天"的警示。卡逊的著作在世界范围内引发了人类对传统发展观念的反思。在工业化所形成的环境压力下，人们对发展等于经济增长的模式产生了怀疑。1968 年 4 月成立的罗马俱乐部于 1972 年公开发表了题为《增长的极限》的研究报告，该报告预言：假如现有的世界人口、工业化、污染、食物生产以及资源耗减的趋势不作改变，那么我们这颗星球的增长极限将在未来 100 年内的某一时刻到来。这标志着学术界已从全球的角度认识到经济发展中人口、资源、环境等问题的严重性和紧迫性。

伴随着学术界认识的深化及其社会影响的扩展，全球性官方的共识和行动也应运而生。1972 年 6 月，联合国在斯德哥尔摩召开了第一次人类环境会议，会议通过了划时代的文献《人类环境宣言》，引起了人类对环境与发展问题的全方位关注。1980 年，由世界自然保护同盟等组织以及许多国家的政府和专家参与制订了《世界自然保护大纲》，第一次明确提出了可持续发展的思想。在挪威首相布伦特兰夫人（Gro Harlem Brundtland）的主持下，联合国世界环境和发展委员会于 1987 年提出了长篇专题报告《我们共同的未来》。报告采纳了"可持续发展"的概念并进行推广，给出了目前国际上较为普遍接受的可持续发展的定义，形成了可持续发展的理论框架。

1992 年 6 月，联合国环境与发展大会在巴西里约热内卢召开，183 个国家的代表团和联合国及其下属机构等 70 个国际组织的代表出席了会议，102 位国家元首或政府首脑亲自与会。会议通过了《里约环境与发展宣言》、《21

世纪议程》、《关于森林问题的原则声明》，共同签署了联合国《气候变化框架公约》、《生物多样性公约》等，使可持续发展走出了仅仅在理论上探索的阶段，响亮地提出了可持续发展的战略，并将之付诸全球的行动。这次会议标志着初步实现了人类对"发展"在认识上的质的飞跃，国际关注的热点已由单纯重视环境保护问题转移到以环境与发展为主题。世界各国已普遍地认识到，人类的发展必须系统地研究和解决人口、经济、社会、资源、环境等的综合协调与发展问题。这时，"可持续发展"进入了一个新时期，已逐步成为一种系统观念、系统理论、系统工程，并上升为全人类共同的发展战略而被国际社会普遍接受和推行。

二、可持续发展理论的基本内容

可持续发展理论是一个复杂的系统，其内容涉及可持续发展问题的方方面面，下面我们仅从三个方面粗略地勾勒其概貌。

第一，可持续发展的定义。关于可持续发展概念的界定，不同的学术流派或对相关问题有所侧重，或强调可持续发展的不同属性。如，有的着重从自然属性定义，认为可持续发展就是保护和加强环境系统的生产和更新能力；有的着重从社会属性定义，认为可持续发展就是在不超出生态系统涵容能力的情况下提高人类的生活质量；有的着重从经济属性定义，认为可持续发展就是在保持自然资源的质量和其所提供服务的前提下，使经济发展的净利益增加到最大限度；有的着重从科技属性定义，认为可持续发展就是建立极少产生废料和污染物的工艺或技术系统；等等。

1987 年，布伦特兰夫人主持的联合国世界环境与发展委员会对可持续发展给出了定义："可持续发展是指既满足当代人的需要，又不对后代人满足其需要的能力构成危害的发展。"①1988年春，在联合国开发计划署理事会全体委员会的磋商会议期间，围绕可持续发展的含义，发达国家和发展中国家展开了激烈争论，最后达成一个协议，即请联合国环境规划署理事会讨论

---

① 世界环境与发展委员会：《我们共同的未来》，王之佳等译，吉林人民出版社 1997 年版，第 52 页。

并对"可持续发展"一词的含义草拟出可以为大家所接受的说明。1989 年 5 月举行的第 15 届联合国环境规划署理事会，经过反复磋商，通过了《关于可持续发展的声明》。该"声明"指出："可持续的发展，系指满足当前需要而又不削弱子孙后代满其需要之能力的发展，而且绝不包含侵犯国家主权的含义。环境理事会认为，要达到可持续的发展，涉及国内合作和国际的均等，包括按照发展中国家的国家发展计划的轻重缓急及发展目的，向发展中国家提供援助。此外，可持续发展意味着要有一种支援性的国际经济环境，从而导致各国特别是发展中国家的持续经济增长与发展，这对于环境的良好管理也是具有很大重要性的。可持续发展还意味着维护、合理使用并且提高自然资源基础，这种基础支撑着生态抗压力及经济的增长。再者，可持续的发展还意味着在发展计划和政策中纳入对环境的关注与考虑，而不代表在援助或发展资助方面的一种新形式的附加条件。"

尽管就可持续发展的含义在全球达成共识并非易事，但是布伦特兰报告中给出的概念在最概括的意义上得到了广泛的接受和认可，并在 1992 年联合国环境与发展大会上成为全球范围的共识。从对《我们共同的未来》和《里约环境与发展宣言》等经典文献的分析中可以看出，可持续发展的核心思想是：健康的经济发展应建立在生态可持续能力、社会公正和人民积极参与自身发展决策的基础上。它所追求的目标是：既要使人类的各种需要得到满足，个人得到充分发展，又要保护资源和生态环境，不对后代人的生存和发展构成威胁。它特别关注的是各种经济活动的生态合理性，强调对资源、环境有利的经济活动应给予鼓励，反之则应予摈弃。在发展指标上，不单纯用国民生产总值作为衡量发展的唯一指标，而是用社会、经济、文化、环境等多项指标来衡量发展。这种发展观较好地把眼前利益与长远利益、局部利益与全局利益有机地统一起来，使经济能够沿着健康的轨道发展。

第二，可持续发展的特征。环境问题虽然是可持续发展的立论基础，但可持续发展本身实际上已经大大超过了单纯的环境保护问题。可持续发展理论不仅强调人类的发展要注意环境资源保护，并赋予传统的环境保护以新的内涵，更涉及环境、经济、社会的协调发展，要求人类在发展中讲究经济效率和追求社会公平，注意科技教育的进步和人的全面发展。正是在这个意义上，可持续发展被认为是一个全方位的人类发展观念和发展模式。江泽民在 1996 年召开的第四次全国环保会议上指出："可持续发展的思想最早源于环境保护，现在已成为世界许多国家指导经济社会发展的总体战略。"可持续发展是自然—经济—社会复合系统的整体发展，涉及经济可持续发展、生态可持续发展和社会可持续发展的协调统一，可持续发展就是以效率为特征的经济发展、以安全为特征的生态发展以及以公平为特征的社会发展的统一体。①

在经济可持续发展方面，可持续发展鼓励经济增长而不是以环境保护为名取消经济增长，因为人类要继续生存下去，促进经济增长仍然是第一要务。但是，经济增长不能以牺牲环境为代价。可持续发展要求改变传统的生产模式和消费模式，实施清洁生产和文明消费，以提高经济活动的效益、节约能源和减少废物。从某种角度上可以说，集约型的经济增长方式就是可持续发展在经济方面的体现。

在生态可持续发展方面，可持续发展要求发展与资源和环境的承载能力相协调。发展的同时必须保护和改善地球生态环境，保证以持续的方式使用地球上的各种资源，使人类的发展控制在地球的承载能力之内。这意味着，发展要有限制、要讲适度，没有限制、不讲适度就没有发展的持续。生态可持续发展同样强调环境保护，但不同于以往环境保护与经济发展互相隔离甚至对立的做法，可持续发展要求通过转变经济发展方式，从根本上解决环境问题。

在社会可持续发展方面，可持续发展要求人类社会能够广泛地分享发展带来的积极成果。特别是要致力于解决当前世界上大多数人的贫困或半贫困状况，只有消除贫困才会真正具有保护和建设地球生态环境的能力。可持续发展强调世界各国的发展阶段可以不同，发展目标可有差异，但发展的内涵均应包括创造一个保障所有人食物和住房、健康和卫生、教育和就业、平等和自由、安全和免受暴力的社会环境。

---

① 参见诸大建：《可持续发展理论和走向 21 世纪的中国》，《同济大学学报》（人文社会科学版）1997 年第 1 期。

总之，可持续发展可总结为三个特征：生态持续、经济持续和社会持续，它们之间相互关联而不可分割，生态持续是基础，经济持续是条件，社会持续是目的。人类共同追求的应该是自然—经济—社会复合系统的持续、稳定、健康发展。

第三，可持续发展的原则。可持续发展理论是关于人与自然协调发展的理论，是关于当代人与后代人协调发展的理论，是关于全球整体发展的理论。因此，可持续发展体现了以下几个原则：

一是公平性原则。在世界上任何地区、任何国家，可持续发展首先要体现代内公平，即要满足全体人民的基本需求和给全体人民机会以满足他们要求较好生活的愿望，要给全体人民以公平的分配权和公平的发展权，要把消除贫困作为可持续发展进程特别优先的问题来考虑。其次要体现代际公平，即这一代不要为自己的发展与需求而损害人类世世代代满足需求的条件，要给世世代代以公平利用自然资源的权利，要给子孙后代留下足够的生存空间和发展潜力。

二是持续性原则。布伦特兰报告在论述可持续发展的"需求"内涵的同时，还论述了可持续发展的"限制"因素：可持续发展不应损害支持地球生命的自然系统，包括大气、水、土壤、生物等。持续性原则的核心是，满足"基本需求"要以人类赖以生存的物质基础为限度，人类经济和社会发展不能超过资源和环境的承载能力。发展一旦破坏了人类生存的物质基础，发展本身也就衰退了。

三是共同性原则。由于国情和发展水平不同，实现可持续发展的具体模式不可能是唯一的，但是可持续发展作为全球发展的总目标，所体现的公平性和持续性原则是共同的。实现这一总目标，必须建立新的全球合作伙伴关系，在全球整体性和相互依存性的基础上开展联合行动。《我们共同的未来》的前言中写道："今天我们最紧迫的任务也许是要说服各国认识到多边主义的必要性"，"进一步发展共同的认识和共同的责任感，这是这个分裂的世界十分需要的"。

可持续发展理论的上述内容体现了可持续发展与传统发展观念的基本差异。这就是：从以经济增长为中心的发展转向经济、社会、生态综合性发展，从以物为本位的发展转向以人为本位的发展，从注重局部利益和眼前利益的发展转向注重整体利益和长期利益的发展，从物质资源推动型的发展转向非物质资源推动型的发展。可持续发展观念的提出和实施，标志着人类社会正在从以传统发展观念为范式的工业文明时代进入以可持续发展观念为范式的新的生态文明时代。

三、可持续发展理论评析

　　可持续发展的思想是人类社会发展的产物，它体现了对人类自身进步与自然环境之间关系的反思。这种反思反映了人类对自身以前走过的发展道路的怀疑和抛弃，也反映了人类对今后选择的发展道路和发展目标的憧憬和向往。人们逐步认识到过去的发展道路是不可持续的，或至少是持续不够的，因而是不可取的。唯一可以选择的道路是可持续发展之路。人类的这一次反思是深刻的，反思所得的结论具有划时代的意义，这正是可持续发展思想能够在全世界不同经济水平和不同文化背景的国家得到普遍认同的根本原因。可持续发展是发展中国家和发达国家都可以争取实现的目标，广大发展中国家积极投身到可持续发展的实践中也正是可持续发展理论风靡全球的重要原因。美国、德国、英国等发达国家和中国、巴西这样的发展中国家，都先后提出了自己的21世纪议程或行动纲领。尽管各国侧重点有所不同，但都强调要在经济和社会发展的同时注重保护自然环境。正是因为这样，很多人类学家都不约而同地指出，可持续发展思想的形成是人类在20世纪对自身前途、未来命运与所赖以生存的环境之间关系最深刻的一次警醒。

　　可持续发展是一种有别于旧发展观的新的发展理念，它强调经济、社会、资源和环境保护等多方面的协调发展，其目的是既发展经济，又保护好人类赖以生存的生态环境和自然资源，使子孙后代能够永续发展并安居乐业。可持续发展理论的提出，克服了以往发展观的片面性，实现了发展理论从经济向社会、从单一性向多样性、从独立性向协调性、从主体单一化向主体多元化的转变。可持续发展是在人类理智地认识自然界、社会和人的关系，以新的价值观和伦理观重新审视现有的生存状态及方式的基础上提出的人与人、人与自然、人与社会之间协调发展的战略思想，是对发展问题作出的理性回答，是现代发展理论的核心。

可持续发展作为一种新的发展理念，虽然得到了传播和实践，但是由于该理论存在着一定的空泛性和模糊性，对可持续发展概念的含义、可持续发展的目标和标准体系、可持续发展的一般途径和全球协调行动等涉及可持续发展实质的问题尚未形成共同的一致性结论，可持续发展理论更多地表现为一种理想冲动下的说教。这种情况反映了可持续发展的理论根基薄弱，或者说可持续发展的范式还没有完全建立。可持续发展理论在视角、内涵和实现的条件、模式等方面还存在诸多不足和局限，有着发展的余地和创新的空间。

一是理论前提欠严谨。可持续发展的提出，立足于这样一种认识：经济发展最终要受到普遍的、不可避免的环境资源稀缺性的限制，资源耗竭、环境破坏等制约了人类社会发展，因此必须改变引发这些问题的现有经济发展模式，实施可持续发展。但是，这样的认识建立在未来预期悲观派以能源问题为主要依据的资源稀缺论的假设上。而资源稀缺论是似是而非的，不足信的。在人类历史的某一具体时期和人类社会的某一具体地区，只有某一种或几种具体的资源稀缺。技术进步或制度改善总能寻找出功能一样的替代性资源，以解决稀缺性资源对原有生产生活方式的限制。所以，人类社会发展中的主导性资源种类是变动的，不存在整体性的资源稀缺。不结合具体的区域、时期和具体的资源种类，资源的稀缺性对整个人类社会来说只是一个抽象的概念。同时，可持续发展概念的提出，首先就错误地假定现有的发展模式是不变的。从经济角度看，发展的本质就是一种经济模式取代另一种经济模式。从纯粹逻辑角度看，人类社会历史进程中从来就不存在哪一种经济模式或经济体系是可持续的。纵观人类文明史，每一时期、每一区域的人类社会都面临着各种类型的扼喉性的生存和发展难题。也就是说，从人类社会出现起就已面临着所谓的可持续发展命题，但是当今的人类社会在地球上任何一个地方的发展都远远超过了该地区历史上曾经出现过的所有发展高峰。因此，可以认定，每一个历史断面所设想或存在的所谓限制可持续发展的因素都不是最终的阻碍因素。人类社会的发展史就是进步性的替代和扩展史，无视替代和扩展也就失去了发展的含义，也就无所谓持续与否了。可以说，可持续发展理论具有浓郁的悲观色彩，国内外在相当长一段时间内都盛行对可持续发展状况的评估，而评估的结论基本上都是目前的发展方式是不可持续的，这导致了部分人对于人类社会未来发展的悲观。[①]

二是概念内涵不准确。对概念严格而准确的定义，是构筑理论体系的必要条件。作为可持续发展理论中最核心的概念，"可持续发展"的定义至今仍然是众说纷纭、莫衷一是。国际环境与发展研究所主任霍姆博格（Johan Holmberg）就曾指出："自 1987 年以来，各式各样的政治领导人都在谈论可持续发展，有关这个论题的文章大量出版，流行的定义达 70 多种。可持续发展作为一个概念已经变得贬值了，它现在几乎成了一种陈词滥调。"[②] 由于可持续性本身的多义性可能造成的歧见，正如卢克（Timothy W. Luke）分析指出的："作为一个社会目标，可持续性充满未解决的问题。首先是多长时间的可持续性，一代，一个世纪，一千年，还是一万年？其次是人类哪一层次的可持续性，一个家庭，地方性村庄，主要城市，整个民族，还是全球经济？再次是对于谁的可持续性，所有现在活着的人，所有将来活着的人，所有现在活着的生物，还是所有将来活着的生物？再次是什么条件下的可持续性，当代跨民族的资本主义，较小影响的新石器时代的狩猎和采集，还是某种全球性帝国？最后是什么的可持续发展，个人的收入，社会整体性，国民产值，物质节约，个人消费，还是生态多样性？"[③] 对同一个概念，却存在着如此不同的理解：有的人把可持续发展等同于一般意义的环境保护；有的人把可持续发展看作包罗万象的思想箩筐；也有人把可持续发展作为传统经济增长理念的新遁词；更有人认为可持续发展本身就是一个不需要定义的公理，只不过人类过于聪明了，发展出许多高深的概念和理论，而对浅显的公理却陌生了。[④] 从理论的角度看，这种状况与其说反映了这个概

---

① 参见金书秦等：《生态现代化理论：回顾和展望》，《理论学刊》2011 年第 7 期。

② Johan Holmberg, *Making Development Sustainable*：*Redefining Institutions Policy and Economics*，Island Press，1992，p.20.

③ Timothy W. Luke, *Sustainable Development as a Power-Knowledge System*：*The Problem of Governmentality*, *in Frank Fischer and Michael Black* (eds.)，*Greening Environmental Policy*：*The Politics of a Sustainable Future*，Paul Chapman Publishing，1995，pp.21-32.

④ 参见甘师俊：《论可持续发展创新》，载面向 21 世纪中国可持续发展研究编委会：《面向 21 世纪中国可持续发展战略研究》，清华大学出版社 2001 年版，第 5—8 页。

念内涵的丰富性，不如说反映了这个概念自身的不成熟。

三是战略实施难操作。可持续发展从提出的那一刻起，它就不仅仅是一个理论问题，更是一个突出的实践问题。实施可持续发展，需要世界各国协调一致的行动。但是，现有的可持续发展理论更多地强调了代与代之间的可持续关系，而忽视了当代人之间的矛盾及其解决的迫切性和现实性，侧重于对纵向的资源配置的基本规律和基本特征的分析，而对于横向的世界性的基本规律和基本特征的分析和认知较少，缺乏对于全球经济和区域经济及世界现状的针对性。在当今世界贫富分化日趋严重的情况下，发达国家和发展中国家追求可持续发展的目标不同，发达国家更侧重于保护环境、减少污染，提高生活质量；发展中国家迫在眉睫的问题是发展经济、消除贫困。目标不同导致发达国家与发展中国家的矛盾和相互指责，发达国家指责发展中国家为求经济发展而造成了日益严重的环境问题，认为气候的人为改变主要来自于落后地区的民众对森林的乱砍滥伐和对植被的各种破坏，荒漠化完全是某些发展中国家错误的发展政策所致，而发展中国家则认为发达国家城市化、工业化以及不平等的殖民化、贸易化是造成环境问题的罪魁祸首，并抱怨发达国家剥夺其发展权，不履行资金援助的承诺。2000 年，在海牙举行的 20 世纪最后一次联合国《气候变化框架公约》缔约方大会，就因个别发达国家的阻挠而未能达成协议。这种现状增加了实施可持续发展战略的难度，人们只能在各自利益驱动下寻找相互间的平衡点。

可持续发展理论是人类发展观的一次革命，是对传统发展模式的否定，是人类在观念上从无限发展向有限发展转变的理性体现。尽管目前国内外学者在一些根本性问题上见仁见智，但必须承认，与传统的发展观念相比，可持续发展理论从全新视角来反思和调整人与自然的关系及主体行为，依靠人类的智慧去重新审视、确立对待自然的态度，应当说这是人类文明发展史上划时代的进步。即便我们目前不能、以后恐怕也未必能对可持续性的诸多方面都提出准确的解释，即便可持续发展不是作为一个严格的理论范畴，而只是作为一种理想、一种政治口号、一种道德宣言，它也应该成为我们明确而坚定的原则立场。

第四节　生态现代化理论

　　生态现代化理论于 20 世纪 80 年代最先在西欧发达国家提出，90 年代中后期在全球化的过程中逐步拓展到整个欧美以及东南亚等地。生态现代化理论提供了一种生态与经济相互作用的模式，其目的在于将存在于发达市场经济之中的现代化驱动力与长期要求连接起来，这种要求就是通过环境技术革新而达到更加环境友好型的发展。① 如果把广义的绿色运动大致分为以生态中心主义哲学价值观为核心的"深绿"运动、以资本主义经济政治制度替代为核心的"红绿"运动和以经济技术手段革新为核心的"浅绿"运动②，那么生态现代化理论就是"浅绿"运动的代表。生态现代化理论对当代社会人类面临的生态挑战作出了另外一种阐释，强调市场竞争和绿色革新可以在促进经济繁荣的同时减少环境破坏，而不必对现行的经济社会制度结构和运作方式做大规模或深层次的重建，因而环境与发展之间可以呈现为一种兼得或共赢的共生性关系，而非彼此排斥的零和关系。它是一种较为温和、较为实用的绿色政治社会理论，一经提出就迅速被相关国家政府、国际机构和环境非政府组织所接受，成为 20 世纪八九十年代以来社会发展领域一股重要的生态思潮，并对欧洲多国以及其他一些国家和地区的环境治理与环境变革产生巨大的影响。

一、生态现代化理论提出的社会背景

　　任何理论的产生都有其历史背景和时代需求，西方生态现代化理论的产生具有深刻的历史必然性。该理论产生于 20 世纪 80 年代的西欧，是在西欧发达工业社会现代化与环境的矛盾不断走向激化以及试图解决这一矛盾的

---

① 参见［德］马丁·耶内克：《生态现代化：全球环境革新竞争中的战略选择》，李慧明、李昕蕾译，《鄱阳湖学刊》2010 年第 2 期。
② 参见郇庆治：《21 世纪以来的西方绿色左翼政治理论》，《马克思主义与现实》2011 年第 3 期。

进程之中应运而生的，学界、政府和企业在环境保护和环境治理方面面临的新情况、新问题，共同构成了生态现代化理论产生的社会背景。

第一，环境保护运动面临困境。从 1962 年莱切尔·卡逊的《寂静的春天》开始，对经济增长和工业化后果的悲观解读构成了直到 20 世纪 70 年代末环境理论的主题。对传统工业化所造成的生态崩溃趋势的直观感受使生存危机论不可避免地成为环境理论的主流思维，环境污染被广泛地认为是一种严重的人类文明危机，资本主义的生产方式和消费方式以及与之密切相关的社会组织方式被视为是导致这一危机的根源，必须进行深刻的变革以扭转人类走向灭亡的趋势。但这种生存危机论在否定人类中心主义的过程中又往往带有人类自我否定和自我矮化的悲观主义色彩。这种政治思维模式唤醒了人们沉睡已久的生态自觉，形成了声势浩大的绿色政治运动，但它在看到长远利益的同时脱离了人们眼前的现实经济利益要求，导致环境保护更多地走向了抽象化、形式化，很难形成被大家广泛接受并自觉执行的生态政策，环保分子与现实生产的激进对抗并没有达到环境保护的预想效果，与绿色政治运动相伴随的是环境危机的不断加剧。为了维护环境理论的社会可信度，形成环境保护的现实力量，人们不得不寻找调节经济重建与环境关注的通道，开始寻求以一种实用主义方式解决环境问题的途径。由此，作为一种较为温和、较为实用的绿色政治理论，生态现代化理论的出现正好适应了环境保护运动内部这种思维和策略的变化。

第二，环境治理政策遭遇政府失灵。20 世纪 70 年代后期，许多西方国家将环境问题纳入重要的关注领域，纷纷建立起专门处理环境事务的部门或机构，开始尝用环境法律行为准则、专门的环境质量标准以及相应的环境政策去约束人们参与环境事务的行为，通过政策手段使各个不同部门达到总的环境质量目标，保证环境质量，或者借助于发放污染许可证的方法，管理和监控各种不同的复杂的工业作业。这一时期，西方发达国家的环境政策虽然起到了一定的效果，但总体上说，20 世纪 70—80 年代的环境管理是不成功的，生态退化继续，污染到处扩散而不是减少，在环境问题上政府失灵现象已经显露。政府最起码受到以下两个方面问题的困扰：一是政府环境保护更多地采取了一种头痛医头、脚痛医脚的"管末控制"模式，致使不能形成根本解决环境污染的机制，政府在环境问题上经常力不从心；二是政府环境保护主要采用了限制性治理，这不仅会带来以持续通货膨胀和大规模失业浪潮为特征的经济衰退的可能性，使社会未来的经济发展突然失去保障，而且容易形成政府和企业之间的对抗，不利于政府政策的执行及其需要的社会支持，尤其值得注意的是，对企业生产的限制和加大企业生产成本，也会损害国家和地方政府本身的利益。为此，政府期望改善和企业的关系，减少对抗，增加合作，相信非对抗性的讨论和协商能够使政府获得更为有效的环境策略。生态现代化为政府提供了一条调和生态与企业关系的新道路，为政府创造了建立和推行新制度的契机。

第三，市场环境发生深刻变化。以大量消耗不可再生能源和资源为特征的传统工业化生产方式不仅面临着政府越发严格的限制，也面临着来自市场新要求的挑战。民众生态意识的增强已经引起人们对无污染产品的关注，带来人们消费观念的"绿化"，绿色商品成为人们消费的时尚产品。不断扩大的绿色市场，大量出现的生态性商业利益，成为企业发展的新空间和市场竞争的新焦点，发展绿色产品、走绿色发展道路成为许多企业的战略选择。市场竞争和商业利润重心的转移使越来越多的企业家开始理解：环境保护并不必然减缓利润增长，破坏环境的经济增长必然会影响企业的竞争力和未来的经济发展。企业家们渐渐明白限制和控制环境污染、保持企业可持续发展已经成为企业切身利益的一部分，企业承担起更为广泛的、长期的生态责任已经不是利他主义的非功利性道德行为，而是企业持续发展的需要。市场的深刻变化以及由此引起的企业观念的转变，为生态现代化理论的出现提供了支持。随着环境问题的日益严峻和人们环境意识的逐渐提高，污染企业面临着越来越大的环境压力与经济挑战，因而增加了经济不安全与风险，这种商业风险的日益增长使得生态现代化成为这些企业更加安全的一种战略选择。①

---

① 参见蒋俊明：《西方生态现代化理论的产生及对我国的借鉴》，《农业现代化》2007 年第 4 期。

二、生态现代化理论的发展历史和主要特征

德国社会学家约瑟夫·胡伯（Joseph Huber）被视为这一理论的奠基人，对这一理论作出了重要贡献的还有德国的马丁·耶内克（Martin Janicke），荷兰的格特·斯帕加伦（Gert Spaargaren）、马藤·哈杰（Maarten Hajer）和阿瑟·摩尔（Arthur P. J. Mol），英国的阿尔伯特·威尔（Albert Weale）和约瑟夫·墨菲（Joseph Murphy）等。虽然生态现代化理论出现的时间并不长，但是它已经产生了相当多的研究成果。依照摩尔的观点，我们可以根据生态现代化理论的研究领域和地理范围，将其发展过程分为三个阶段：

第一阶段，20 世纪 80 年代早期，为生态现代化理论的萌芽期。德国的耶内克和胡伯是这一阶段的代表人物。他们着重强调技术革新及其在工业生产和环境变革中的作用；对政府持批评态度，相对而言更倾向于市场；将研究的方向定位于单一国家范围。两位学者在这一时期的理论观点还比较单一，但已经描绘出了生态现代化理论的基本轮廓。

第二阶段，从 20 世纪 80 年代后期到 90 年代中期，为生态现代化理论的形成期。这一阶段，致力于生态现代化研究的学者人数众多，不再局限于德国学者，不少欧美学者都对生态现代化进行了深入研究，其中荷兰学者摩尔和斯帕加伦是最重要的代表人物。这一时期，不像以前那样强调技术创新对生态现代化的核心作用，而是更为平衡地关注政府和市场在生态转型中的作用；理论内涵更为丰富，较之以前更加关注生态现代化的制度和文化动力建设；研究范围有所拓展，从单一国家拓展到一些经合组织国家以及国家之间的比较。

第三阶段，在 20 世纪 90 年代中期以后，为生态现代化理论的扩展期。这一阶段，学者们开始有意识地将理论研究与全球化的发展进程结合起来，生态现代化理论呈现出全球化扩展的趋势。随着生态现代化理论的传播和推广，越来越多的学者加入到这一理论的研究队伍中，目前全球大约有四组著名的学者在致力于这一理论的研究，他们分别来自于德国、荷兰、中国香港和南非。这一时期，生态现代化理论在研究内容上得到了空前的扩展，如开始了对消费领域生态转型的研究等；在实践上开始将研究扩展到欧洲以外国家的生态现代化进程，包括一些新兴工业化国家，如拉丁美洲和东南亚等；

理论追求也从单纯的环境改善发展为整个社会的生态转型。

从胡伯和耶内克的理论创立期，到摩尔和斯帕加伦等人的理论形成期，再到今天逐渐将理论应用于西北欧以及一些发展中国家，西方生态现代化理论正在不断走向成熟。生态现代化理论已经发展成一套完整的思想体系，具体来讲，它形成了以下主要特征：

第一，依靠技术革新。生态现代化就是要通过环境技术革新而达到一种环境友好型的发展，技术革新在生态现代化中处于关键地位。生态现代化理论虽然承认科学技术是柄双刃剑，但主要将科学技术视作生态重构的基本手段而非生态恶化的推手。它认为，科学技术是引发环境问题的原因，更是治理和防止环境问题潜在的和实际的工具。传统的治理和恢复方法将被更强调预防的、社会的和技术的方法所替代，这种方法在技术创新的设计阶段就整合了环境意识。现代科学技术的高度发展，为生态现代化理论实现环境问题的解决从补救性策略向预防性策略转化提供了现实可能性。环境技术的运用，不仅减少了生产过程中原材料的投入和能源的消耗，而且使企业具有更高的竞争力。生态现代化理论相信科技变革特别是清洁能源与绿色技术的发明推广必定会创造出更少污染和能耗的新兴产业，进而推动社会的繁荣发展。长期以来，坚信科技创新是生态改进的首要前提一直被视作生态现代化的第一法则。

第二，利用市场机制。市场机制是生态现代化的核心构成要素之一，生态现代化是以市场为基础的方法，强调市场的作用是生态现代化理论的重要特征。当然，它所强调的并不是消除国家或其他政府部门作用的纯粹的市场力量，而是通过干预来纠正市场的失败和创造一个使经济发展与环境保护可以良性互动的框架。依据这种观点，环境政策决策者日益把他们的作用视为市场的促进者和保护者，并且更多地运用以市场为基础的经济性工具，如生态税、生态标签、碳排放交易等。被西方生态政治理论学者约翰·德赖泽克（John S Dryzek）称为最清洁和最"绿"的芬兰、德国、日本、荷兰、挪威和瑞典六个国家，都是市场经济发达的国家，挪威在运用诸如绿色税之类的政策工具方面处于世界领先地位，芬兰于 1990 年首先在世界上开征了二氧化碳税并首创了其他的环境政策手段。这些环境保护先行国家通过市场机制引导经济主体自觉降低污染水平，保护生态环境，有利于实现经济增长与环境保护的双赢。

第三，强调预防为主。预防原则是生态现代化的核心构成要素之一。之所以选择预防为主的环境政策，主要是基于传统的修复补偿或末端治理环境政策的缺陷。环境政策的出台往往滞后于环境问题的出现，因而容易造成受影响的生态系统无法维持下去。并且此种政策又往往是针对具体污染媒介，即分别保护空气和水的质量，防治噪声或废弃物，因而导致在具体的目标、措施和制度之间往往缺乏协调，从而使一个问题由此种环境媒介转嫁到另一媒介。此外，传统环境政策的最大问题还在于成本太高，往往需要大量的环境治理投入且成效缓慢。这已经为20世纪五六十年代的环境污染与治理实践所证实。直接并廉价地解决一个难题要比等着它变得更糟糕时再处理要好得多，因此有必要实施预防为主的环境政策。当然这并不排斥事后治理。如果治理过去遗留下来的环境问题，其损害业已发生，事后治理就是唯一可行的选择。但如果损害尚未发生而预料将来可能发生，则应未雨绸缪，实行预防为主。但实际上常常是原有情况、原有政策和新情况、新政策并存，多数需要兼顾预防和治理。预防为主的环境政策的提出意味着寻求某种妥帖的平衡，在制定政策时恰当地兼顾未雨绸缪和被动治理两个方面。

第四，实行渐进变革。耶内克认为，生态现代化作为一种以市场为基础的方法，迄今为止是卓有成效的。与结构性解决方案相比较，生态现代化似乎是一种更容易的环境政策方法。[①] 结构性解决方案的最大问题是现实可能性太小，公众对于结构性改变所带来的不确定性有一种强烈的抵触，很难给予足够的政治支持。生态现代化理论虽然也承认有必要在现代化事业的内部进行重大的变革，以纠正某些导致严重环境破坏的结构性设计缺陷，但他们认为，进行这种变革并不意味着一定要废除现代社会中与现代生产和消费体制有关的所有机制。这种渐进式变革的优势在于阻力小，所以生态现代化理论被企业界及其政治代表、比较温和的环境团体和科学家所广泛接受，它

---

① 参见郇庆治、马丁·耶内克：《生态现代化理论：回顾与展望》，《马克思主义与现实》2010年第1期。

们成为生态现代化的关键推动者。尤其是企业界完全有动力去支持而不是去抵制生态现代化，因为生态现代化的关键是企业可以从中获益。

第五，调动各种力量。生态现代化不仅看到问题产生的系统性、综合性，而且认识到问题解决的公众性，肯定了政府宏观调控和社会各界广泛参与的综合效能。它主张尽量消除政府与环境运动之间存在的激烈的敌对性分歧，这一点是生态现代化思想受到西方发达国家政府欢迎与支持的主要原因之一。非政府机构更多地参与和代替政府的传统任务，超国家组织和国际组织在一定程度上淡化了国家在环境改革中的传统作用。经济主体（如生产者、客户、消费者、金融机构、保险公司、应用部门和商业协会等）作为生态重构、创新和改革的社会载体的重要性日益增加，它们将引导市场乃至整个国家的生态转型。环境运动者改变了过去处于核心决策制度外围甚至被排除在决策机制以外的地位，更多地参与国家环境政策的决策过程。

三、生态现代化理论的合理性和局限性

西方生态现代化理论相对于过去的环境学说而言，无论是对于环境问题的认识还是对生态危机的解决都提出了更加合理的见解，并经过实践的检验有相当的可操作性。生态现代化思想从诞生至今不过短短30多年的历史，但已经逐渐在西方（主要是欧洲国家）的社会发展理论领域和环境政策领域占有一席之地。一种创立才30多年的理论能取得这样的地位，必然有其合理性。

第一，将"生态化"嵌入"现代化"中，开启了经典现代化的生态转型之路。虽然经典现代化出现了环境污染等严重问题，但现代化代表了人类社会的进步方向。现代工业社会需要克服自己的缺陷，向生态友好的目标转型，这就是生态现代化。它涉及现代社会的各个领域的变化，如科技、经济、社会、政治和文化等。西方生态现代化思想的实质可以理解为在"反省式现代化"的基础上对现代工业社会进行生态恢复和生态重建。"反省式现代化"不仅要对以往的现代化成果进行反省，还要对今后的现代化进程进行监督和控制。生态现代化思想所倡导的，就是要对传统工业社会进行生态恢复和重建。生态现代化就是要把生态化的内涵融入现代化概念中，摒弃人们

原有的现代化观念中一些不合理的内容，如单纯追求工业化、城市化、增加福利、利用技术工具征服自然，等等。德国、荷兰、瑞典、丹麦等国家最先应用生态现代化理论来指导经济发展实践，将生态现代化定位为国家社会发展的重要目标，使公众意识到在现代化建设过程中节约能源、使用替代能源、减少环境污染是实现可持续发展的一条根本路径。生态现代化理论在欧洲国家的成功实践为其他国家践行生态现代化提供了范本，并受到许多发展中国家和地区的关注和青睐。

第二，对当代人类社会面临的生态挑战作了一种全新的阐释。生态现代化理论的核心是认为促进经济繁荣与减少环境破坏可以兼得或双赢，它拒斥经济与生态之间势不两立的立场，向传统的环境保护和经济增长在本质上存在内在冲突的观点提出了挑战。这种阐释使得环境保护对于企业界来说不再像以前那样具有威胁，而且鼓励它们将更严格的环境保护视为一个促进竞争力和利润的因素，从而使企业界有可能成为环境保护事业中的一个促进性角色。这也使环境争论从一种对抗方式转向了一种共识与合作，并吸纳了那些温和的批评者，把环境议题带入了主流政治。此外，这一思想否定了利益近视症，也否定了具有十足个人主义倾向的唯经济论和单一增长论。

第三，提出了一系列具有创新性、科学性、实用性的解决环境问题的理念和思路。如，认识到传统的末端治理模式存在的弊端，主张解决环境问题应从补救性策略向预防性策略转化；确认现代科学技术在实现生态治理变革中的关键地位，强调科学技术是解决生态危机的重要手段，环境统计和技术分析应成为制定决策的基础；关注市场、政府和公众的作用，认为经济增长与环境改善同步进行的过程中政府管理和公众参与发挥着巨大的作用；把环境危机看成是挑战也看作是机会，把减少污染看成是加强经济竞争力的工具，而不要求额外地增加和维护昂贵的末端处理技术，等等。这些积极因素正是我国在进行社会主义经济建设中要达到环境与经济协调发展这一目标所应借鉴的要素。

作为一个正在成长的年轻体系，生态现代化理论多年来一直面临着来自不同理论观点的各种挑战，对生态现代化的理论批评也从未停止过。就连耶内克也承认，由于外部环境和理论自身两个方面的原因，生态现代化理论与方法对于实现一种长期可持续绿色发展具有很大的局限性。

第一，理论假设的阶级性。以资本主义工业社会为土壤的这一西方学说体系，不可避免地传承了其旧胎胞的劣根性。生态现代化理论的第一个也是最基本的前提就是资本主义具有自我完善的功能，资本主义工业化和现代化所产生的正反效应都可以在资本主义社会内部予以解决。在生态现代化理论家们看来，解决问题的落脚点不是触动社会制度本身，而是体制的生态转型或生态重建。回避社会制度问题，从体制着手是一部分生态现代化理论家进行学术研究的基调。① 应该说，资本主义社会作为一个复杂的有机体，对于其中出现的环境和发展问题必然具有一定的自我修复能力，但是这种自我修复能力不能带领其走向绿色资本主义的未来，不废除资本主义制度及其经济和市场逻辑，真正的环境改善是不可能的。事实上，科学并非万能的，没有彻底的社会批判与彻底的社会转型，生态现代化是不可能实现的。生态现代化理论与方法最多只能带来一些局部性改善，而不是真正从根本意义上解决生态环境问题，更不会导向一个生态可持续与社会公正的社会。左翼环境主义学者斯蒂芬·扬（Stephen Young）认为，生态现代化理论可以理解为"20 世纪后期资本主义适应环境挑战并强化自身的战略"，这一理论从根本上否定了所有在环境视角下对现代资本主义制度提出的批评及其变革要求。生态现代化理论不是增加了绿色变革的现实可能性，而是取消了绿色变革的内在必要性。②

第二，理论作用的有限性。耶内克就承认，生态现代化有着相对独立的实践应用空间，其作用不宜无限制地扩大。③ 如，对于很多持久性环境难题和紧迫性环境问题，并不存在市场化的技术性手段，生态现代化的方法作用有限。"持久性环境难题是指那些在相当长的时期内，通过相关环境政策

---

① 参见周鑫：《西方生态现代化理论与当代中国生态文明建设》，光明日报出版社 2012 年版，第 53—55 页。

② 参见郇庆治、［德］马丁·耶内克：《生态现代化理论：回顾与展望》，《马克思主义与现实》2010 年第 1 期。

③ 参见郇庆治、［德］马丁·耶内克：《生态现代化理论：回顾与展望》，《马克思主义与现实》2010 年第 1 期。

的执行未能取得任何显著改善的问题。这些难题包括未得到抑制的全球性温室气体排放、生物多样性的流失、城市扩张、土地和地下水污染、危险化学品的使用、威胁人类健康的一系列环境压力等。"①这些持久性环境难题依靠传统环境政策都是未能解决也是不能解决的。紧迫性环境问题比如重污染事件的处置也与生态现代化无关，而是需要政府采取一些紧急的补救性措施，包括极端举措。与结构性解决方案相比较，生态现代化似乎是一种更容易的环境政策方法。但是，如果没有一个明确的结构性解决方案，可持续发展注定不可能成功。而结构性变革的方案不能依赖一种生态现代化战略，因为既存的问题不能通过可以市场化的技术革新来解决。生态现代化尽管有其巨大的环境改善潜能，但它尚不足以提供环境的长期稳定性或可持续性。②

第三，理论适用的地域性。生态现代化理论最早是在少数几个西欧国家产生的，特别是德国、荷兰和英国，早期的生态现代化带有明显的欧洲中心主义色彩。全球化时代的到来，为生态现代化拓展了发展空间。自20世纪90年代中期起，生态现代化理论在地域范围上扩展到欧洲以外的国家，包括新兴工业国家、欠发达国家、中东欧地区的过渡型经济体，也包括美国、加拿大这样的经合组织国家。但是，生态现代化理论对于发展中国家或正在进行工业化的经济体的价值和适用性常常会受到质疑。若斯·弗里金斯等人对越南进行研究后就认为，生态现代化理论对于分析越南当代的环境改革进程与努力而言，其价值是有限的。③在将生态现代化理论移植到该理论最初适用范围以外的其他社会时应小心谨慎。耶内克就指出："我们提出和思考生态现代化概念时当然是针对像联邦德国这样的工业化国家，因而我们接受了许多国家也许并不充分存在的前提条件。这意味着，当我们试图扩

---

① ［德］马丁·耶内克、［德］克劳斯·雅各布主编：《全球视野下的环境管治：生态与政治现代化的新方法》，李慧明、李昕蕾译，山东大学出版社2012年版，第152—153页。

② 参见郇庆治、［德］马丁·耶内克：《生态现代化理论：回顾与展望》，《马克思主义与现实》2010年第1期。

③ 参见［荷］阿瑟·莫尔、［美］戴维·索南菲尔德：《世界范围内的生态现代化——观点和关键争论》，张鲲译，商务印书馆2011年版，第359页。

展这一理论的应用空间时必须做更多的基础探讨。"① 可以说，与可持续发展理论一样，生态现代化理论由于国际社会的等级化分裂和被经济全球化与区域一体化强化的相互间竞争，仍难以提供一种可操作意义上的共同行动指南。②

---

① 郇庆治、[德] 马丁·耶内克：《生态现代化理论：回顾与展望》，《马克思主义与现实》2010 年第 1 期。
② 参见郇庆治：《生态现代化理论与绿色变革》，《马克思主义与现实》2006 年第 2 期。

第五章　全球生态治理的主要经验及教训

发达国家走先污染后治理的传统工业化道路，付出了巨大的生态环境代价。近些年来，随着生态问题日益严峻，各国普遍开始重视生态问题，全球在生态治理上取得一些共识，经过全球共同的努力及各方力量的长期互动，世界生态环境质量开始缓慢改善。在生态治理的漫长过程中，全球生态治理既有经验也有教训。

第一节　全球在生态治理上的共识

近年来，在世界经济快速发展的同时，各个国家的生态问题也日趋严重，已经渗透到国际政治、经济、文化、社会的各个领域，并逐渐演变成为一种全球性问题，对整个人类的生存与发展提出了严峻的挑战，越来越引起全球的高度重视。面对愈演愈烈的生态灾难，人们对工业文明的发展理念、发展方式和发展路径进行了深刻反思，开始清醒地意识到今后的发展决不能再以生态资源为代价，决不能再破坏生态环境，选择一种新的可持续的文明发展方式的愿望愈发迫切。

一、生态问题给全球带来了严重的生态危害，对人类经济社会可持续发展提出了严峻的考验

首先，生态问题危害人类健康。生态污染与环境破坏使地球生态系统的结构和功能失调，生态环境质量下降，造成生态危机，直接威胁到人类的健康和生存。2005 年 12 月，世界卫生组织发表的《生态系统与人类安康：健康问题综合报告》指出，维护一个健康和多样性的自然生态环境对人类健康非常重要，但全球生态系统正在受到破坏，其对人类健康造成的有害影响正日益显现。例如，目前已知的很多严重的人类疾病来源于动物，因此改变作为疾病传播媒介或宿主的动物种群的栖息地可能对人类健康产生影响。尼帕病毒据认为是印度尼西亚的森林大火发生之后因蝙蝠带入邻国马来西亚才出现的，这种病毒感染了集中圈养的猪，人将猪宰杀食用后，病毒进入人类体内。根据世界卫生组织的统计，发展中国家与水有关的疾病，每 8 秒钟就会使一个孩子死去，由被污染的饮水引发的疾病每年至少造成 1500 万人死亡。2005 年，我国水利部的一项调查结果显示，我国农村面临饮用水不安全的人口约为 3.23 亿人左右，其中 9084 万人受到水污染的影响，全国 25%的地下水体遭到污染，平原地区约有 54%的地下水不符合生活饮用水水质标准，人民群众身体健康受到威胁。回顾历史，生态问题危害人类健康的案例不胜枚举，对人类造成的危害也是触目惊心的。1930 年 12 月，爆发了世界有名的公害事件——"马斯河谷烟雾事件"，这次事件中来自的炼焦、炼钢、电力、玻璃、炼锌、硫酸、化肥等工厂废气，致使比利时马斯河谷地段几千名居民呼吸道发病，造成 63 人死亡的严重后果。从 1952 年开始，英国伦敦发生了数十次烟雾事件，烟雾中的二氧化碳、二氧化硫、粉尘等污染物在城市上空飘散，马路上行走的路人纷纷"中招"，烟雾导致他们呼吸困难，行人呼吸疾病激增，最后造成 12000 多人死亡的惨剧，这就是影响深远的"伦敦烟雾事件"。1956 年，轰动世界的、最早出现的由于工业废水排放污染造成的公害病日本"水俣病"出现。当时日本水俣湾出现了一种奇怪的病，这种"怪病"的原因后来才被人们得知，原来日本 TISSO 工厂从 1908年起在水俣市生产乙醛，流程中产生的甲基汞化合物排入大海，在大海的鱼类体内形成高浓度积累。人食用了被污染的鱼类后，会产生一种神经系统疾病，也就是感觉和运动发生严重障碍的水俣病，患者最后将会全身痉挛而死亡。截至 2006 年，先后有 2265 人被确诊患有水俣病，其中大部分人已经病故。50 多年来，日本水俣病造成的阴影笼罩在水俣湾，使之成为"遗恨之地和永远恸哭之地"。

其次，生态问题给自然环境造成了巨大伤害。自然环境的生态平衡是地球生态系统中生物维持正常生长、发育、繁衍的根本条件，也是人类在地球上生存的基本条件，生态问题直接威胁生态平衡。20 世纪 60 年代初，美国生物学家蕾切尔·卡逊的著作《寂静的春天》震惊了世界，这本书从陆地、海洋到天空，全方位地描述了过量使用化学农药给生态环境造成的巨大伤害。现在，据统计，全球每年有 2000 万公顷森林遭到盲目砍伐，每月有 10 条以上的河流变黑发臭，每 3 秒内有 30 万公顷土地沙漠化。20 世纪初，非洲热带雨林资源还极其丰富，森林覆盖率达 60% 以上，但由于近些年当地为了发展经济，对热带雨林乱砍滥伐，造成过度利用，引发了温室效应和严重的水土流失，现在其森林已经剩余不到原来面积的 10%，而热带雨林的减少是全球气候变暖的主要"推手"，非洲热带雨林的急剧大面积消失已成为当今全球最严重的生态问题之一。在我国，生态问题也对自然生态环境造成了巨大危害。据估算，目前我国高等植物中濒危物种达 4000—5000种，约占我国高等植物总数的 15%—20%，结果导致与之关联的其他 4 万多种物种生存受到威胁。在生态环境保护日益严峻的背景下，我国已有野生植物 354 种、野生动物 258 种个种或种群被列为国家重点保护对象。在联合国《国际濒危物种贸易公约》列出的 640 个世界性濒危物种名单中，我国就占156 种，约占其总数的 1/4。[1] 人类疯狂地利用现代化的机器设备超大规模地开发自然界的矿藏、石油、天然气和水利资源，超大规模地砍伐森林资源，大规模地污染自然环境，造成了巨大的生态环境问题，以至于自然界不得不对贪婪的人类进行报复，厄尔尼诺现象、温室效应、沙尘暴、大洪水、大旱灾、地震、沙漠化等自然现象都是自然对人类的报复手段。[2]

再次，生态问题影响政治经济社会发展。2006 年，曾任世界银行首席经济学家的尼古拉斯·斯特恩在《斯特恩报告》中，对于地球日益恶化的生态环境给出了一个空前严重的警告："不断加剧的温室效应将会严重影响全球经济发展，其严重程度不亚于世界大战和经济大萧条。我们如果对温室气

---

① 参见陈泉生：《生态经济矛盾：当前中国发展的主要矛盾》，《福建通讯》2000 年第 4 期。
② 参见姬振海：《生态文明建设的若干思考》，《中国环境管理干部学院学报》2005 年第 6 期。

体排放不加限制的话，将会在全球范围内造成 5%—20% 的 GDP 的损失。"
生态环境的破坏或者环境污染的影响对国民经济造成的损失到底有多大？根
据有关研究数据显示，20 世纪 90 年代中期，在我国占到国内生产总值的
8%，而世界银行提出的比例是 13%。从 1983—2004 年，先后有多家国内外
研究机构或学者对我国部分生态环境污染造成的损失进行了估算，他们得出
的结论是生态问题造成的损失所占同期 GDP 的比例，最高的达 9.7%，最小
的也有 2.1%。另据《中国的环境保护（1996—2005）》白皮书显示，21 世纪
前 20 年，中国的环境污染带来的经济损失可能占到 GDP 的 10% 左右。远
古时代，我国陕北地区曾是"山林川谷美，天材之利多"的繁荣富庶之地，
宜渔宜猎、宜农宜牧，是人们理想的生息繁衍之地。但千百年来，由于战乱
和无休止的毁林开荒，严重破坏了自然生态，使陕北的植被越来越稀少，导
致延安成为黄河上中游水土流失最严重的地区之一。延安市吴起县是陕北最
贫困的农业县，也是延安市水土流失最严重的县之一。全县 3791.5 平方公
里的土地，水土流失面积就达 3696 平方公里，"下一场大雨蜕一层皮，发一
回山水满沟泥"是这里生态环境恶劣的真实写照。坡地亩产不过百八十斤，
根本解决不了吃饭问题，农民陷入了"越垦越荒、越荒越穷、越穷越垦"的
恶性循环之中。水土流失不仅成为导致群众生活长期贫困的主要原因，而且
也是制约经济社会持续发展的重要因素。① 当生态问题成为公众关注的第一
热点时，对生态环境的态度更成了影响政权稳固的一个重要因素。1970 年，
由于日本中央政府在生态公害问题上迟迟不采取行动或者缺乏有效措施，许
多市民将手中的选票从执政党自民党一方转投到承诺解决环境与健康问题的
反对党一方，迫使政府采取果断措施治理污染。

　　最后，生态问题危及子孙后代的生存和发展。1987 年 2 月，世界环境
与发展委员会发布的关于《我们共同的未来》的报告提出，发展应该是既能
满足当代人的需要，又不对后代人满足其需要的能力构成危害，必须为当代
人和下代人的利益改变发展模式。人类的发展离不开生态资源，完整无缺地
保护各种生态系统是不可能的，但生态资源的开发利用必须考虑对整个生态

① 参见雷和平：《延安青山作证　绿水含情》，《金融时报》2013 年 11 月 26 日。

系统及对子孙后代的影响。在过去的 100 多年里，人类对生态环境的利用和开发超过了以往所有年代的总和。据世界能源会议统计，全球剩余可开采的煤炭储量共计 15980 亿吨，预计还可开采 200 年；石油 1211 亿吨，预计还可开采 30—40 年；天然气 119 万亿立方米，预计还可开采 60 年。没有限制的发展会趋向简化生态系统和减少生物多样性，而生态的恶化和物种的丧失会大大限制后代人的发展机遇和选择机会。

二、人类不良的生产活动是导致生态问题的主要原因之一

只有认真反思、总结和改进人类生产和生活方式，走可持续发展道路，才能有效地进行生态治理。当今生态问题的产生有众多原因，但其中最重要的一个原因是人的因素，即人类行为导致的结果。在社会发展的过程中，人类一方面把现代工业文明的种子撒到地球上，促进了人类的发展，推进了社会的进步；另一方面，"当人类向着他所宣告的征服大自然的目标前进时，他已写下了一部令人痛心的破坏大自然的记录，这种破坏不仅仅直接危害了人们所居住的大地，而且也危害了与人类共享大自然的其他生命"①，人类把生存与资源、发展与污染、进步与环境等生态矛盾带给世界，使得生态问题成为全人类必须面对和解决的世界性难题。

人类为了生存和发展，固然离不开一定的自然条件和生态环境，但日益严重的生态问题已经证明，人类在与自然进行物质交换的时候，在改善自己生活的过程中，会不同程度给自然带来负面影响。首先，人类"征服自然"的观念必然会导致生态问题。传统工业文明的自然观认为，人与自然是相互独立的两个部分，人只有改造自然才能确认自己的存在。这从根本上割裂了人与自然的联系，使得工业文明的发展充斥着对自然的破坏和掠夺，使人类的生存环境遭到不可挽回的伤害。其次，人类粗放型的生产方式必然导致生态问题。传统工业文明建立的以过度消耗资源、破坏环境为代价的增长模式，是一个从原料消耗到产品消费再到废弃物产生的生产过程，这一过程

---

① ［美］蕾切尔·卡逊：《寂静的春天》，吕瑞兰、李长生译，吉林人民出版社 1997 年版，第 73 页。

是一个非可持续发展的过程。在这种生产方式主导下，人们的生活方式极力追求物质享受，以高消费为主要特征，认为只要更多地消费资源就会拉动经济的发展，生态资源不可避免地不断被消耗和破坏。最后，人类把发展简单等同于物质增长必然导致生态问题。在片面追求增长速度的传统工业文明中，衡量经济社会发展的标准只有经济总量一个指标，使得经济增长以生态破坏、环境恶化、资源枯竭为代价，资源和环境的危机反过来又制约了经济的发展、社会的进步及人们生活水平的提高。因此，随着生态危机越来越严重，全球普遍开始认真反思、总结经济发展的经验教训，认识到以高消耗来追求经济数量的增长和"先污染后治理"的传统发展模式，已不再适应当今和未来发展的要求，改进人类生产和生活方式，走可持续发展道路，构建人与自然和谐相处的生态社会，才是人类未来发展的方向。

三、生态问题是全球性问题，生态治理需要全球多元主体积极参与

英国著名诗人约翰·多恩说："没有一个人是自成一体、与世隔绝的孤岛，每一个人都是广袤大陆的一部分。如果海浪冲掉了一块岩石，欧洲就减少。如同海岬失掉一角，如同你的朋友或者你自己的领地失掉一块。每个人的死亡都是我的哀伤，因为我是人类的一员。所以，不要问丧钟为谁敲响，它就是为你而敲响。"[1] 全球生态系统是一个庞大而复杂的系统，每一国的生态系统都是全球生态系统的一个组成部分，两者不可能割裂开来。当英国、法国、德国上空的二氧化硫随着大西洋的季风被吹到北欧诸国时，当南极上空的臭氧层空洞影响到世界气候时，当亚马逊热带森林的锐减造成大量生物物种减少时，生态环境问题已经变成全球性问题了。同时，生态问题的解决也非单个国家、单个地区所能做到的，而是需要全球范围的合作。[2]

首先，生态问题是全球性问题。地球是人类共同的家园，人类赖以生存的是一个相互联系的复杂的生态大系统。生态系统的关联性，意味着日渐严重的生态问题不再是某一个国家自己的危机，生态问题已经演变成全球性

---

① [英] 约翰·多恩：《丧钟为谁而鸣》，林和生译，新星出版社 2009 年版，第 78 页。
② 参见刘燕：《生态文明视野中的公平》，《长春工程学院》（社会科学版）2008 年第 2 期。

问题，成为全人类共同面临的威胁。正是如此，全球生态危机出现了一种复杂而奇特的现象，一边是经过近十几年的生态治理，一些发达国家的生态问题在一定程度上得以缓解，生态状况有所好转；另一边却是全球生态总体恶化，自然环境污染严重、雾霾天气增多、全球气候变暖、土地荒漠化蔓延、生物多样性锐减态势加重。《我们共同的未来》报告曾经指出："过去被认为完全是'各个国家的事情'，如今对其他国家的发展和生存的生态基础产生着影响。"此外，生态问题还与各国的政治、经济、文化等问题交织在一起，构成了更加复杂的社会问题，这也决定了生态问题是一个全球性问题。

其次，生态治理是全球各国的责任和义务，需要国际社会的共同努力。随着全球化进程不断加快，全球生态问题也变得日益复杂和难以治理，这要求全球各国共同行动起来，共同努力治理生态危机。早在 1972 年，《联合国人类环境宣言》就提出："种类越来越多的环境问题，因为它们在范围上是地区性或全球性的，或者因为它们影响着共同的国际领域，将要求国与国之间广泛合作和国际组织采取行动以谋求共同的利益。"[1]2007 年，联合国环境署发布的《全球环境展望（四）：旨在发展的环境》指出："从现在到本世纪中叶是全球环境变化走向的关键时期，全球环境问题的解决需要利益攸关方、政府以及地区间更多的对话、协商与合作，需要跨部门的综合性政策措施和执行力，需要通过更深入广泛的全球环境治理谋求全球环境问题的解决或改善。"因此，全球生态治理应是各国多元主体对各种生态问题进行的多维合作治理，世界各国应秉持合作的理念，以平等互助的伙伴关系采取共同行动，参与到全球环境治理中来，如果每一个国家都袖手旁观，那么整个地球的生态环境将会很快濒于崩溃。

再次，世界各国应积极合作，在治理理念、能力建设、资金安排和技术转让等方面采取实际行动进行生态治理。生态危机的严重性和紧迫性要求世界各国在生态治理的各个领域采取切实可行的措施，进行整体控制，防止污染物转移。美国吕丹运动北卡罗来纳分部的创立者、全美绿党纲领的制

---

① 万以诚、万岍选编：《新文明的路标——人类绿色运动史上的经典文献》，吉林人民出版社 2000 年版，第 3 页。

定者之一的丹尼尔·科尔曼在其著作《生态政治：建设一个绿色社会》中指出："没有胸怀全球的思考，便不能树立环保的严正性与完整性。全球责任并非限于考虑全球性的利弊得失，它也意指应用一种整体思维方式，改变公共政策和公民行为中屡见不鲜的支离破碎、见木不见林的思维方式。"① 生态问题是全球性问题，是人类共同的威胁，它的形成机制很复杂，需要各国合作才能研究出其成因，解决这些问题需要在区域内、世界范围内采取统一的措施，在治理理念、能力建设、资金安排和技术转让等方面采取实际行动。目前，全球各国已迈开了全球生态治理合作的步伐，从 1972 年开始的每 10 年一次的世界首脑会议是全球就生态环境问题进行合作和磋商的良好机制。1974 年，丹麦、芬兰、挪威、瑞典北欧 4 国的《环境保护公约》规定，各国互相之间主动通气、征求意见，遵守共同规定的法律秩序，实行互相监督。为确保持续发展，各国将在制定经济、社会、财政、能源、交通、农业、贸易及其他政策时，进行环境与发展综合决策，并寻求更大范围的国际参与。②

最后，生态治理应以人为本，以提高生活质量为目标，以统筹治理和发展为主要手段，纳入各国经济社会可持续发展总体规划。生态治理的核心在于以人为本，把人的生存和发展作为最高目标，统筹人与自然的和谐发展。要真正做到以人为本，就必须以人和社会的全面协调发展为指导思想，处理好提高生活质量和加强生态治理的关系。提高生活水平和提高生活质量有很大差异，前者强调人均 GDP 和收入的提高，后者强调生态环境质量、物质财富和社会福利的综合提高，特别强调保护大自然和留给子孙后代多样化的生态环境。进行生态治理，就是要使经济和社会状况的改善同保护生态环境的长期过程保持一致。为实现经济发展、生态环境保护和社会运行的良性循环，要持续不断地制定和完善相关的政策，将生态治理作为国家社会经济发展的重要目标列入发展总体规划。1992 年，在巴西里约热内卢召开的

---

① [美] 丹尼尔·科尔曼：《生态政治：建设一个绿色社会》，梅俊杰译，上海译文出版社 2002 年版，第 126 页。

② 参见李勋：《湖南师范大学社会科学学报》，《试论国际环境法的国际合作原则》2001 年第 2 期。

联合国环境与发展大会通过了影响深远的《21世纪议程》，该议程第四部分提出了可持续发展行动计划的实施手段，内容包括开发财政资源和机制，转让无害环境技术、注重合作和能力建设，科学促进可持续发展，加强教育、公众知识和培训，建立促进发展中国家能力建设的国家机制和国际合作，把可持续发展战略纳入国民经济和社会发展的长远规划。为了更好地贯彻以人为本的发展理念，促进经济社会与生态环境和谐发展，生态治理同样需要纳入各国经济社会可持续发展总体规划，与其他社会事业统筹进行。

四、生态治理需要采取综合措施

生态问题的全球化折射出生态治理的两个重要特点：一方面，生态问题涉及人类生活的各个方面，生态治理开始出现全球合作的背景。2005年参加联合国首脑峰会的代表们承认："今天比历史上任何时候都更生活在一个全球化的、相互依存的世界。任何国家都无法单独存在。我们认识到只有切实合作应付跨国威胁才能实现安全。"[①] 另一方面，生态问题是全球经济社会发展的产物，其解决方式也必将寓于经济和社会进步过程中，需要采取综合措施。实践证明，生态问题不仅可以治理，而且只要改进治理方法，在政策实施手段方面采取多样化的方式，减少单纯的命令与控制，人与自然、经济发展与保护生态是能够和谐共生的。因此，生态治理的政策措施既要重视现有的生态问题，也要追究其深层次的原因。为了更好地对生态进行治理，既要改变传统的治理模式，采取综合措施，也要实施更具弹性的生态治理政策手段。一是坚持预防原则。世界各国要尽早采取环境保护、生态治理方面的行动，在预测生态可能遭受不良影响的前提下，事先采取防范措施，或者把不可避免的生态污染控制在可控限度之内，而不是在损害发生后再进行事后补救。二是坚持立法手段。发达国家立法经验及良好运行效果显示，法律手段过去是将来也是生态治理的重要工具。三是坚持市场手段。要积极探索生态治理的新手段，利用税收、政府补贴、确定责任等市场手段进行生态治理。其中，污染者付费要大力实行，要使开发利用环境和生态资源者，或者

---

① 丁宏源：《全球环境治理与"环境威胁论"：中国的挑战》，《领导者》2009年第10期。

排放污染物对生态环境造成不利影响和危害者，承担其造成生态污染与破坏的责任。四是坚持技术支持手段。生态治理需要加强科学技术进步与开发工作，推广应用先进适用的环保技术，改革生产工艺和流程，合理使用原材料和能源，把人类活动对生态环境的影响降低到最低限度，使发展经济和保护生态两者相互促进、相得益彰。当然，生态治理要采取综合措施，关键还是要坚持可持续发展。生态治理要把着眼点放在生态环境和经济活动不再相互矛盾上，强调经济社会发展必须优先考虑生态问题，从重视生态问题入手，突出可持续发展。

第二节　全球在生态治理上的分歧

在生态危机日益严重的情况下，生态治理的重要性已经毋庸置疑，但是由于目前全球各国政治经济关系错综复杂，各国政府在生态治理的治理责任、治理内容、治理政策和治理手段等方面仍未达成共识。其中突出的问题是各国都比较重视本国的生态治理，而对于别国的生态治理则大多不甚关心，因而全球在生态治理问题上因理念、认识、行动不一致、不协调产生了许多分歧和矛盾。

一、在生态治理的责任承担上，发达国家和发展中国家存在分歧

生态系统是整个地球的重要生命支持系统，在人类生存的环境中发挥着不可替代的作用，地球上的每一个人都有权利利用生态资源，也都有义务和责任去爱护和保护生态资源。在全球一体化发展的浪潮下，生态治理问题是世界性问题，是全球各国共同面对的大事件，一个国家的生态环境问题必然会影响到其他国家的生态环境，这也把处于后工业时期的发达国家和处于工业化中期的发展中国家紧密地联系在一起，因此，生态治理应该是发达国家和发展中国积极开展合作，共同维护全球生态平衡的共同事业。尽管目前主要发达国家和发展中国家已经通过各种官方渠道确认了生态治理的两个基本事实：一个就是生态问题及生态危机在全球范围内确实发生了，另一个就

是造成生态问题的主要原因是由人类的工业、农业等人为活动所造成的。在这两个基本事实达成共识具有积极的意义。21 世纪以前，对于生态问题这个基本的事实，在很多国家的政府之间，尤其是发达国家和发展中国家之间一直存在着争议。现如今，让人欣慰的是，全球大多数国家、大多数政府或者说更多的民众开始正视生态问题的存在，能够达成正视生态问题的基本共识为全球各国寻求生态治理的路径提供了最好的前提条件。

虽说基本共识已经达成，但是全球各国的实际作为和行动却普遍引起了大家的质疑。生态问题的历史性和全球性决定了其必须在一个有着不同价值观念和社会体制的新型全球文明体系中得到解决。爱因斯坦曾经说过："问题不会在产生它的同一个认识层面上得到解决。"但是，由于全球体系的多样性，发达国家有其自身发展目标，而发展中国家也有其不同的切身利益，这使得二者在对待生态问题上产生了截然不同的态度与行动，矛盾与分歧在所难免。在这些矛盾与分歧中，发达国家与发展中国家应该各自承担多少生态治理责任是比较突出与引人关注的问题。从工业化进程来看，英国、美国、日本、德国、法国等发达国家早已完成工业化和城市化的历史任务，走过了高碳排放、高耗能、高污染的发展阶段，开始向低耗能、高收益阶段迈进。在后工业时代，这些发达国家的生产目的不再集中于大力发展工业，而是主要满足其本国人民的衣、食、住、行等基本生活需求，在全球化的影响下其本来在国内生产的任务也逐渐转移到发展中国家，生产方式基本转向低污染、低耗能。在这种情况下，发达国家认为当今的生态问题的责任不能全部由发达国家承担，而是发达国家和发展中国家要互相合作、共同承担。相反，对于正集中精力谋求跨越式发展的发展中国家而言，摆脱贫困、提高人民生活水平仍然是一项历史任务，更是压倒一切的第一要务。发展中国家认为，世界上还没有哪个国家是依赖低碳就能实现工业化的，发达国家的工业文明也走过了高耗能、高污染的高碳经济道路。世界生态危机的出现是发达国家过度发展经济、过度透支生态环境而引起的，是发达国家高污染、高耗能、高消费的发展历史累积造成的，因此，生态问题的主要责任在于发达国家，发展中国家只需要承担次要责任。换句话说，发展中国家认为各国发展阶段不同，对生态资源的利用与破坏程度不同，其承担的责任也应该不同。以全球温室气体排放为例，目前发达国家每年排放的燃烧煤炭、石油、天然气等所产生的二氧化碳占全世界的 70% 以上，而且这种状况已经持续了数十年之久。作为世界头号发达国家的美国，其人口总数只占世界的 4.7%，但却使用和消耗了全世界 40% 的石油，世界废气的 20% 也是其排放的，以上两项指标其均居世界第一位。更为严重的是，某些发达国家不断地把一些污染严重又难以治理的产业向发展中国家转移，甚至把亚非拉等发展中国家当成危险废弃物的堆放地和垃圾场。例如，中国目前正面临着电子垃圾的污染，电子垃圾造成了严重的生态环境问题，并在居民中引发多种疾病。据统计，每年全世界 80% 的电子垃圾流入亚洲，其中的 90% 进入中国，这些电子垃圾就来自欧美等发达国家。

发展中国家还认为目前发达国家对于全球生态问题治理的承诺太低，并且付诸实践的行动也太少。在哥本哈根气候变化大会上，发达国家对于减排的承诺是到 2020 年能够达到 12%—19%（与 1990 年相比），这低于政府间气候变化专门委员会和联合国气候变化专家组引用各项研究数据提出的减排 25%—40% 的要求，更是低于发展中国家要求其达到减排 40% 以上的目标。在关于生态治理的资金问题上，不论是在《京都协议书》中还是在《根本哈根协定书》中，发达国家都不仅在口头上保证，而且在法律上承诺，就与气候相关的生态环境问题治理行动向发展中国家提供更多的资金。但在过去的十几年里，有关生态治理资金的承诺几乎没有任何进展。在发达国家关于生态治理相关友好技术转让承诺方面，一是发达国家一直准备在《联合国气候变化框架公约》内设立一个新机构，且具有政策制定和技术转让的监督权力；二是发达国家承诺逐渐放宽知识产权条例，以便能够以更低成本转让生态治理及保护技术，但这些承诺无一实现。因此，实现了工业化的发达国家和为实现工业化而行动的发展中国家之间就存在一个生态治理责任承担的矛盾——发达国家希望通过新产业发展来创造新的经济增长点，使国家经济维持发展；发展中国家则希望利用现有的生态资源加快发展工业，使国家尽快改变落后的局面。此外，对生态治理的分歧和矛盾还表现在发达国家与发达国家之间及发展中国家与发展中国家之间。尽管在发展中国家之间已经达成共同治理生态的共识，但它们在具体的发展行动和规划上仍存在很多分歧，例如，削减二氧化碳排放量会损害自身利益的产油国与害怕温室效应导致海平面上升淹没其国土的岛屿国之间出现了不同的矛盾和分歧。同时，在生态治理上各个发达国家内部也不是铁板一块的，仍存在为各自利益考量而出现的矛盾，例如，就控制温室气体排放量的标准和实施控制的时间以及在资金合作问题上，美国就坚持其发展目标，欧盟则对美国目标持反对意见，造成它们之间严重的分歧和矛盾。

二、在生态治理的影响范围上，全球存在各国自行负责还是各国加强合作形成共同的纲领和行动的分歧

生态问题的全球性使人类生存的地球受到了严重的危害，扭转生态危机的生态治理迫在眉睫，然而各个文明实体、各个国家、各个集团都有自己的利益，它们之间的矛盾和碰撞自然无法避免。在生态治理的影响范围上，一些国家认为生态问题应该由各个国家自己解决，一些国家认为生态问题需要各国合作，共同完成生态治理。当今世界是由不同政治体制的国家构成的，不同的民族国家构成了国际社会的具体基本单元，人类社会被划分为各个独立的充满对立的国家体系。各个国家在发展过程中，形成了自己的利益与价值体系，这些利益和价值体系成为该国的最高目标，在为国家利益竞争的时候，各国之间的斗争也非常尖锐。在这样一种世界政治环境下，各国对于生态治理的理念也完全不同，生态治理矛盾也凸显出来。各个国家在追求自我利益最大化的过程中总是试图搭便车，而生态治理存在着巨大的负外部性，这使得各个国家在参与生态治理中承担义务的积极性大大降低，也造成一些国家把生态治理仅仅看作自己内部事务的趋势。比如地球上的空气是公共物品，每个国家都有呼吸空气的权利，但各个国家也都不断地向大气层排放着污染物，最终酿成了空气污染、臭氧层被破坏、全球变暖等问题。生态治理的问题，如果仅从地域上讲，确实是各个国家或地区自己的事情；但是与以往不同的是，在全球化的今天，生态问题和生态危机不再是一个国家或者地区的危机，而是全球性危机。一国的生态问题往往会造成邻国的生态危机，其影响的是较大范围的生态环境，诸如大气污染、水源污染、海洋污染等不再是局限于一个国家所能解决的问题了。

因此，有的国家就提出在生态治理问题上，世界各国有着共同的责任和义务，大家被生态问题紧紧地联系在一起，不同民族、不同信仰、不同肤色、不同地域的人们必须通力合作，共同应对日益严重的生态危机。如果全球各国不联合起来，仍然以国家和地域来互相分割，那么生态危机必然不能得到解决，一旦人类不能应对挑战，危害的就不是一个国家、一个地区，而是整个人类的生存。

欧洲共同体在呼吁全球共同应对生态危机方面行动较早，早在 1970 年就提出了共同向生态问题宣战的口号——"环境无国界"；后来又专门制定了加强生态治理的一系列环境保护法律，这对后来全球进行生态治理影响甚大。到 20 世纪 70 年代和 80 年代，由于受到生态环境污染的危害，人们逐渐意识到生活水平和社会发展不能以牺牲生态环境为代价，必须走既能保护生态环境又能促进经济社会发展的道路。此时欧洲国家制定的生态环境保护法律也大多与民众的日常生活息息相关。20 世纪 80 年代，随着生态问题扩展至各国，欧共体要求各成员国不能"各自为政"，在生态环境问题上要积极合作，例如，在野生动植物栖息地和动植物区系的保护上，各个国家要对各自的生态资源进行良好的管理，要切实避免开发利用行为对生态平衡所造成的影响。1987 年，欧共体又制定了《欧洲单一法》，这部法律为整个欧洲生态环境保护确立了立法基础，它主要确立了保护环境、保护人类的健康，谨慎和理性地利用自然资源等三个重要目标。这一具有划时代意义的法律使人们意识到：各国之间是相互联系和依赖的，人类是和他们喝的水、呼吸的空气、使用的物品、食用的粮食、消耗的能源及休闲娱乐紧密联系在一起的。1992 年，马斯特里赫特条约的签署标志着欧洲国家可持续发展战略的正式提出。1997 年，在阿姆斯特丹条约中提出的可持续发展被列为欧盟的优先发展目标。目前，欧盟始终坚持以可持续发展和更高水平的环境保护为首要原则，持续不断地将生态治理贯彻于欧盟的经济和社会政策中。可见，欧盟的环境保护在 40 多年中走过了一条从各成员国自行负责到形成共同的法律和行动的发展道路。

三、在生态治理涉及的内容上，全球存在应该是以工业环境保护为主还是以全面生态环境保护为主的分歧

支持生态治理应该以工业环境保护为主的国家认为，在世界发展过程中，科技的进步、生产力的不断发展使人类创造了前所未有的辉煌成就，但辉煌成就背后是日益严重的环境污染和生态破坏，工业文明的副产品不仅危害了人类生存的生态环境，也阻碍了人类社会的发展进程。现代化工业给人类所带来的污染有废水、废气和废渣等"三废"，这"三废"成为生态危机的根源。废气主要是煤炭燃烧排放出来的烟尘、碳氢化合物和二氧化硫等有害气体。这种气体不仅严重地危害人类的健康，而且还能同大气中的雨雪结合，成为"酸雨"，使耕地和平原的土壤变质，使江河湖水发生酸化，使森林和农作物出现枯萎和死亡，进而危害人类身体健康。废水主要是工业废水，一些工厂把未处理的废水直接排进江河湖海，污染了水质，这些工业废水所包含的酚、氰、镉、砷、汞等有害物质沉积于地下，地下水受到严重污染。未经处理的废渣是污染农田、河流、地下水的祸根。"三废"对于生态的危害说明，生态治理应该以工业环境保护为主。而对全面生态环境保护的支持者则认为，人类的生存、社会的进步都离不开物质生产，物质生产的核心是要解决人和自然的关系，可以说进行物质生活资料的生产是人类社会文明生存与发展的基础；生态环境问题古已有之，一直就持续地存在，并不只是人类进入工业时代以后才出现的。同样，生态环境问题产生的原因也不只是工业造成的，它的产生主要有两个因素，一个是自然本身变化的因素，一个是人类活动的因素。从古代社会到现代社会，随着人口数量的不断剧增，自然界受到人为影响的因素日益增多。人类为了自身的生存，必然要以各种方式改造自然，这就形成了人与自然的关系。在人类改造自然的过程中，人类处于不断摸索前进的状态，难免存在盲目改造自然的情况，大自然的修复能力又是有限的，所以生态环境问题必然产生。从人类自身改造自然的角度去寻找引发生态环境问题的根源，无疑是进行生态治理的前提条件。在人类具体活动中，为发展经济忽视生态环境、为追求物质消费不顾生态承载能力、为追求技术进步牺牲生态资源等，都是导致生态危机的重要原因。此外，由于政治、经济、文化是人的社会生活的三大组成部分，所以生态问题

的产生也不仅是人的单方面因素造成的，也有着深刻的政治、经济、文化根源，这也导致如今的生态环境问题已经不仅仅局限于工业污染，还有其他很多生态问题，如全球气候变暖、臭氧层的损耗、酸雨污染、生物多样性锐减、土壤荒漠化严重、淡水资源短缺和水污染、森林面积减少等等。因此，生态问题的存在空间和影响后果都具有多种维度，生态环境问题的解决需要全面的生态环境治理。

四、在生态治理政策实施的原则上，全球存在是以污染治理为主还是以主动预防为主的分歧

支持生态治理应以污染治理为主的国家认为，生态治理应该注重治理的客观自然属性，改变治理过程中生态要素的物理、化学或生物学的变化，紧要问题是对生态问题的应急性解决，不需要将生态与发展一起综合考虑，也不需要追问生态背后的深层次问题，具体治理方案就是"兵来将挡，水来土掩"。这种治理观主要出现在生态治理初期，其对生态问题认识比较粗浅，就生态而论生态，就污染而谈污染，只能提出一些头疼医头、脚疼医脚的治理方案，基本上就是生态问题的"末端治理"和污染源的源头治理。这种治理往往需要投入大量的人力、物力和财力，治理难度极大。

当生态问题日益演变成世界生态危机时，人们开始将生态问题与社会发展、生态与人类进步放在一起考察，发现生态问题不是一个孤立的问题，而是一个综合性、全球性的社会问题。生态危机不仅是由经济发展的不适当造成的，而且与其背后的社会体制、生活方式以及价值观念有密切关联。1972 年，联合国人类环境会议召开，大会确立了全球共同治理生态环境问题的议题。在这之后，尽管各国都努力地投入到生态问题的治理中，采取了很多防止污染和保护生态的措施，但人们还是吃惊地发现，世界生态破坏和环境污染的程度有增无减，并且范围在不断扩大，又出现了一些以前没有的生态问题，例如酸雨的出现、臭氧层的破坏、气候变暖等全球环境问题。这一危急形势迫使人们开始反思"末端治理"的弊端，逐步意识到"就污染谈污染、就生态论生态"的战略思维及其技术路线无法从根本上解决环境问题。因此，支持生态问题需主动预防的国家提出，必须从工业生产的源头和

全过程寻求生态治理的办法，在经济社会发展的大局中预防生态问题的出现。人们开始追求一种事先预防的治理，这种治理可以称为一种未雨绸缪的治理，其首先侧重于对导致环境问题产生的人类的认识和行为的源头进行治理，加强人类对生态危机的认识，焦点在于改进人们对环境的认知、保证参与环境决策的权利、提供维护环境权益的制度保障和提升执行环境决策的绩效等方面。① 因而，解决生态问题，还要从深层次的原因上予以反省，这就恰恰意味着生态治理不能忽视主动预防以及治理路径的多样性与综合性。

五、在生态治理采取的手段上，全球存在着单纯的控制和禁止还是以法律手段为主其他手段并用的分歧

生态问题逐渐成为阻碍人类社会可持续发展的主要因素，如何治理本国甚至全球性的生态问题是各国面临的共同话题。由于花费巨大，生态治理离不开各国政府的支持和参与。当前，政府主导的生态治理与控制是生态危机治理的主流模式，从目前生态治理取得的效果看，这种模式对生态环境的治理起到了一定作用。生态控制是指以企业为主要控制对象，相关政府机构（更多是环境管理部门）采取指令的方式向污染排放或制造的企业提供污染指标或"排污许可证"，间接或直接地对污染排放以及制造企业进行限制的一种行政法律手段。受"人类中心论主义"的影响，此种生态管制政策在欧洲、亚洲或其他地区都是相当常见的，因其具有较强的执行力，深受各国的赏识与青睐。但是，由于知识的局限性、认识能力不足等原因，该模式导致了当前生态治理既没能有效控制污染物的排放量，又没能调动污染排放者的治理积极性，这种单纯的控制和禁止模式已经逐渐失去市场，慢慢让位于生态治理的综合手段。随着生态危机已全面走向社会化、政治化，生态问题不仅仅是专业科学技术人员关心的问题，普通民众也开始积极参与到生态治理当中，生态问题渐渐演变成全社会共同关注的大问题，不管是哪个国家和地区，也不论是哪个种族和阶层，不同地位和职位的人都与生态问题息息相

---

① 参见朱留财：《从西方环境治理范式透视科学发展观》，《中国地质大学学报》（社会科学版）2006 年第 9 期。

关。更重要的是，生态问题中蕴涵的利益矛盾，生态问题的治理和恢复，已经不能仅仅单独依靠某一个国家、依靠某一种科学技术、某一市场及社会力量就能协调和解决得了的，所以生态问题的治理必须上升到政治层面，需要在政治领域的高度加以调和，需要国家通过其根本法律制度、国家规划和科学决策来综合治理，同时需要各国政府出面解决问题，需要国与国、政府与政府之间的合作加以解决。因此，此时的全球生态危机就不可能不采取以法律手段为主的综合措施进行治理。

第三节　全球生态治理的主要经验

随着全球经济的快速发展，世界各国对生态资源的消耗与利用越来越多，全球的生态环境也在迅速恶化，在这种情况下，各国政府和人民开始意识到生态保护与治理的重要性，并从自己国家的国情出发，探索出一些符合自身实际的生态治理之路。经过几十年的不懈努力，我们看到全球各国在生态保护与治理方面取得了显著的进步，并形成了科学、可行、符合实际的生态治理模式，为全球今后的生态治理提供了有益借鉴。

一、树立正确的生态理念是生态治理的首要环节

行动需要理念的指引，正确的理念是行动的前提。生态危机的全球性特点促使了世界各国生态环境保护意识的觉醒，正是在这个背景之下，作为生态治理首要环节的生态治理理念也随之树立起来。作为一种新的价值观、新的信仰、新的世界观而言，生态治理理念在世界各国和人们头脑中的确立是需要重新建立和再次转换的。世界在发展，时代在进步，新的社会问题也在不断出现，生态治理更需要全新的治理理念。在生态危机日益严重的今天，生态治理的理念如果还停留在工业文明时代，那么生态治理、生态保护、生态文明建设就只能是一句空话。

第一，良好的生态治理离不开正确的生态治理理念的确立，生态治理理念是生态治理的前提条件，是决定生态文明建设走向的指引。生态治理首

先就是要确立先进的治理理念，有了科学的治理理念，就有了行动的指南。在全球生态资源约束趋紧、环境污染严重、生态系统退化的严峻形势下，必须树立节约资源、尊重自然、热爱环境的生态文明理念，把生态治理和保护放在生态文明建设的突出地位，融入政治、经济、文化、社会等建设方面，努力建设资源节约型、环境友好型社会，实现全球各国可持续发展。

第二，引导政府、企业承担各自的生态责任是确立生态治理理念的核心。作为维护公共利益的公共权力机构，政府应该是生态问题这一公共事务的主要管理者和主要解决者。当日益严重的生态问题影响的范围不再仅仅局限于少部分人和少部分区域时，政府就有责任和义务为了公众的共同利益而采取行动进行积极的生态治理。同时，生态环境的"公共池塘"物品性质决定了任何人和企业都可以无偿地消费生态环境却无需为其消费付出成本，被污染的环境无人主动治理无论在理论上还是在实践上就成为必然，这样，政府就必须采取措施进行生态治理。例如，政府对破坏生态环境的人或企业施以罚款，出资鼓励节能环保技术的开发利用，大力扶持绿色生态产业的发展等等。从20世纪70年代开始，日本以政府的名义开始大力推动节能规划，从1974—1985年间，日本政府累计投入600多亿日元的研发经费用于节能减排，即使是在1974年经济不景气的情况下仍然保持了较高的投入，这正是政府作为生态治理主体的具体表现。此外，有目共睹的是，企业对生态环境的影响确实是引发全球性生态危机的另一主要根源，其生态治理责任也必须予以明确。西方发达国家为此专门发起了企业社会责任运动，并引入SA8000企业责任体系，其主旨就是"劳工保护、消费者权益保护和环境保护"，借此加以规范企业的生态保护行动。为了更好地进行生态治理，保护日益脆弱的生态体系，各国还签订了多个国际生态环保公约，特别是在国际贸易与环境保护联系日益紧密的背景下，推出了旨在使企业生产经营逐步自觉加入生态治理行列的国际环保认证ISO14000体系，越来越多的企业主动地开展"绿色营销"，以提高其产品的国际竞争力和绕开"绿色壁垒"。为了增加企业参与生态保护建设的机会，多个国家的生态治理产业也引入了BOT等多种灵活的产权机制，将企业作为生态治理产业的主体，以便更好地进行生态治理。

第三，正确的生态治理理念需要大力宣传，使之为人所知、所感、所应。有了正确的生态保护理念还不够，还需要将其大力传播，让公众了解生态治理的缘由、目的、路径，认识生态危机的发生、演变和后果，对生态治理的紧迫性和必要性有所了解，让生态治理理念深入人心。生态治理理念深入人心后，公众可以通过对比自身的行为方式与生态文明理念的差异，找出差距，寻求转变，从不知、无知达到熟知、深知，促使生态治理取得实效。这其中，如何教育公众接受生态治理理念是关键环节。人们树立生态治理理念需要教育、社会风尚、伦理道德等的引导。作为社会公众的学生不仅是弘扬生态文明的主力军，也是未来世界文明的建设者，他们对于生态治理理念的接受程度决定了未来生态治理的成败。据统计，目前全球各国在校学生有数十亿人，如果能在学校开展普及生态文明理念的教育，那么生态治理的理念一定能够深入人心。形成一种生态治理的社会风尚和伦理道德将极大地促进生态文明理念的传播，这种道德教化在生态治理取得良好效果的国家是有成功经验的。从1991年开始，美国把每年的10月定为"节能宣传月"，至今已有20多年的历史。每到宣传月，政府、商业组织或协会都会举办各种活动向公众宣传节能环保知识，鼓励人们在日常生活中身体力行地减少能源消耗。社区的居民在各种活动中受到了教育，培养了节约、环保、生态的理念和意识。

第四，公众参与生态治理途径的多样化有利于生态治理路径的多样化。公众的参与不仅能促使环境保护意识的觉醒，还能激发生态治理的潜在方法。生态治理的公众参与需要广泛的发动，在这方面取得良好效果的国家一般都是利用报纸、电视、广告、互联网等各种媒体进行生态保护教育，宣传环保理念，告诉人们保护生态和可持续利用资源的重要性，其中儿童是进行生态教育的主要对象。目前，全球各国都比较重视生态环境保护的教育，还有一些国家已经将此项教育纳入本国素质教育的组成部分，积极加以贯彻落实。德国之所以被称为是世界上生态环境最好的国家之一，其良好的环境保护是重要原因，而良好的生态环境保护又得益于德国普通民众的环保意识和环保素质，环保意识和环保素质促进了生态保护。德国人的环保意识来自从小到大成长过程中的环境教育。在进行生态治理初期，德国就意识到公众参与的重要性，逐步在全国范围内建立起致力于环保的生态学校，使师生共同参与环境保护活动。另外，在德国的学校，环保知识渗透在所有的教学过程中，可以说是无处不在，小学、中学有相当一部分课程都是在户外进行的，这无形中帮助学生树立了尊重自然、爱护自然和保护自然的环境价值观念。学校的环境保护意识教育不仅让学生和老师受益，也吸引了许多博物馆、高等学校及非政府组织参与到学校的环保教育当中，共同促进了环保事业的进步。同时，政府在编制生态保护规划方案时，一个非常重要的理念就是强调公众参与，及时发布生态环保信息，扩大公众知情权，将规划方案让公众知晓，听取公众意见，吸引公众参与，强化他们建设家园、保护家园的意识。

二、完善的法律体系是生态治理的保障

全球生态治理先进国家的历史经验揭示，在实行生态治理的过程中，它们都普遍重视法律的作用，完善的法律体系是生态治理的有力保障。在市场经济体制下，以严格的立法手段规范和约束民众和企业的行为，降低人类消费活动和企业生产活动对生态环境的影响，是进行生态治理的最重要手段之一。

第一，在探索生态治理的过程中，生态治理先进国家大都制定了比较严格和完备的保护生态环境法律体系。在 20 世纪 60 年代，生态治理先进国家纷纷开始进行生态环境立法，经过了几十年的努力，它们基本上确立了一套完善的和行之有效的生态环境保护法律体系。通常而言，完善的生态环境法律体系包括宪法、法律、行政法规、地方环境法律和国家加入的国际环境保护公约等几个方面。德国的生态环境立法起步较早，在 20 世纪 70 年代，德国就积极讨论将环境保护的内容写入宪法，在后来修改宪法时德国就将环境保护的内容正式写入了国家宪法之中，至此环境保护成为整个德国的目标。德国在实施环境立法后实施的生态治理也是通过法律手段来进行的，这些法律体系很完备，涉及的范围也很广，涵盖了政治、经济、社会、资源等多个方面。目前德国制定的环境保护法律主要有《保护空气清洁法》、《垃圾管理法》、《环境规划法》、《有害烟尘防治法》、《水管理法》、《自然保护法》、《森林法》、《渔业法》、《循环经济法》，等等。英国的环境保护立法缘于对

大气污染的治理。1863 年，为了控制工业生产所排放的毒气，英国制定了《工业发展环境法》(《碱业法》)；1874 年又制定了第二个《工业发展环境法》(《碱业及化学工厂法》)；1906 年，英国在以上两部法律的基础上又颁布了《制碱法》，以控制化学工业排放的有毒气体。有了一些环境保护立法后，英国污染还是日益严重，英国政府再次加强了环境立法。1926 年，英国制定了《公共卫生（烟害防治）法》，1930 年制定了《道路交通法》，1956 年制定了《清洁空气法案》(1958 年又加以补充) 和《制碱等工厂法》，1974 年又颁布了《污染防止法》，1990 年颁布了《环境保护条例》，1995 年通过了《环境法》。进入 21 世纪，英国仍然没有放松对环境的立法管制，于 2001 年1 月 30 日发布了《空气质量战略草案》，2003 年发布了能源白皮书《我们能源的未来：创建低碳经济》，提出了"低碳经济"的概念。2004 年英国政府又出台了《伦敦市空气质量战略》，2008 年 11 月 26 日正式通过了《气候变化法案》，成为第一个对碳排放作出法律规定的国家。2012 年 8 月伦敦奥运会召开之际，英国开始运行经过修订、改善和细化的空气质量指数评价体系，其中，最关键的变化是 PM2.5 等若干评价标准也被纳入其中。纵观英国的环境立法历史，依法治理环境污染是英国政府实现长治久安的根本。

我们的邻国日本，在国家的生态保护中亦高度重视法律的作用，从一开始，其环保事业的发展就与法律的发展相伴随，法律的不断完善稳步地推进了日本环保事业的发展。20 世纪 60—70 年代，是日本经济飞速发展时期，也是生态问题日益显著化、社会化的时期，那时候日本小学的校歌中以"工厂的烟囱上有七彩的烟"这样的词汇来赞叹日本经济增长的速度。在这种情况下，日本政府开始重视环境问题，加大了生态治理力度，并且特别重视生态环境立法工作，强调要通过依法治理解决生态环境问题。日本先后通过的生态环境保护法律有 1951 年的《森林法》，1958 年的《水质保护法》和《工厂废物控制法》，1962 年的《烟尘排放规制法》，1967 年的《环境污染控制基本法》和《公害对策基本法》，1968 年的《大气污染防止法》和《噪音管制法》，1970 年的《废弃物处理法》，1973 年的《公害健康损害赔偿法》，1991 年的《资源有效利用促进法》，1993 年的《环境基本法》，2000 年的《建立循环型社会基本法》、《废弃物处理法》(修订)、《资源有效利用促进

法》（修订）、《建筑材料循环法》、《可循环食品资源循环法》、《绿色采购法》，
2002 年的《车辆再生法》，基本形成了环境保护法规体系，为生态治理打下
了良好的法律基础。同时，为配合以上环境法律的实施，日本的立法机关都
会随时观察法律的运行情况，以便修改完善相关法律，以适应环境管理的需
要。以《水污染防治法》为例，当政府部门设置环境厅，实施无过失责任、
总量控制制度，颁布《环境基本法》时，都对其进行了相应的修改，使之适
应环境管理的新形势。① 近年来，我国环境与资源立法步伐也大大加快，国
务院颁布了一系列行政法规。环保部门及其他部门根据中国国情，从最紧迫
的方面着手，制定了大量部门规章，国家环境标准加快拓展，地方性法规和
地方环境标准不断完善。目前，我国已经制定了《环境保护法》等环境法和
《森林法》等资源法；国务院发布了《自然保护区条例》等行政法规；国务院
主管部门国家环保总局制定的规章（条例）达 70 多件；国家环境标准 400
多项；地方性法规 1000 多件。2014 年 4 月 24 日，历经 4 次审议的环保法修
订案经十二届全国人大常委会第八次会议表决通过并于 2015 年 1 月 1 日起
施行，修订后的环保法有可能成为现行法律里面最严格的一部专业领域行
政法。

　　第二，各国制定生态环境法律的理念实现了由经济和生态协调发展到
可持续发展的转变。在生态环境立法的早期，全球各国由于急于扭转生态逐
渐恶化的局面，比较注重的是经济与生态环境的协调发展，着重突出的是平
衡发展，但是在经济发展与生态治理二者出现矛盾时，如何进行选择则是一
个难题。在这种情况下，全球各国的立法价值理念也经历了一个由单一性向
多样性转变的过程，逐渐认识到保护生态环境、加强生态治理才是环境立法
的首要价值和永恒目标。例如，发展中国家巴西一方面不仅拥有世界著名的
亚马逊热带雨林，起着调节气候的作用，还拥有约 300 万平方公里的亚马逊
平原，占国土面积近 1/3；但另一方面巴西又面临着迫切需要发展经济的困
局。在长期的实践与探索过程中，巴西政府走出了一条经济与生态协调发展
之路，生态环境法律的理念也实现了由经济和生态协调发展到可持续发展的

① 参见周永生：《日本环境保护机制及措施》，《国际信息资料》2007 年第 4 期。

转变。巴西的生态环境保护方面的法律比较健全，其早在 1965 年就制定了
生态环境保护的基本法——《环境保护法》，该法规定农牧场 20% 的土地不
能开发，必须用于环境保护，其中亚马逊地区农牧场用于环境保护的面积达
到 80%。任何人不允许随意捕杀动物和砍伐保护区内的树木，一旦违法将受
到法律的制裁。巴西各州议会也出台了相应的环境保护法规，如圣保罗州议
会出台的"里奥提特河环境保护条例"、玛瑙斯州议会出台的"亚马逊流域
环境保护条例"等。目前，巴西自然保护区面积已占到全国总面积的 15%，
其中亚马逊地区超过 80%，中部超过 20%，沿海地区超过 7%，有效限制了
人类对自然资源的过度利用。近年来，为了进一步加强对亚马逊热带雨林的
保护，巴西政府于 2006 年 1 月颁布了《亚马逊地区生态保护法》，近 20 年
来已先后投入 1000 亿美元用于亚马逊地区的生态保护，目标是在未来 10 年
内根除不法开采行为，使亚马逊热带雨林得到切实完整的保护。[①] 瑞典是欧
洲最早倡导对自然环境进行保护的国家之一，在过去 100 多年时间里，瑞典
政府秉承可持续发展理念，陆续制定了一大批环境保护法律，目前已经形成
了一整套完备的自然环境管理法律框架。但是在 20 世纪 50 年代之前，瑞典
为了快速发展经济，对自然环境重视不够，仅仅制定了一些关于自然环境保
护的单项法律，其中有《水法》、《狩猎法》、《名胜古迹法》和《捕鱼法》。
20 世纪 60 年代以后，尽管经济取得了突出成就，但是环境问题却日益突出，
瑞典政府于 1964 年和 1969 年先后制定了《自然保护法》和《环境保护法》
两项重要的环境保护基本法，对环境治理提出了明确的目标，要求相关企业
在生产、储备、运输过程中必须使用最先进的生产技术以确保资源的充分使
用，从而减少生态环境的压力。进入 70 年代以后，瑞典在生态环境保护方
面又取得了新的进步，环境立法也进一步加强，相继颁布了《有害于健康和
环境的产品法》、《禁止海洋倾废法》、《机动车尾气排放条例》等法律法规。
1974 年，瑞典的宪法规定：必须以法律的形式制定包括狩猎、捕鱼，或者保
护自然和环境在内等事宜的规章制度。

---

① 参见邓国庆：《健全环保立法，突出科技监控——巴西政府保护热带雨林取得成效》，《科
技日报》2015 年 8 月 25 日。

第三，全球各国都以立法的方式确定了生态治理的任务和方式。例如，德国的《循环经济法》就旗帜鲜明地体现了生态治理的理念，这部法律规定了废物的减量化、资源化和无害化的标准，同时不再把废物的处理作为一个单一的过程，而是当成人类世界整体循环中的一个步骤，因而成为体现人类可持续发展的法律。① 德国的生态环境法律也为公民确立了环境保护的目标，并且为规范民众在环境保护中的行为，有些法律甚至直接要求民众必须做什么和禁止做什么，从而进行直接的行为调控。这种调控通常包括 6 种法律措施：（1）报告和通告义务，即当事人需要向政府予以汇报；（2）对某种环境破坏行为予以禁止；（3）附加规定，即在国家的正式法律和文件中添加附加性条款；（4）监控措施，即调查当事人的相关行为，并提出整改措施；（5）将某种行为作为当事人的义务；（6）对违反法律的行为人进行制裁。每一种方式都有其相应的对象，执行相应的功能，从而确保了各种环境违法行为都会受到法律的监控和制裁。欧盟之所以走在全球生态治理的前列，一方面也是因为其制定了完善的生态保护法律体系，另一方面是因为其在立法时均规定了具体的生态治理目标和路径。从 2005 年 1 月 1 日起，为了严格限制各国释放污染颗粒物，欧盟实施了"空气清洁与行动计划"，具体限制详细到车辆的限行、限速及工业设备限制运转，等等。其中，为了限制不达标车辆的驶入，德国设立了 40 多个城市"环保区域"，只允许符合环保标准的车辆驶入。此外，为了控制汽车尾气对生态环境的污染，欧盟分别于 2005 年、2008 年和 2013 年实施了"欧 4"、"欧 5"和"欧 6"汽车排放标准，对机动车实行严格的排放标准管制。2013 年，欧盟开始执行《工业排放指令》，严格控制大型锅炉和工业设施排放标准，柴油发动机必须配备微粒过滤器。②

三、广泛的公众参与是推进生态治理的重要动力

环境权利理论认为，每个公民都有责任也有权利为维护良好生态环境

---

① 刘助仁：《德国改善生态环境和实施可持续发展战略的经验启示》，《节能与环保》2005 年第 1 期。

② 参见孙仕昊：《立法治霾》，《中国经济和信息化》2013 年第 5 期。

和改善生态环境作出贡献，公众参与对生态治理与可持续发展有着极为重要的作用。全球生态治理的经验也表明，建立人与生态治理的良性互动关系，把最广泛的公众参与引入到生态治理中去，吸纳公众共同参与政府的生态治理规划和行动，是推进生态治理、实现可持续发展的必由之路。

首先，公众参与是生态治理的动因。人类生活在地球的生态系统中，生态治理关系到每个人的切身利益，公众既是生态治理的最大受益者，也是生态破坏的最大受害者。公众的环保意识觉醒是促进生态治理的最重要动因，公众对生态治理的满意度是生态治理的最重要目标。21世纪初，瑞典已经形成了独特的生态治理理论和经验，被国际社会公认为已经走上可持续发展道路的国家。瑞典政府在进行生态治理保护时，一方面注重生态保护的宏观政策制定，另一方面重视将调整的国家生态治理目标及环保政策精神、原则及时向地方行政官员及公众宣传贯彻。例如，瑞典为了保持和发扬其在环保领域的优势，大力开展环保教育活动，1997年，瑞典首相指定了一个由5位政府部长组成的委员会来负责撰写与生态可持续发展相关的政府报告，强调教育和知识是参与生态可持续发展过程和提高人们解决环境及发展问题能力的决定性力量，并提出要为所有的学校引入环境奖项，目标是使绝大多数的瑞典学校成为"环保学校"。现在，瑞典"生态学校"已经达到1000所以上。[①]

其次，公众参与能够提高生态环境保护意识。生态治理的过程实际上就是生态环境与社会之间的关系由不协调到协调逐步转化的过程，是生态环境与经济社会发展由不适应到适应的过程，这两个过程不仅是历史的进步，也是人类意识的进步，尤其是生态环境保护意识的进步。广泛的公众参与会提高整个国家的生态环境保护意识，而环境保护意识的提高会进一步引导公众深入参与生态治理问题，为生态治理出谋划策，这种互相促进的结果将形成一个良性循环，这个良性循环会不断促进生态与社会的协调发展。20世纪50年代的生态环境破坏给快速发展的日本经济敲响了一记警钟，包括水

[①]　参见王伟中主编：《从战略到行动：欧盟可持续发展研究》，社会科学文献出版社2008年版，第40页。

俣病事件在内，20 世纪世界范围内的八大环境公害，有一半都发生在日本。这些惨痛的经历最终促成了日本人环保意识的觉醒，日本民众开始积极参与到环境治理当中去。在民众广泛参与的刺激下，日本政府开始专门讨论环境公害问题，这次讨论就是著名的"公害国会"。这次讨论之后，日本相继颁布了《公害对策基本法》、《公害健康赔偿法》、《循环型社会形成推进基本法》等环境保护法律。其中，《循环型社会形成推进基本法》更是具体规定了要用环境文化理念去促进国民自觉的环保意识与道德素质的法律条款。如今在日本，建立一个"没有废料排放的社会"的环保观念可以说是深入人心，主动保护生态环境已经成为日本公众的习惯。人们会自觉地定时、定点、分类投放垃圾，而在垃圾的下一步处理环节中，相关部门也会尽量考虑环保和循环利用的问题。

再次，公众参与是生态治理的有效途径。自 20 世纪 90 年代开始，倡导公众和企业通过自觉行动来保护生态环境，就逐渐成为发达国家环境管理中的一种新兴的趋势。生态治理的自觉行动对于公众而言，要求政府公开生态治理信息和提高生态治理的透明度，保障了公众的知情权、议事权、监督权、索赔权等权益，有利于提高公众的环境意识，促进绿色、环保产品的购买和消费，有利于维护民众自身的生态环境和健康权益；自觉行动对于企业而言，积极的生态治理行动和环境保护行动有利于树立企业在社会中的环境保护形象，提高企业的美誉度以及产品的市场竞争力和市场占有率；自觉行动对于政府而言，大力实施生态治理战略有利于弥补强制性管制手段的不足，降低环境治理的成本。作为国际河流的莱茵河，过去由于工业严重污染而被称为欧洲的"下水道"，在经过生态治理与恢复后，莱茵河现在又重现了清清的"生命之河"的景象。莱茵河的"重生"不仅得益于德国采取的水资源的一体化管理和流域综合管理战略，更得益于包括政府、企业、公众等各利益主体相互协调的公众参与。德国政府规定治理莱茵河不仅仅是政府的职能，也是沿河工厂、企业、农场主和居民的利益所在。在维护莱茵河良好水质和生态环境的过程中，投资者或者投资者集体在参与计划的实施过程中发挥了重要的作用。各类水理事会、行业协会等作为非政府组织，应邀参加到重要的决策讨论过程中，充分发表意见，使得决策具有广泛的透明度和可操作性。① 作为国际河流，莱茵河许多问题的解决也离不开公众的参与，上下游之间只有达成一致的决策，才能有效地实施生态治理，如水资源的管理、防洪风险区划定后的税收政策调整、防洪预警与撤退等。

四、发展生态经济，寻求绿色发展是生态治理的重要抓手②

世界各国在探索解决生态问题的历史原因、发展现状、未来趋势和解决之道时发现两个问题：一是片面地追求经济增长而忽视自然环境的承载能力必然导致生态系统的崩溃；二是即使开始了生态治理，但单纯追求对生态治理的目标也解决不了生态问题对经济社会发展造成的诸多问题。实际上生态治理的现实路径应该是经济社会发展与生态保护和治理的有机结合，寻求发展经济社会的政策与保护生态环境的对策必须并行不悖；为了既能进行生态治理又能促进经济社会发展，应该把生态、经济、社会有机结合起来，这样才能实现人类社会的可持续发展。在生态治理的实践中，一些发达国家已经按照上述观点作出了一些有益探索。英国在 20 世纪末就提出了改变传统生产和消费模式，实现资源—产品—废物这一资源的线性利用方式逐渐向资源—产品—废物—再生资源的循环经济模式转变。2003 年，英国又率先提出了大力发展低碳经济，降低经济增长对化石能源的过度依赖，减少二氧化碳排放的经济发展战略。在 2009 年金融危机及日益严重的生态危机等多重危机的影响下，绿色经济的概念在全球范围内又重新被大家所接受并支持，绿色经济中的绿色投资和绿色产业也进入到各国经济发展战略中，影响日益扩大。

首先，生态经济是一种新型经济活动形式，其把经济社会发展和生态保护有机结合起来，是物质生产不断发展与生态环境容量有限的矛盾运动的必然产物。生态经济既强调生态环境的利用又强调生态环境的保护，以遵循生态系统规律和经济发展规律为指导思想，以生态环境建设和社会经济发展为核心，始终坚持把生态建设、环境保护、自然资源的合理利用与经济社会

---

① 参见周刚炎：《莱茵河流域管理》，《中国三峡建设》2005 年第 1 期。
② 参见刘学谦等：《可持续发展前沿问题研究》，科学出版社 2010 年版，第 111—122 页。

各方面的发展有机结合起来，通过发展生态农业、生态工业、生态林业、生态畜牧业、生态渔业等高效低耗生态产业培育可持续发展的生态环境。菲律宾的玛雅农场是比较突出的发展生态产业的典范。玛雅农场位于菲律宾首都马尼拉附近，从 20 世纪 70 年代开始，经过 10 年建设，农场的农、林、牧、渔的生产形成了一个良性循环的农业生态系统。玛雅农场的前身是一个面粉厂，经营者为充分利用面粉厂产生的大量麸皮，建立了养鱼池和牲畜场。为了扩大生产规模，经营者又开辟一块面积为 24 公顷的丘陵地，取名为玛雅农场。到 1981 年，玛雅农场已经拥有稻田和经济林 36 公顷，饲养了 2.5 万尾鱼、70 头牛以及数万只鸡和鸭。农场为了控制动物粪便污染和循环利用各种废弃物，陆续建立了十几个沼气生产车间，这些沼气车间每天可以生产沼气十几万立方米，为农村提供了清洁能源。此外，农场从沼气废渣中回收了一些牲畜饲料和有机肥料。产气后的沼液经处理后送入水塘喂养鱼和鸭子，最后鱼塘的水还可以引来肥田。农田生产的粮食又进入加工厂，进入又一次循环。玛雅农场完全做到了不用从外部购买原料、肥料、燃料等，却还可以保持高额利润，关键是没有产生破坏生态的废水、废气和废渣。这不仅控制了有机物对环境的污染，还给农场带来了很大的收益。[1]

其次，生态经济的重要依托是生态产业，只有生态产业不断壮大、成长迅速才能持续促进生态经济发展。经济发展历来离不开各种产业的支持与支撑，生态经济同样离不开生态产业的发展。作为传统经济产业的升级版，生态产业是在传统产业不断更新、创造的基础上发展起来的新兴产业，是一种环保、低耗能、低污染的高新技术产业。随着科学技术的进一步发展，现在生物技术、信息技术、太空技术等高新技术正在不断地被应用于生态产业中去。在生态治理领域，一些最新取得的新生态技术正不断地应用于其中，这些技术有生物农药、有机化肥、卫星遥感技术、转基因技术，等等。[2] 从最开始无人看好到目前如火如荼，经过 40 多年的快速发展，生态产业已经从最初单一的环保产业逐渐扩展到工业、农业、现代服务业等产业领域。例

---

[1]　参见刘学谦等：《可持续发展前沿问题研究》，科学出版社 2010 年版，第 198 页。

[2]　参见刘学谦等：《可持续发展前沿问题研究》，科学出版社 2010 年版，第 205 页。

如，和我们生活息息相关的农业领域，有机农业的迅速崛起是比较引人注目的。现阶段，各国普遍开始集中精力发展生态种植、有机农业、绿色养殖等可持续农业生产模式。据统计，在欧盟和美国，生产有机农作物的农场已占所有农场面积的6%，民众消费的有机食品正在以每年25%—30%的速率增长，国际有机食品国际贸易额在2010年的时候就已经超过了1000亿美元。在工业领域，以"清洁生产"为主题的环保产业近年来发展迅速。在现代服务业领域，随着旅游产业的不断发展，生态旅游已经占据了世界旅游业的"半壁江山"，一些国家兴起了"不带来垃圾，只留下生态"的纯生态旅游，生态旅游在这些国家中的年收入规模已经超过千亿美元。①

再次，高新技术是发展生态经济的重要依托。人类的发展既离不开科学技术的进步，生态经济的发展也离不开高新技术的创新。从发达国家生态治理的轨迹看，其生态问题的解决基本是在转变经济发展方式、调整产业结构、改善利用资源的效率和结构、高新技术作用不断加大的历史过程中完成的，生态治理与国家发展结构转型互为因果，相辅相成。转变经济发展方式和调整产业结构是站在整个国家发展的高度，在全局和源头上减少污染排放和提高资源利用效率，也是在全球化经济发展大趋势背景下为国家发展占据有利产业分工格局而作出的战略选择。工业文明的发展离不开不可再生能源的有效利用和科学技术的发展，这两方面是工业文明起源、发展、辉煌的根本。但是随着人类社会的不断发展，工业文明的进步与生态资源利用之间的矛盾日益突出，并逐渐演变成一场危及人类生存的生态危机，工业文明无法突破生态资源的瓶颈，人类文明面临着新的重大历史选择。在这个关键的历史时期，新科技革命的兴起拯救了工业文明、拯救了人类，对人类文明转向绿色发展、生态发展提供了有效动力。马克思曾经指出："科学技术是最高意义的革命。"正在快速发展和创新的高新技术不仅促进了传统技术的升级，还更新了人类发展的理念，正引领和支撑着生态治理和生态文明建设。

最后，生态经济的发展离不开绿色消费。近年来，绿色消费的崛起引人关注，其不仅仅倡导消费者在注重生态环境科学发展的基础上，采取理

---

① 参见刘学谦等：《可持续发展前沿问题研究》，科学出版社2010年版，第205页。

性、合理、可持续的生活消费，还积极呼吁消费者树立健康、理性的消费态度，弘扬消费道德及行为规范，通过消费方式的转变促进生产结构的重大变革，进而推动国家层面的产业结构调整。在日益重视生态问题的国家，绿色消费趋势越来越明显：一项调查显示，77%的美国人会因为考虑对生态环境的影响而购买绿色产品；在日本，92%的民众表示会积极购买有机蔬菜；走在生态治理前列的欧洲，有超过半数以上的人喜欢有机食品。这些仅仅只占人们对绿色生态追求的一小部分内容，他们还会主动购买绿色环保的产品，如新能源电动汽车、环保洗衣机，等等。

五、灵活多样的治理方式是生态治理的有效途径

强制性的法律法规和环境制度标准，是全球生态治理的根本手段，但其缺点也比较明显，例如成本高、相对僵化，不利于激励企业进行技术创新等。世界生态治理先进国家经验表明，与传统行政命令式的管制手段相比，在生态治理过程中采取经济激励性政策和社会创新性政策对经济社会扭曲最小，而且治理效果往往更为明显。因此，把生态环境作为基本生产要素，用市场机制来引导生态治理越来越受到重视。谁污染谁付费、碳排放交易、排污权交易、征收环境保护税等就是把生态环境要素作为生产要素而运用的经济政策手段，目前发达国家已普遍采取这些政策，排放污染的企业若想生产就必须通过市场购买生态环境要素。①

从20世纪70年代开始，日本便通过为企业提供融资便利和税制优惠来促进企业参与生态治理和保护。比如，企业要改善排放标准，安装新的环保装置，这个设备可以不征税，或者提供低息贷款等等。2003年，为治理交通拥堵，减少尾气排放，伦敦市政府对进入市中心的私家车开始征收"拥堵费"，征收的费用将用于环境治理和公共交通改善。英国政府还要求，所有于2016年之后建设的住宅都必须是"零排放"，这类新建住宅将可以不收取印花税。2007年，德国对未安装过滤装置的车辆征收附加费，其目的在于促进民众给汽车安装微粒过滤装置，以减少空气污染。2012年，欧盟对其

---

① 参见王金胜：《发达国家如何进行生态治理?》，《中国环境报》2013年6月18日。

所有成员国作出了规定，各成员国2013年空气不达标的天数不能超过35天，不然将面临4.5亿美元的巨额罚款。美国出台的排污交易政策激励了企业减排积极性，实际减排量大大超过预期。据统计，2008年，美国参与排污交易的电厂的二氧化硫排放量比1980年下降了56%，发电量增长了近80%，减排目标比原计划2010年减排至895万吨的目标多减11万多吨，超额、提前完成了减排任务。这一年，全美国的二氧化硫排放总量为1140万吨，比1980年的2600万吨降低1460万吨。如此巨大的二氧化硫排量减少极大地促进了环境指标的改善，如环境质量检测、硫酸盐沉降、酸雨pH值和河流湖泊的酸中和能力都显著改善。这一政策具有很强的示范效应，很多面临经济增长与改善环境双重压力的国家都发现排污权交易很有吸引力，纷纷引入这一政策。在新加坡的生态保护和治理过程中，经济手段也得到广泛应用，如阶梯税费、鼓励使用回用水的收费体系、超标排污罚款、鼓励私人投资，等等。这些经济促进手段都发挥了非常好的作用，有效地促进了对于水资源的可持续利用和水污染防治，也有效地改善了生态环境。20世纪60年代开始，新加坡开始采取了对居民的用水需求有着较好的经济杠杆作用的水处理收费政策。通过水处理收费政策收取的费用，将用于水资源的保护和水利基础设施建设。新加坡水处理收费政策规定：每月用水量少于20立方米的居民不予收取水保护费，每月用水量超过20立方米的居民将被征收水费15%的水保护费。2000年7月，新加坡政府对水保护费作出了新的调整，超过基本用水量将征收30%的水保护费，如果居民耗水量超过40立方米，则水保护费将上升为水费的45%。

六、生态治理纳入各国政府宏观经济政策的主要目标是生态治理的关键

以国家意志和政治意愿将生态治理纳入政府发展规划是解决生态问题的关键因素。生态问题不仅直接关系到各国民众的身体健康，更关系到国家的可持续发展。马克思主义哲学原理告诉我们，人类对事物的认知存在阶段性特征，存在从不了解到了解到熟悉的过程，对生态治理问题的认知也有一个这样的过程，其具体治理也有从被动到主动、从消极到积极、从自发到自觉的过程。在生态治理过程中，作为公共物品提供者的国家，其治理意志和决策水平决定了生态治理的成败，而治理意愿取决于各个国家的实际情况、发展阶段、生态现状、财政能力、民众参与意识、技术能力等多种因素。从发达国家的生态治理历史看，如果说公众的自觉参与为生态治理提供了"自下而上"的动力，那么决策者的政治意愿及是否将生态治理纳入国家宏观经济政策的主要目标则是"自上而下"解决生态治理的关键因素。在1992年的里约热内卢国际环境与发展大会上，170多个国家代表通过了《21世纪议程》、《里约宣言》和《关于森林问题的框架声明》三个纲领性文件，签署了《生物多样性公约》和《气候变化框架公约》。会议之后，各国普遍加大了对生态环境的综合治理力度。采取加强生态环境保护立法、财政直接投资、税收信贷优惠等政策措施全方位支持本国的生态建设，涉及污染控制、水土保持、矿产资源合理开发、消除贫困、生物多样性保护、防灾减灾、保护大气层、居住环境生态化等领域。① 现在多数发达国家已经把生态建设作为宏观调控的主要目标之一，发展中国家由于实际条件限制，行动有些落后，但也在积极采取治理措施。

第四节　全球生态治理的主要教训

在过去短短的几个世纪里，全球经济呈现出加速度增长的趋势，人类文明得到迅速发展。然而，不断恶化的生态环境也给了沉浸于工业奇迹的人类当头一棒。从全球生态治理的历程来看，大部分国家积累了很多有益的治理经验，然而遭受的教训也是惨痛的。

一、错误地处理生态治理与经济发展的关系，会导致以牺牲生态环境换取经济增长

生态环境保护与经济发展的关系是环境与发展关系中的基本问题，是生态治理和可持续发展必须处理好的基本关系，二者密不可分。生态环境究

---

① 参见刘学谦等：《可持续发展前沿问题研究》，科学出版社2010年版，第204页。

其本质，是经济结构、生产方式和发展道路的问题，离开经济发展谈生态治理必然是"缘木求鱼"，离开生态治理谈经济发展势必是"竭泽而渔"。① 由于认识的历史局限性，长期以来，尽管人类文明极度辉煌，但人类未能正确处理经济、社会和生态的关系，缺乏可持续发展的思想，经济的快速增长给生态环境带来了巨大压力并引起了生态危机。例如，农业生产中农药及化肥过量使用、工业生产中废水废气废渣的排放、城市化进程中生活污水废弃物的处理等，都对自然生态环境造成了很大影响，不仅危害了民众的正常生活和身体健康，还制约了经济社会的可持续发展。

生态危机发展到今天，很大原因在于全球各国在发展过程中不能正确处理经济发展与生态保护问题，不能正确协调长期利益与短期利益、全局利益与局部利益的关系。在生态资源的开发利用上，各国普遍认为其是取之不尽用之不竭的，一直采取的是重开发利用轻保护治理政策，只顾开发利用不管后续保护。与此同时，在"为了经济发展可以牺牲一切"的错误观念指导下，出台了"资源低价，环境无价"的经济政策，助长了以牺牲环境为代价的发展思想和掠夺式地开发资源的盲目行为，给生态环境带来了严重的破坏。数百年的发展教训表明：单纯追求经济增长速度，以牺牲生态环境为代价换取暂时的经济利益，人类生存环境必定日益恶化；生态环境与经济发展相辅相成、互为因果，经济发展离不开良好的生态环境，优美的生态环境是加快经济发展的基础，而恶劣的生态环境，不但经济难以发展，即使发展了，也难以为继，后果不堪设想。②

18 世纪产业革命以来，由于人类经济活动索取资源的速度过快，超过了环境的承载能力，引发了严重的世界性生态危机，阻碍了经济发展，给人类带来了严重的危害。早期人类学家把巴西热带雨林归类为"原始"人的天堂，因为有雨水和阳光，湿度全年都保持很高，有效地消除了季节性变化。这些温室条件促进了生物的活性和增长，给热带雨林带来令人难以置信的生物多样性。亚马逊热带雨林蕴藏着世界最丰富最多样的生物资源，昆虫、植

① 参见全国干部培训教材编审指导委员会组织编：《生态文明建设与可持续发展——科学发展主体案例》，人民出版社 2011 年版，第 156 页。

② 参见蔚林巍、孙健：《可持续发展战略下的项目管理》，《经济论坛》2004 年第 4 期。

物、鸟类及其他生物种类多达数百万种，其中许多至今尚无记载。尽管有如此惊人的多样性，热带雨林一直是脆弱的。数千种热带雨林的树木、植物、昆虫和其他动物只存在于一个非常狭窄的区域。如果摧毁了一片亚马逊雨林，整个物种就被破坏了。1964 年军事政变以后，巴西政府开始了经济发展，其他方面的压力也促成了对热带雨林资源的开发，牛群放牧和大豆种植造成了对热带雨林的破坏，对用于美国、日本市场高品质家具的热带硬木的砍伐，不仅破坏了硬木的增长，而且破坏了硬木周围的橡胶树和巴西坚果树。暴露于高温的土壤，被冲刷流入河川，河流变得充满了泥沙，破坏了依赖于地表水的渔业。为了给政府项目提供电力，政府开始建造大坝实现水力发电。在某些情况下，开发商仓促地让土地被淹没，随后的水土流失导致淤泥积聚在水库并流进小溪，使得一些水坝建成后不久就没用了。20 世纪中期，巴西政府开始在热带雨林大规模开采黄金和铁矿石，采金过程中使用汞处理矿石，结果附近河流里鱼体内的汞含量已升高到巴西法律允许的安全消费水平的 4 倍，生活在金矿附近的卡垭坡儿童体内的汞含量水平是可接受标准的 2 倍多。尽管在这之后，巴西政府及时出台法律保护生态环境，但亚马逊雨林受到的破坏仍是十分严重的。

二、"先污染后治理"的后遗症不可避免

如何恰当地处理经济发展与生态治理的关系，是一件考验各国智慧的高难度课题。西方国家在实现工业化之后，出现了严重的生态环境问题，资源耗竭、能源短缺、环境污染、环境公害事件不断出现，于是开始投入巨额资金治理河流污染、空气污染、矿渣污染等生态危机。这种优先实现经济增长、再进行生态补救的治理模式，被称为治疗式生态治理。这是一种末端治理模式，从时间维度上看，就是"先污染后治理"。美国环境经济学家格罗斯曼和克鲁格就此提出了著名的环境库兹涅茨曲线假说，即环境污染与经济发展之间存在一种倒 U 型曲线关系：在某一地区，随着经济发展水平（人均GDP）不断提高，一个阶段环境污染会加剧；达到污染拐点后，环境质量才会好转。多数研究者认为，在经济起飞阶段，第二产业比例较高，工业化和城市化会带来严重的生态环境问题；当主要经济活动从高能耗、高污染的工

业转向低污染、高产出的服务业、信息业时，生产对环境资源的压力降低；
环境破坏和经济发展由此呈现出倒 U 型的曲线关系。据世界银行统计，美
国在人均 GDP 达到 11000 美元的时候，日本在人均 GDP 达到 8000 美元的
时候，环境状况开始好转；而韩国等新兴国家利用后发优势，在人均 GDP
达到 5000—7000 美元的阶段，环境质量提前出现好转。但是实践证明，"先
污染后治理"的经济发展模式并不可取，因为其后期治理成本相当高昂，与
经济发展成果相比得不偿失，而且还会付出沉重的社会和经济代价。

　　在生态治理早期阶段，部分国家仍在走"先污染后治理"的老路，深
受"先污染后治理、先破坏后恢复"观念的影响，它们错误地认为，经济发
展可以压倒一切，生态资源就是为经济发展服务的，等经济发展了、科技进
步了再治理污染、恢复生态也来得及。但生态危机惨痛的教训证明，环境污
染、生态破坏容易，而要治理和恢复则极其困难，等到环境污染了、生态破
坏了再来治理，要付出沉重的代价，甚至造成无法弥补的损失，治理河流至
少需要二三十年，恢复湖泊生态需要的时间更长。[①] 例如，英国在进入发达
国家行列后开始回头对发展期间受到严重污染的泰晤士河进行治理，目前泰
晤士河的污染治理已经用了上百年时间，河水水质刚刚逐渐好转，据保守估
计，泰晤士河的集中治理还要几十年，花费资金亦不菲。与长江、黄河和济
水并称"四渎"的淮河，是中国七大江河之一，由于前些年淮河流域盲目发
展造纸、制革、化工、建筑材料等污染严重的小企业，对淮河造成了不可挽
回的污染。这些小企业共计创造产值不过区区 30 亿元左右，但是治理它们
造成的污染需要花费 200 亿—300 亿元，要用几十年的时间。近几年，我国
许多出口到邻国日本、韩国等的农产品一再受阻，损失很大，这与环境污染
造成农副产品质量下降有直接关系。人们常说日本现在环境优美、空气清
新，成功走过了"先污染后治理"的路子，其实不然。以日本水俣病事件
为例，经测算，公害造成的公众健康、底泥污染和渔业总损害金额为每年
126.31 亿日元，而将 1955—1966 年水俣工厂每年平均的环保投资金额加上
运行费用和利息负担作为全部的费用，总计只有每年 1.23 亿日元。还是以

---

① 　参见贾济东：《环境犯罪立法理念之演进》，《人民检察》2010 年第 9 期。

水俣病为例，如今日本水俣湾海水清澈，是熊本县少数几个美丽海域之一，但根据新近的报道显示，沉积大量汞的海域已被填埋，再也无法恢复原貌，而且填埋的有效寿命为 50 年，现在时间已经过半，如何保证汞不渗出将是一个紧急而棘手的问题。水俣湾受到汞污染的事件已经过去快 60 年，至今该海域还面临如此难题。因此，日本在回顾工业化历程时，认为"先污染后治理"给社会和公众造成的损害是惨痛的，所付出的代价比事前污染防治的投资高 10 倍以上。美国的拉芙运河事件也颇具代表性。拉芙运河离尼亚加拉瀑布不远，1947—1952 年之间，当地一家名为"福卡"的化学工业公司把含二恶英和苯等 82 种致癌物质、共 21800 多吨重的工业垃圾倾倒在该运河中。运河被填埋后，这一带便成了一片广阔的土地，此地又被公司廉价转卖给了当地的教育委员会，并在此建起了小学和住宅。由此引发了一系列的生态问题。1978 年的调查表明，拉芙运河地区 1/3 的妊娠妇女出现过流产，1/5 的儿童有先天性畸形，远远高于正常人群的发生率。此外，拉芙运河地区的哮喘、鼻炎、鼻窦炎等呼吸系统疾病明显增加，不少人还出现头痛、皮疹、尿道痉挛等症状。1980 年，卡特总统宣布该地区处于紧急状态，800 个家庭被迫疏散。政府出资清除该地区的危险废物，其费用远远超过了采取正确措施而花费的成本。① 这些惨重事实说明，环境污染与治理二者必须并行不悖，绝不能再走"先污染后治理"的老路。

三、缺少法律政策支撑，生态治理过程必定艰难

严密的法律政策和严格的法律执法是解决生态问题的重要保障。全球生态治理的教训中，没有建立严格和完善的生态保护法律体系以及缺乏严格有效的执法是不能忽视的教训之一。20 世纪 70 年代之前，全球各国由于开始比较重视生态环境问题，很多国家都对此专门制定了严格的法律，生态治理一度取得良好效果。但是在 1973 年的石油危机以后，在持续的世界性经济萧条过程中，为了优先刺激经济的复苏，许多国家的环境法律政策都开始

---

① 参见国家发展改革委经济体制与管理研究所课题组：《惨痛的教训　先污染后治理代价太高》，《中国经济导报》2009 年 3 月 26 日。

后退了。在日本，比如强化汽车尾气控制等方面的法规，虽然没有立即倒退，但工业界和保守派政治家对于环境政策施加的压力逐渐增强。特别是在 1977 年的"西方七国首脑会议"上，日本的出口主导型经济政策成了批判对象，日本被要求向内需型经济转换。受到这一影响，以前的强化环境控制政策开始发生动摇。例如，因反对公害运动而中止的濑户大桥和高速公路决定继续开工建设，甚至连成为其建设障碍的二氧化氮环境标准也大幅度放宽。日本环境厅把当时世界上最严厉的二氧化氮环境标准日均值 0.02×10^{-6} 大幅度地放宽到 0.04×10^{-6}—0.06×10^{-6} 之间。近一周之后，濑户大桥开始开工建设。在日本的司法部门里，像监督立法部门和行政部门是否做到环境保护优先的职能作用也开始后退，产生了逐渐追认优先开发或者照搬行政部门意图的倾向。1988 年，日本对公害健康受害补偿制度进行了全面修正，同年 3 月之后，大气污染制定区被取消，新制定的大气污染受害患者认定办法被终止。但是，日本大都市地区在此期间的二氧化氮浓度还在上升，表明了大气污染状况越来越恶化的趋势。由于受到环境污染后果的直接影响，居民反对公害的运动空前高涨，开始是以受害地居民请愿和以患者为中心开展运动，后来各自治体开始展开独立的救济措施，最后演变为"一场全国性的反对公害运动"。[①] 通过被害者和居民的不懈努力，日本政府终于颁布了日本环境保护历史上的第一部环境保护法——《大气污染防治法》，其后又陆续颁布了《噪音规制法》、《汽车尾气排放规制法》、《水质污染防治法》等多部法律，有效地遏制了污染。[②] 此外，对污染者和生态破坏者没有实行严格、严厉和公正的生态环境执法，也助长了企业和公众"守法成本高、违法成本低"的不公平现象，造成其没有自觉遵守规范，环境行为不受控制的后果。2004 年，我国沱江发生特大水污染事件，沿江近百万群众饮水中断 26 天，直接经济损失约为 2.6 亿元。然而根据当时的法律，对违法排污造成污染企业的最高处罚只有 100 万元，事故损失与违法处罚形成强烈对比。环境保护受"守法成本高、执法成本高、违法成本低"客观现实的制约，行政处

---

① 参见陈冉：《环境治理：日本的经验教训和启示》，《中国发展观察》2008 年第 12 期。
② 参见陈冉：《环境治理：日本的经验教训和启示》，《中国发展观察》2008 年第 12 期。

罚力度不够，缺乏刺激企业自觉控制污染的动力，企业宁可交罚款，也不达标排放。

四、"自扫门前雪"，缺乏国际合作，生态治理必定无效

当今世界多极化、经济全球化深入发展，推进生态治理不仅仅是单独某一个国家自己的事情，各国还必须积极合作，共同应对，不能关起门来搞治理，要积极推动生态治理对外合作交流，承担与各国经济社会发展阶段相适应的国际环境任务。

生态问题的跨国性特点决定了其往往牵涉的不会是一个国家，还会有别的国家，生态问题已经构成一个社会性、全球性的问题了，不能拿一个单纯的国内的标准来解决。生态环境一旦遭受损害，它影响的不仅仅限于特定的行为国，而往往会产生"跨国界"效应，对他国甚至整个人类所赖以生存的地球本身，都可能带来深重灾难。各国特别是各国的政治领袖，在应对环境变化的大局面前，应具有一种整体意识和大局意识，超脱出单纯的基于自身利益层面的博弈，以一种充分和有效的合作姿态来面对和处理全球所共同面对的环境问题。[①] 例如，从国际上几大流域生态治理的进程看，在生态治理过程中上下游各国家、各地区之间没有任何沟通，各自负责各自流域的生态治理，没有统一协调与相互合作，最后治理效果不明显，而且上下游还发生了一些争端。中亚地区位处亚欧大陆腹地，主要有哈萨克斯坦、吉尔吉斯斯坦、塔吉克斯坦、乌兹别克斯坦和土库曼斯坦 5 国。该区域地貌形态以沙漠和草原为主，其中沙漠面积超出 100 万平方公里，占总面积的 25% 以上；夏季炎热而少雨，冬季寒冷而干燥，是一个水资源严重不足的地方，被列为世界上七大水资源争端高发区域之一。在中亚地区 399 万平方公里的广阔区域内，只有两条主要河流——阿姆河和锡尔河哺育着整个地区，数百年来，中亚国家的主要淡水来源于这两条河。但是，在现代工农业过度用水的情况下，多年来对中亚水资源过度开发而未能做好有效的环境保护，使水资源遭到严重污染，这两条河流已经几近枯竭。如哈萨克斯坦、乌兹别克斯

[①]　参见宋杰：《从诉讼看跨国环境污染》，《法制日报》2008 年 4 月 20 日。

坦、土库曼斯坦的大量洗田和废水排放，不仅造成水资源浪费，而且直接导致土地盐碱化、疾病扩散和生态环境恶化，影响到整个流域的可持续发展，经常引起塔吉克斯坦、吉尔吉斯斯坦的不满。但是在河流保护、水电设施维护、水资源污染治理等方面，上下游国家之间却缺乏互信与合作，对于相关责任的承担，存在很大的分歧。1997 年以来，印度尼西亚每年都要产生大量烟霾飘荡到周围各国。烟霾除了造成本国人民生活的不便，损害健康、影响生产力、破坏旅游业等外，还使周边地区蒙受巨大经济损失。该国 1997 年的霾害导致整个区域损失 13 亿美元。2005 年 8 月 11 日，邻国马来西亚被笼罩在一片浓烟之中，学校停课，机场关闭，不少地方的空气污染指数超过 500，大大高于 300 的"危险水平"。受灾最严重的本国最大海港巴生港和瓜拉雪兰莪两地进入烟霾紧急状态。根据紧急状态令，除了必要服务设施外，两地所有公共和私人机构都已关闭；农业、渔业和建筑业的户外活动全部停止，居民闭门不出，经济生活受到严重影响。①2000 年 1 月 30 日，罗马尼亚边境城镇奥拉迪亚一座金矿泄漏出氰化物废水，流到南联盟境内。毒水流经之处，所有生物全都在极短时间内暴死。流经罗马尼亚、匈牙利和南联盟的欧洲大河之一——蒂萨河及其支流内 80% 的鱼类完全灭绝，沿河地区进入紧急状态。这是自苏联切尔诺贝利核电站事故以来欧洲最大的环境灾难。② 实践证明，一国以牺牲环境为代价所获得的经济收益与环境成本相比，往往并不成比例，甚至会呈现出一种比例上的倒挂。即使国家暂时地通过以牺牲自身、他国，甚至全球的环境为代价而获得了暂时的收益，相对于日后治理环境的巨大投入来看，也是得不偿失的。③

五、治理方式单一，缺少产业支撑，生态治理效果难以保证

随着时间的流逝，世界各国逐渐认识到，环境负荷超过大自然的承受能力之后，就要破坏生态环境的自循环功能，传统的保护方式和仅以政府为主的单一保护方式已经不能完成生态治理的重任了，必须寻找新的、多样化

---

① 参见管克江：《印马联手治霾》，《人民日报》2005 年 8 月 14 日。
② 参见郭婧：《美国化学品泄漏 30 万人断水》，《中国环境报》2014 年 1 月 16 日。
③ 宋杰：《从诉讼看跨国环境污染》，《法制日报》2008 年 4 月 20 日。

的、综合的生态治理思路。

在世界各国生态治理的早期阶段，生态治理方式主要是"命令与控制的天下"。作为最早进入工业化的国家之一，随着工业的快速发展，美国的环境污染问题也日渐突出。特别是第二次世界大战后，美国进入了环境污染事件高发阶段，在震惊世界的八大公害事件中，美国空气污染就占了两件。1948年多诺拉事件中，因大气污染，4天内使得5911人患病，死亡400人；1952年8月的洛杉矶光化学污染事件就造成约4000人死亡。从20世纪50年代开始，美国开始加强空气污染防治立法，应对日益严峻的污染形势。最初的立法以地方为主，但污染形势依然日益加剧。1970年，美国国会通过了《清洁空气法》，对于联邦与州的污染治理权限和职责重新作了划分，强化了联邦政府在空气污染防治方面的主导角色，该法奠定了美国空气污染管制的基本框架。1970年的《清洁空气法》是现代工业国家制定的最为复杂的法律之一，它采取的是典型的"命令与控制"的管制方法。在这种控制方法之下，联邦环保局制定国家环境质量标准，根据各地空气质量实行分区控制，严格控制新建污染源，对于新建和改建的污染源制定统一的"新排放源绩效标准"，各州必须遵守这一标准。该法对污染源的控制要求则几近苛刻，明确了污染控制技术、排放的标准和严格的信息报告以及严厉的责任追究。当局政府认为，政府严格的指令能够解决当时严重的污染问题，也比较容易执法。但后来的实践证明，这种管制方法的弊端是执行成本很高，特别是对新改建排放源，为了达到更高的环保要求，新改建设施的成本非常高，这对于正处在工业上升期或者发展中国家的经济来说无疑是要面对的一个更高的门槛。由于控制目标设定过高，控制过于严厉，美国各州与地方及企业的反对声音不断，行政力量规定的实施日期到来后，仍然有许多地区不能达到法律的要求，以致国会不得不几度修法，延长最终期限。20世纪70年代中期的日本，随着法律上的限制和公害防治技术的发展，由工厂和事业单位（固定产生源）产生的公害物质大幅度削减，严重的公害问题得到控制，环境改善取得进展。当时日本的产业结构已由重厚长大产业向轻薄短小、技术集约型产业、服务业转化，但是环境污染的问题却没有得到根本的改善，汽车的普及导致汽车尾气排放对环境的污染日益严重，而人们大量使用含磷洗衣粉，并把未经过处理的污水排放到水里又导致赤潮的大量发生，以及人们肆意丢弃生活垃圾都导致了生活环境的相关项目进一步恶化。[①] 对此，从 20 世纪 70 年代开始，日本政府大力推进节能工程，1974—1985 年年间，日本政府在节能减排方面累计投入了 700 多亿日元的研发经费，并且逐渐增加，即使是在 1974 年出现全球危机时，经济不景气的日本政府仍然为节能减排投入了巨资。经过十几年的努力，当时日本每单位 GDP 的能源消耗量 1985 年为 0.12 百万吨当量油，比 1970 年的消耗量降低 0.03 百万吨当量油，每单位 GDP 的二氧化碳排放量由 1970 年的 0.4 千克下降到 1985 年的 0.3 千克。[②] 从此，日本政府和民众意识到生态治理需要多管齐下，这也为全球其他国家的生态治理提供了借鉴。

---

① 　参见陈冉：《环境治理：日本的经验教训和启示》，《中国发展观察》2008 年第 12 期。
② 　参见陈冉：《环境治理：日本的经验教训和启示》，《中国发展观察》2008 年第 12 期。

第六章　中国生态文明建设的路径选择

第一节　生态文明建设的制度设计

生态文明作为一种更高级的文明形态，植根于人类社会原始文明、农耕文明、工业文明的历史文化传统，从人与自然的对立走向人与自然的和谐共荣，其价值诉求涉及经济、政治、文化、社会建设的方方面面。在全面深化改革扩大开放、加快转变经济发展方式的时代背景下，生态文明建设的内容更加丰富，任务更加繁重，我们面临着各种生产要素供给趋紧、环境污染加剧、生态系统的承载力退化等瓶颈约束，必须树立以人为本、尊重自然、保护自然，促进人与自然和谐发展的生态文明理念，转方式调结构，努力做好"绿色决定生死"这篇大文章。应该说，生态文明建设关系人民福祉、关乎社会进步和中华民族的永续发展，没有现成的捷径可走。党的十八大从制度层面首次确立了我国生态文明建设的指导思想、基本原则、主要任务和具体目标，把生态文明建设纳入"五位一体"的总体战略布局，这既是改革开放新时期我们党执政兴国理念的系统升华，也是中国生态文明建设事业整体制度设计的科学完善。

一、传统资源配置方式的软约束及其后果

我们知道，制度，特别是经济制度是一种有效的公共资源，一方面，它使我们人类的经济交换行为在一系列共享的社会规范制约下成为稳定的和可预期的，从而减少了非规范经济行为中的不确定性风险；另一方面，制度

作为一种交易各方共循的社会规范，促进了人们之间的相互信任与合作，它使经济行为变成一种超越个体的集体行动，由此形成的规模经济和外部效果将大大降低交易成本。在许多制度经济学家那里，制度更是一种"过滤器"，其基本功能是降低交易费用、减少外部性和抑制经济人的机会主义行为，以此构建人们的各种行为规范和道德范式。"制度是一系列被制定出来的规则、守法程序和行为的道德伦理规范，它旨在约束追求主体福利或效用最大化利益的个人行为。"[①] 当下的生态文明建设要借助制度这种"过滤器"的作用，我们强调顶层制度设计的初衷就是要通过完善生态环境保护制度，正向激励生态环境保护行为，从而抑制破坏生态环境的行为。

改革开放以来，我们以经济建设为中心，全面深化国有企业改革，鼓励和扶持各种所有制经济共同发展，综合国力有了显著提高，目前已成为世界第二大经济体。但是，我国生态文明建设长期滞后，与此相关的制度设计也存在先天缺陷，生态文明建设的投入严重不足，特别是各级地方政府长期以来没有处理好经济发展与生态环境保护之间的关系，高投入、高消耗、低产出的经济发展方式大行其道，"经济发展"与"环境保护"的均衡发展无从谈起。历次党的代表大会和政府工作报告虽然多次提及节能减排、生态建设和环境保护问题，但始终没有从制度设计入手建立一整套行之有效的制度体系及与之相适应的可定量评价与考核的具体指标，政策设计缺乏连续性与权威性。过去，在以经济建设为中心的大发展大跨越时期，生态环境保护、节能减排等并不是各级党委政府关注的工作重点，生态产业的布局与发展也很难提到议事日程上来，导致生态产业政策落后，生态消费政策缺失和社会公众参与不足。当环境压力加大、资源约束趋紧的时候，我们往往会采取行政指令性的办法出台应急管理条例、规章和惩罚措施来缓解矛盾，当矛盾趋缓之后，故态重现，各种环保制度规章被置之脑后，政策规范缺乏连续性。以产业政策为例，资源开采、生产加工和产品回收构成了产业开发与经营的一个完整链条，这三个环节相互依存，缺一不可，生态产业政策不能只

---

① [美] 道格拉斯·C.诺思：《经济史中的结构与变迁》，上海三联书店、上海人民出版社1994年版，第225—226页。

专注于资源开采权的定价或垄断定价，而完全忽视了产品回收价格的管理与服务。当下，我国的生态产业政策存在许多薄弱环节，过度干预和监管不到位的现象并存。在转轨经济条件下，我国政府全面参与各种资源开采权的定价、议价，并有绝对的话语权，第三方等非政府组织在资源开采定价的谈判中没有发挥应有的作用，往往导致资源的定价水平严重低于其实际价值，造成大量资源流失和浪费；依靠科技进步提高产品开发的效率，走绿色发展和集约经营的新路子是建设生态文明的应有之义，但由于刚化的条块分割的行政管理体制在很大程度上限制了广大科技工作者创新创造的积极性，从而抑制了我国科技创新能力的整体提升；循环利用和节约利用资源的方式方法在产品回收阶段应该大有作为，但我国相应的回收利用机制缺位，很多产品在生产者和消费者使用过后就彻底脱手，很多本来可以循环利用的资源变成工业垃圾，造成环境污染。另外，长期以来我国的生态消费政策一直没有跟上社会生产力和广大人民群众日益增长的物质和文化生活水平不断提高的步伐，要么缺位，要么滞后。例如，生态税制的覆盖范围不够，消费税作为我国三大税种之一，漏掉了非环保型产品的征收。像一次性餐具、一次性纸杯、一次性包装物、宾馆一次性洗漱用品以及塑料袋等尚未列入征税范围。同时，由于我国缺乏权威的绿色标识制度，普通消费者对待绿色产品的识别能力有限，在选择绿色消费的时候存在一定的盲目性，很多非环保类的产品在包装上标有绿色环保字样，这样不仅冲击了绿色产品的竞争优势，也破坏了消费者的绿色消费行为。[①]

在环保制度的设计过程中，生态补偿机制是我国环保制度设计的重要环节，旨在通过经济、法律、政策和市场等手段，解决一个区域内经济社会发展中生态环境资源的存量、增量问题以及区域间的非均衡发展问题，从而激励人们从事生态保护和建设的积极性，使生态资本增殖、资源环境永续利用。但由于我国还没有真正建立起完善的排污权交易市场机制，在实践中还存在相关法律法规缺位、排污量和总量控制指标难以确定、排污指标的原始分配难以做到公平、排污权交易信息平台和交易市场不完善等一系列问题，

---

① 　参见张瑞、秦书生：《我国生态文明的制度建构探析》，《自然辩证法研究》2010 年第 8 期。

导致一些重要法规对生态保护和补偿的规范不到位，缺乏刚性约束。特别是由于环境产权界定不清，利益主体不明，再加上支持资金严重不足、补偿标准低且缺乏可持续性，我国生态补偿机制尚不完善，主要包括：从资源无偿划拨到有偿使用的改革不到位，资源产权市场化程度低，运营不规范；资源行业行政性垄断与自然性垄断并存，对垄断行业的成本监管缺乏科学手段和制度性规定；资源税费和环保税费整体偏低，资源性产品价格没有体现资源的全部价值；等等。如《中华人民共和国水资源法》规定了水资源的有偿使用制度和水资源费的征收制度，各地也制定了相应的水资源费管理条例，但大多没有将水资源保护补偿、水土保持纳入水资源费的使用项目。虽然我国现行的《环境保护法》在立法体例上包括污染防治与自然资源保护两大内容，但由于种种原因，这部由国家环保机构负责起草修订的环保基本法却基本上是一部污染防治法，并没有规定生态资源的合理利用、保护以及生态安全维护的基本原则、基本制度和监督管理机制，因此无法适应生态资源综合性、整体性保护的要求。

究其原因，我国资源管理、生态保护职能分属于许多政府部门，由于资源、环境、生态之间存在着不可分割的联系，加之部门之间协调、合作比较困难，这种分散管理模式存在诸多弊端，严重阻碍了生态文明建设的进程。中央对地方监督乏力，难以落实地方政府环境保护责任制，特别是在当前的政绩考核体系中，经济发展指标所占比重过大，许多部门和地方政府以GDP为主导的发展观仍然没有从根本上改变，热衷于GDP排位指标好看。由于生态环境建设的投资大、周期长、见效慢，而地方官员的有限任期和频繁调动，导致短期行为和急功近利思想泛滥，政府官员更多热衷于政绩工程和形象工程，盲目上项目，只关心招商引资和经济增长速度，疏于考虑生态承受力和资源消耗状况，这种现象不利于生态文明建设的全面推进。不少地方为抓"政绩"，片面追求GDP增长率，大兴土木，导致经济发展方式粗放，资源消耗高、利用率低，造成严重的环境污染问题。由于地方环保部门的财权和人事任免权主要取决于地方政府，其工作职能和工作效率主要受制于地方政府，而国家环境保护部门目前尚不能打破地方保护主义，不能对其进行有效的制约。另外，我国跨区域的环境合作起步比较晚，一旦出现跨区域的环境污染事件，往往缺乏有效的议事程序和争端解决机制，致使跨区域环境问题积重难返，尤其体现在流域水污染防治方面。

　　长期以来，随着我国经济的快速发展，社会对破坏生态环境的"败德行为"的容忍度比较高，人们对现实经济生活中存在的以牺牲资源环境为代价来发展经济，热衷于铺摊子、上项目，环保部门与企业之间"躲猫猫"等现象见怪不怪。从社会层面来看，我国公众参与生态文明建设的主动性、积极性还相当滞后，公众参与程度不高，特别是参与的领域狭窄，对政府保护环境的决策参与较少。究其原因，主要是公众参与缺乏相应的制度保障，参与程序、途径、方式不明确，没有真实的话语权。此外，制度设计上的缺陷比较明显，目前大部分环境保护组织并没有完全独立，融资渠道单一，资金来源对政府有一定的依赖性，因而在表达意见的程序中没有完全独立性，其对政府权力的制约作用大打折扣。这种政府"倡导型"公众参与的缺陷是：当政府决定实施某一环保政策时，公众就会被组织起来进行"广泛"（表面上）的参与；一旦政府缺位，没有足够动力或财力来实施和细化该政策时，这种所谓的"公众参与"马上就陷入瘫痪状态，流于形式。"市场状况是衡量为肃清突进而作出努力的良好尺度，它与所作出的努力程度是一致的。但是，只要在主要领域中存在着投资紧张、吸纳以及非均衡，我们就仍然只是处于强制增长速度与和谐增长的中间状态，而没有坚定地走上和谐增长的道路。"[1] 实际上，生态文明建设是一个长期的系统工程，不是一朝一夕就能够取得满意效果的，作为一个公共选择的社会博弈过程，它毕竟要取决于参与博弈的双方力量的对比，政府主体可以凭借其诸多优势而居首要地位，民间主体则因其受宪法秩序制约、集体行动同意度低、谈判力量小、进入创新体系成本高等因素约束而难以充当首要角色。因此，更为迫切和重要的是通过政府主导作用，为生态文明建设营造出适宜的制度环境。如果仅仅依靠政府主导的社会公众的被动式参与，很难体现社会公众自己的独立立场，而真正意义上的公众对政府的有效监督（包括对生态产业决策、生态补偿执行过程

---

① 　[匈] 亚诺什·科尔内：《突进与和谐的增长——对经济增长理论和政策的思考》，经济科学出版社 1988 年版，第 119 页。

的监督）的真实目的也就很难实现了。

二、推进生态文明建设的现实意蕴

生态文明建设作为我国经济社会发展"五位一体"总布局内容之一，本身并不构成独立的社会结构，而是融入到经济、政治、文化、社会建设中，需要全社会形成共同的生态意识和行为规范，执行统一的生态保障制度和评价标准。在这种意义上，中国生态文明建设的起点很高，顶层制度设计的问题导向明确，只有这样，才能展现美丽中国的发展图景，真正夯实"中国梦"的坚实基础。正如美国著名学者莱斯特·布朗所说："中国面临的挑战是领先从 A 模式——传统经济模式——转向 B 模式，帮助构建一个新的经济和一个新的世界。"①

1. 推进生态文明建设的指导思想

党中央、国务院高度重视生态文明建设，对推进生态文明建设作出了一系列重要部署。党的十八届三中全会对深化生态文明体制改革提出了明确要求，强调必须建立系统完整的生态文明制度体系，健全自然资源资产产权制度和用途管制制度，划定生态保护红线，实行资源有偿使用制度和生态补偿制度，改革生态环境保护管理体制，从整体上确立了"四个统一"的指导思想，即统一认识、统一规划、统一资源配置和统一管理。

统一认识就是要正确处理好经济发展与生态环境保护的关系，绝不以牺牲环境为代价去换取一时的经济增长。当前，高度发达的工业文明在改变我们生产生活方式的同时，对自然生态环境的良性循环也产生了诸多负面的影响，特别是工业污染对人类生存环境的影响和破坏已经达到了地球生态系统所能承受的临界点，飓风、海啸、泥石流、荒漠化、臭氧层损坏、气候变暖、冰川溶化、生物多样性锐减等一系列全球性生态危机正在警醒我们：人类繁衍生息的地球已经没有足够的能力来支撑这种工业文明的持续发展，迫切需要开创一个新的文明形态来延续人类的生存，这就是生态文明，任何一个国家或地区的经济社会发展都不可能彻底走向自然的反面、超越生态文明

---

① ［美］莱斯特·布朗：《B 模式：拯救地球　延续生命》，东方出版社 2006 年版，第 3 页。

这一新的历史发展阶段。我们不能漠视自然的力量，传统的"以生活水平表示的国家财富，主要取决于个人的努力、创造力以及对环境的适应能力。自然环境连同自然资源对一个国家的发展潜力影响很大。自然提供的发展潜力决定人们的活动方式和可获得的人力及非人力资源的使用方式"①。经济发展必须要有一定的速度，这是我们解决一切问题的基本条件。但是，经济发展并非越快越好，在增长方式仍然比较粗放、节能减排没有达标的情况下，过快地发展就等于过量地消耗能源资源、过度污染环境，既增加了治理成本和发展成本，也透支了我们子孙后代的发展机会。要广泛利用各种媒体，充分揭示奢侈性、浪费性观念的危害性，大力宣扬绿色消费的重要性，引导人们摒弃那些过分讲究豪华的"高档消费"、随意铺张浪费的"攀比消费"、片面追求方便的"一次性消费"等消费陋习，自觉树立以"绿色、自然、和谐、健康"为宗旨的生态消费观念，做到既满足当代人的消费需求，又不损害子孙后代的生存环境，增强生态文明忧患意识和生态文明责任意识，创造良好优美的社会生态环境。② 特别是要建立完善的公众参与机制，充分发挥民主监督作用，真正实现自上而下的政府意志与自下而上的群众意愿的高度统一，保障生态文明建设具有广泛的社会基础。

统一规划是从区域生态发展潜力和远景目标的物质基础和条件出发，通过编制生态文明建设规划，系统分析区域的资源环境承载力，统一社会资源和自然资源，合理开发和利用资源环境，促进区域的可持续发展，这也是统一资源配置的具体要求。"对于经济发展，特别是对于提高人民生活水平来说，重要的不是政府如何建立，而是政府应履行什么职责。无论政府如何建立，政府应该通过一系列有效的特定的工作，促进经济的发展和人民生活水平的提高，同时放松对经济生活的控制。这些为人们熟知的工作是：公共安全，意味着保护人民生活和财产的安全，包括产权的界定；保持币值稳定；根据人民的利益处理好外部关系；提供最基本的教育、公共卫生保健和

① [美]詹姆斯·A.道等编著：《发展经济学的革命》，上海三联书店、上海人民出版社2000年版，第47页。
② 参见陈东辉：《改革开放以来党的发展思路的转变与生态文明建设》，《重庆社会科学》2010年第5期。

交通；帮助那些不能自立和不被别人帮助的人。一个国家的经济控制局限于这些功能，才可能最有效地促进个人的自由和经济福利。"① 不可否认，在转变经济发展方式、大兴生态文明建设之风的新形势下，各级地方政府或政府各相关部门已经制订了大量的行业专业规划，有些侧重于经济发展，有些侧重于土地开发或城市的管理，有些侧重于生态环境的保护，但不同规划之间缺少沟通和协调机制，存在着一定的交叉、重复或矛盾，迫切需要统一起来。② 这也是政府履职之所在。正如习近平所指出的那样，国土是生态文明建设的空间载体，要按照人口资源环境相均衡、经济社会生态效益相统一的原则，把散落在不同管理部门的专业规划有机统筹在生态文明建设的大平台之上，整体谋划国土空间开发，科学布局生产空间、生活空间、生态空间，给自然留下更多修复空间。特别要坚定不移地加快实施主体功能区战略，严格按照优化开发、重点开发、限制开发、禁止开发的主体功能定位，划定并严守生态红线，构建科学合理的城镇化推进格局、农业发展格局、生态安全格局，保障国家和区域生态安全。

统一资源配置和统一管理是生态文明建设这项系统工程的重要环节，涉及政府管理的各个层面和领域，如果政出多门，各自为政，就会一盘散沙，形不成合力，也就无法实现生态文明建设的既定目标。资源配置是指经济活动中的各种资源（包括人力、物力、财力）在各种不同的使用方向之间的分配。在市场机制充分发挥作用的条件下，非限制性市场上的资源将自发地朝着最有利的部门和地区流动，市场供求比例的变化以及由此引起的价格升降，将把各种资源分配到适当的位置上。但与此同时，也会有这样两种局限性：第一，在市场机制起作用，资源在部门间、地区间转移的过程中，将产生局部的或结构性的资源闲置或浪费现象。尽管某些闲置或浪费现象往往是不可避免的，但无可否认的是，它们毕竟是国民经济中的损失。第二，通过市场机制的作用以及资源在部门间、地区间的转移，经常需要一个相当长的过程才能做到资源的比较合理的分配，而在这个相当长的过程中，国民经

---

① ［美］詹姆斯·A. 道等编著：《发展经济学的革命》，上海三联书店、上海人民出版社2000年版，第270—271页。

② 参见刘晓文：《加强保障完善生态文明建设体系》，《中国环境报》2014年1月7日。

济可能已经受到了较大的损失。在限制性市场上，市场机制虽然也能对资源配置发生作用，但由于价格的升降是受限制的，资源在部门间、地区间的转移也受到限制，所以，资源的配置不可能像在非限制性市场上那样由市场供求比例的变化来自发地进行调控。从资源配置的角度看，要重点加快绿色政府建设，形成有利于生态文明建设的决策机制、投资机制和引导机制，加快节约型机关建设，形成政府机关带头节约资源能源、带头实行绿色消费的良好导向，形成政府、企业、公民三个层面共同参与生态文明建设的良好局面。从统一管理的角度看，要进一步明确相关部门的职责和分工，分解和落实各部门的具体行动目标、任务和责任，建立行使行政执法权力保障生态文明建设的联动机制，实现生态文明建设执行力量的有机整合和高度统一。其中，最重要的是要完善经济社会发展综合考核评价体系，把资源消耗、环境损害、生态效益等体现生态文明建设状况的指标纳入经济社会发展评价体系，使之成为推进生态文明建设的重要导向和约束。同时，管理要从严，做到既治标又治本，通过建立责任追究制度和"生态环境一票否决制"，对那些不顾生态环境盲目决策、造成严重后果的人，必须追究其责任，而且应该是终身追责。

2. 推进生态文明建设的基本原则

推进生态文明建设的出发点是对传统的高投入、高消耗、高污染的经济发展方式的根本否定，是从构建新文明的战略高度实现经济社会体制转型跨越、人与自然和谐发展的多元化创新。这样的制度创新不是在作秀，更不是权宜之计，而是蕴含着深刻的政治、经济和文化哲理。就政治层面而言，生态文明建设已成为重大的政治任务，各级党委和政府必须明确自己的责任，守土有责，加强生态文明的执政和社会总动员，建立健全环境监管体制，提高环境监管能力，加大环保执法力度。就经济层面而言，政府要进一步完善生态补偿机制和绿色国民经济核算体系，以发展循环经济、绿色经济为主线，倡导健康、绿色和节约的生产方式，寻求经济发展与生态环境保护的新的平衡，这样，既能最大限度地提高经济效益，又能保证生态系统的良性循环与恢复，真正走出一条科技含量高、经济效益和生态效益好、人力资源得到充分利用的经济发展道路。就文化层面而言，要大力弘扬生态文化价值，政府主导，全民参与，大兴热爱自然、尊重自然之风，促进生态文明观念在全社会的牢固树立。这些都从不同侧面廓清了现阶段我们有计划分阶段推进生态文明建设的基本原则。

一是坚持政府主导、全民参与原则。生态文明建设是一个艰巨而复杂的系统工程，也是事关人民群众利益的公共福利事业，需要全社会各方面齐心协力、共同努力，特别是既要把人民群众的根本利益作为出发点和落脚点，又要把人民群众作为生态文明建设的根本力量，也就是共建共享。建设生态文明关乎人的全面发展，与我们每一个人的工作、生活、就业、娱乐、健康保障等息息相关，生态文明建设所包含的内容丰富多彩，具体而真实。"我们不辞辛劳是为了避免贫穷所带来的更大的羞耻和痛苦。我们勇敢面对危险和死亡是为了保护自己的自由和财产，保护取得快乐和幸福的方法和手段；或者是为了保护自己的国家。我们自己的安全必然包含在国家的安全之中。坚忍不拔能使我们心甘情愿地做所有这一切，作出我们当前处境中所能作出的最好的行为。"① 建设生态文明就是要唤醒我们当下"最好的行为"，从我做起，从小事做起，积极参加绿色环保活动，践行绿色出行、绿色消费，努力维护自然及人类和谐的发展秩序。当然，我国是世界上最大的发展中国家，各地生产力发展水平不平衡，东西部地区的经济发展实力与社会保障水平还存在较大的差距，改变传统的粗放型的生产生活方式与习惯需要长期的艰苦努力，而倡导绿色发展、提高绿色GDP 的任务繁重而艰巨。因此，坚持政府主导、全民参与共建共享生态文明，还要充分尊重人民群众的主体地位和首创精神，最大限度地改善民生，最大限度地保障、实现和发展人民群众的生态环境权益，使人民群众在共建生态文明中共享生态文明建设的成果。这是政府主导、全民参与生态文明建设的出发点和落脚点，如果漠视人民群众的主动性和创造性，损害人民群众的切身利益，没有广大人民群众的积极参与，建设生态文明只能成为一句空话。

二是坚持人与自然协调发展原则。在经济全球化和信息化时代，随着

---

① ［英］亚当·斯密：《道德情操论》，商务印书馆 1997 年版，第 390—391 页。

机器智能化生产、网络化精细管理等专业生产效率的提高，各种生产要素的投入呈现几何级数增长，土地、能源和劳动力等要素供给约束越来越紧张，在"大投入带来大产出"观念的驱动下，工业生产产生的"废水、废气、废渣"和各种化学污染物开始蔓延开来，我们人类的生产生活环境面临着新的挑战。"大自然中的一切事物（几乎包括所有物种）都是相互联系着的，几乎每个事物都在保护自然秩序方面有自己的作用。因此，差不多所有的物种都有意义，都有资源价值。若消除一个物种——即使从资源观念上看是微不足道的物种，我们也很可能在某时某地、以某种方式感受到由此造成的后果。"① 历史反复证明，我们整个人类经济社会的健康发展始终遵循人与自然和谐相处、共生共荣的发展规律，否则就会走进死胡同，就会受到大自然的惩罚。"在大多数情况下，需要是同某个具体对象、某项活动、某种关系或同一定种类的对象、活动等等相联系的。因此，它不仅是作为人本身的一定状态而产生，而且总是在他同其周围的环境，特别是社会产品和这种环境对他的影响的关系的联系中产生的。"② 建设生态文明，珍视自然资源的价值，保护生态环境，实现人与自然、人与社会的和谐发展，当然离不开我们每一个人的积极参与和无私奉献。人不是独立的，人与自然的关系同人与人的关系一样重要。"为了完整地反映生产过程中人与人和人与自然关系总和所表现的人就其本质而言的社会性的经济属性，仅仅把单个个体视为形成社会需要和目标的出发点，是远远不够的。"③ 在漫长的历史长河中，人与自然的关系问题始终是一个莫衷一是的话题，有人主张"道法自然"，有人主张"天人合一"，也有人认为"人定胜天"。新兴的生态中心论者认为，人类应当把道德关怀的重点和伦理价值的范畴从生命的个体扩展到自然界的整个生态系统。生态社会主义者则要求人们按自然规律办事，反对把人同大自然的关系变成一种单纯的索取关系。池田大作在与汤因比对话时也借用佛法说："人类只有和自然——即环境融合，才能共存和获益。此外，再没有创造性发挥

---

① ［美］戴维·埃伦费尔德：《人道主义的僭妄》，国际文化出版公司1988年版，第161页。
② ［捷］奥塔·锡克：《经济—利益—政治》，中国社会科学出版社1984年版，第251页。
③ ［苏］费多连科等主编：《社会主义经济最优运行理论》，中国社会科学出版社1991年版，第134页。

自己的生存的途径。"①

三是坚持可持续发展原则。可持续发展是科学发展的必然要求，是从发展战略和发展全局的角度提出了生态文明建设的水平与质量标准，它主张我们的经济建设、政治建设、文化建设、社会建设和生态文明建设是一个发展的共同体，整个发展过程是连续性的和相互促进的，每一个发展环节没有断裂，也没有黑洞，不能寅吃卯粮，不计后果；要始终坚持绿色发展、循环发展、低碳发展的基本路径，加快形成节约资源和保护环境的空间格局、产业结构、生产方式、生活方式，进而全面增强可持续发展能力。面临当前的资源环境约束压力，党中央高屋建瓴地提出"五位一体"发展新战略，把生态文明建设放在更加突出的地位，通过生态文明建设实践来带动、推进经济建设、政治建设、文化建设、社会建设的各个方面取得实效，不仅从源头上扭转生态环境恶化趋势，为人民群众创造良好的生产生活环境，为全球生态安全作出贡献，还为如何解决发展过程中的政治与经济、经济与环境、社会与环境等矛盾提供了一个重要的方法论。这就需要我们每一个人在日常的生产生活实践中时刻审视、检查自己的行为是否对地球、对环境、对资源产生负面的作用和破坏。"由于长期而严重地违反某些自然规律，人类已处于岌岌可危的境地；但人类若要摆脱这种处境，只需使自己的行为接受自然界的限制就行了。"② 在如何缓解资源环境压力面前，我们个人最为重要的行动就是节约，节约就是最好的保护。因为我们现在虽然进入了一个全球化的大消费时代，但资源有限，人类的可持续发展不可能建立在消费无度的基础上，而转变生活方式和消费模式最重要的前提就是节约，可持续发展必然要求可持续消费，可持续意味着节约。

四是坚持公平公正原则。公平公正原则不是一个抽象的概念，从主体与客体、历时与共时的关系来看，它包括人与人之间的公平公正、人与自然之间的公平公正、当代人之间的公平公正、当代人与后代人之间的公平公正。我们强调的人与自然的公平公正主要表现在保护生态环境、维护生态系

---

① ［英］汤因比、［日］池田大作：《展望二十一世纪——汤因比与池田大作对话录》，国际文化出版公司1985年版，第30页。

② ［美］威廉·福格特：《生存之路》，商务印书馆1981年版，第249页。

统平衡的前提下，创新生产生活方式，以人为本，不断满足人类的生存和发展需要，改善人类的生产生活条件；代际公平公正表现为一种奉献精神，当代人要为后代人着想，要为子孙后代留下和谐稳定的社会环境和绿色可持续的生态环境遗产。当下，有一种不良倾向值得警惕，在"发展就是质量、速度就是效率"这种运动口号的感召下，不少地方打着"一切以经济建设为中心"的幌子，大拆大建，围湖造房，想方设法挤占或挪用城市绿地和农业用地，却很少考虑城乡资源过度利用和合理保护的问题，从而导致生态环境的破坏和自然资源的浪费。"公正唯一可能的客观标准就是市场价格，因为无论在什么时候，市场价格都是由市场的所有参与者自愿的、相互同意的行为决定的。它是所有人的主观估价和自愿行动的客观结果，因此对定价中的'量化公正'也是唯一实存的客观标准。"① 应该说，生态补偿是从制度上解决公平公正问题的重要手段，也是人们寻找"公正价格"的合理渠道，但仅仅依靠市场调节是行不通的，因为生态受损方没有真正的话语权，在生态补偿的谈判中往往处于弱势地位，必须通过政府的行政干预来完成。2014年8月，北京市政府常务会议原则通过了《北京市水环境区域补偿办法（试行）》，决定从2015年1月起，北京将首次试行水环境区域补偿制度：上游区县向下游区县排水时，如果水质不达标或者变差，将按照每断面每月30万元的标准对下游区县予以补偿。② 这一举措有利于调动各区县污水治理积极性，也是在生态文明建设中践行公平公正原则的合理制度安排，在全国应该具有示范意义。"在讨论全球性环境问题（如全球变暖）的时候，我们绝不可仅仅将人们视为世界人均消费的总体图景中的一个元素。当然，他们确实在购买物品，并且对这一人均数字作出贡献，但他们也有着各自不同的利益和关怀，因此，还要考虑他们之间的公平和正义问题。"③

　　3. 推进生态文明建设的主要任务

　　在打造中国经济升级版的进程中，生态文明建设的历史包袱沉重，需

① ［美］穆雷·罗斯巴德：《权力与市场》，新星出版社2007年版，第141页。
② 参见饶沛：《北京试行水环境区域补偿制度　考虑京津冀协同》，《新京报》2014年8月30日。
③ ［印］阿马蒂亚·森：《理性与自由》，中国人民大学出版社2006年版，第502页。

要偿还的生态欠账太多，因此，党的十八大从战略高度对如何完成生态文明建设的主要任务提出了明确要求："要把资源消耗、环境损害、生态效益纳入经济社会发展评价体系，建立体现生态文明要求的目标体系、考核办法、奖惩机制。建立国土空间开发保护制度，完善最严格的耕地保护制度、水资源管理制度、环境保护制度。深化资源性产品价格和税费制度改革，建立反映市场供求和资源稀缺程度、体现生态价值和代际补偿的资源有偿使用制度和生态补偿制度。积极开展节能量、碳排放权、排污权、水权交易试点。加强环境监管，健全生态环境保护责任追究制度和环境损害赔偿制度。加强生态文明宣传教育，增强全民节约意识、环保意识、生态意识，形成合理消费的社会风尚，营造爱护生态环境的良好风气。"这些任务本身构成一个比较完整的制度体系，宏观上廓清了生态文明建设的具体目标体系、考核办法和奖惩机制；微观上指明了资源与环境保护的重点领域、重点工程，包括国土空间开发保护制度、耕地和水资源管理与保护制度、生态补偿制度等。围绕生态文明建设的阶段性目标，分步实现从 2010—2020 年主要常规污染物和一些重要战略资源（如铁矿石）的消费量到达峰值，资源环境紧张状况得以缓解；2020—2030 年，实现经济社会发展与污染物排放量的绝对脱钩，环境质量开始全面改善；2030—2040 年，实现经济社会发展与化石能源和大部分资源消费量的绝对脱钩，生态环境全面好转；2040—2050 年，实现资源消费和污染排放总量与承载力约束的绝对脱钩，生态系统实现良性循环。

首先，破除思想观念的束缚。观念问题是一个根本的问题，观念决定成败，观念决定生死。当下，以科学发展观为指导，努力实现中华民族伟大复兴的中国梦的主流价值观日益受到全社会的重视，生态文明理念更加深入人心。但与此同时，重经济轻环境、重速度轻效益、重局部轻整体、重当前轻长远、重利益轻民生的传统政绩观和价值观仍然根深蒂固，见物不见人的现象还相当严重。这种思想观念与科学发展观、生态文明的要求是相悖的。因此，破除这种旧的思想观念，牢固树立生态文明观念是生态文明建设的根本前提。以人为本作为一种科学的思维方式，要求把尊重人、解放人、依靠人、为了人和塑造人的价值取向落实到生态文明建设的每一个环节之中，在分析、思考和解决问题时，要确立起人的尺度，时刻思考"我是谁、为了谁、依靠谁"的问题，摒弃以牺牲生态环境为代价、片面追求 GDP 高速增长的错误做法。实践反复证明，如果不破除种种陈旧的传统思想观念，代之以可持续发展的理念和思路，并见诸我们每一个人的具体行动，那么，生态文明建设就很难取得真正的效果。在树立绿色发展、科学发展和可持续发展理念的同时，增强全民节约意识、环保意识、生态意识，营造爱护生态环境的良好风气固然重要，但要让生态文明建设步入制度化法制化的正确轨道，还必须使生态文明外在的法律规范内化为企业、政府机关工作人员、普通劳动者的最高信念和具体行动，以此提高全社会的环保意识和环境道德水平。

其次，以治理大气污染为抓手，改善城市环境空气质量。近年来，全国主要城市环境空气质量整体形势严峻，以首都北京为主要代表的特大城市的雾霾污染也广受诟病。依据新的《环境空气质量标准》（GB 3095—2012）对二氧化硫、二氧化氮、PM10、PM2.5、一氧化碳和臭氧 6 项污染物进行评价测度，在全国 74 个新标准监测实施第一阶段，城市环境空气质量达标城市比例偏低，仅为 4.1%；其他 256 个城市执行空气质量旧标准，达标城市比例为 69.5%。大气污染是世界各国共同面临的生态环境难题，有些国家通过减少汽车尾气排放、搬迁钢铁石化等制造工厂、提高燃油标准、扩大城市绿地、倡导鼓励绿色出行等措施，不断改善城市空气质量，提高城市的宜居指数和幸福感。我国政府近年来以治理大气污染为抓手，及时研究出台了《大气污染防治行动计划》，明确提出经过 5 年努力，解决遏制雾霾污染不断加剧的势头，促进全国空气质量总体改善，重污染天气较大幅度减少，特别是在京津冀、长三角、珠三角等生态欠债较多、雾霾天气频仍的重点地区空气质量明显好转。京津冀及周边地区是全国大气污染防治的重中之重，国务院为此专门部署这一区域大气污染防治工作，提出的治理措施更严、政策力度更大、目标设置更高，并与 6 个省区市政府签订了大气污染防治目标责任书。各地区、各部门要从实际出发，结合城市发展规划和产业布局，抓管理，抓落实，抓问责，把环境治理同经济结构调整与创新驱动结合起来，不能胡子眉毛一把抓，要有所为，有所不为，突出抓好重污染城市治理、能源结构调整、机动车污染减排、高污染行业及重点企业治理、冬季采暖期污染管控等重点工作，让人民享受蓝天白云、鸟语花香的愉悦，努力走出一条以治理大气污染促进科学发展、转型升级、民生改善的新路子。在治理大气污染的过程中，各地要密切跟踪《大气污染防治行动计划》的执行情况，督促各地落实目标责任，明确时间表和路线图，全力以赴打好这场攻坚战和持久战。同时，有关部门和地区要加强协调联动，防止大气污染的扩大化。[①]

再次，切实遏制水土流失与污染。功能强大的自然生态系统是生态文明的重要标志，我们要以防止水土流失和污染为抓手，在重要生态功能区、陆地和海洋生态环境敏感区、脆弱区划定并严守生态红线，下决心退出和置换一部分人口和产业，降低经济活动强度，夯实自然生态自我修复的基础。据环境保护部发布的《2013 年中国环境状况公报》，截止 2013 年底，全国水环境质量不容乐观，土地环境形势依然严峻。长江、黄河、珠江、松花江、淮河、海河、辽河、浙闽片河流、西南诸河和西北诸河等 10 大水系的国控断面中，Ⅰ—Ⅲ类、Ⅳ—Ⅴ类和劣Ⅴ类水质的断面比例分别为 71.7%、19.3% 和 9.0%。珠江、西南诸河和西北诸河水质为优，长江和浙闽片河流水质良好，黄河、松花江、淮河和辽河为轻度污染，海河为中度污染。在监测营养状态的 61 个湖泊（水库）中，富营养状态的湖泊（水库）占 27.8%，其中轻度富营养和中度富营养的湖泊（水库）比例分别为 26.2% 和 1.6%。在 4778 个地下水监测点位中，较差和极差水质的监测点比例为 59.6%。与此同时，耕地土壤环境质量堪忧，区域性退化问题较为严重。全国年内净减少耕地面积 8.02 万公顷，全国现有土壤侵蚀总面积 2.95 亿公顷，占国土面积的 30.7%。当务之急是要继续实施天然林保护以及荒漠化、石漠化和水土流失综合治理等工程，积极修复地下水，划定地下水污染治理区、防控区和一般保护区，强化源头治理、末端修复，逐步恢复生态系统。土壤是食品安全的第一道防线，是农业规模化集约化经营的生命线，要着力控制污染源，严格执行高毒、高残留农药使用的管理规定，在抓好现有重污染企业达标排放的同时，对土壤环境保护优先区域实行更加严格的环境准入标准，经评估认定对人体健康有影响的污染地块要及时治理，防止污染扩散，调整严重污染耕地用途，有序实现耕地的休养生息。

---

① 参见张高丽：《大力推进生态文明　努力建设美丽中国》，《求是》2013 年第 12 期。

最后，积极应对气候变化，偿还生态环境欠债。积极应对气候变化，偿还生态环境欠债是各级地方政府、各行各业和全体公民共同的责任和义务，按照"谁污染谁付费、谁受益谁分担、谁开发谁保护、谁破坏谁恢复"的原则，国家管理者、生产者、消费者和城乡公民都应当承担一定的偿还欠债任务，为生态环境的治理和保护作出应有的贡献。作为一个发展中的大国，我国早在2007年6月就向全世界公布了《中国应对气候变化国家方案》，该方案提出了我国应对气候变化的6项原则，即在可持续发展框架下应对气候变化，遵循《联合国气候变化框架公约》规定的"共同但有区别的责任"原则，减缓与适应并重，将应对气候变化的政策与其他相关政策有机结合，依靠科技进步和科技创新，以及积极参与、广泛合作的原则。《中国应对气候变化国家方案》是我国第一部应对气候变化的全面的政策性文件，也是发展中国家颁布的第一个应对气候变化的国家方案，该方案的颁布实施彰显了中国政府负责任大国的态度，对我国的应对气候变化工作产生了积极而深远的影响。2009年哥本哈根会议召开前，中国政府宣布了到2020年单位国内生产总值温室气体排放比2005年下降40%—45%的行动目标，并作为约束性指标纳入国民经济和社会发展中长期规划。2011年3月，中国全国人大审议通过的《中华人民共和国国民经济和社会发展第十二个五年规划纲要》，提出了"十二五"时期中国应对气候变化的约束性目标：到2015年，单位国内生产总值二氧化碳排放比2010年下降17%，单位国内生产总值能耗比2010年下降16%，非化石能源占一次能源消费比重达到11.4%，新增森林面积1250万公顷，森林覆盖率提高到21.66%，森林蓄积量增加6亿立方米。这些约束性指标彰显了中国政府推动低碳发展、积极应对气候变化、偿还生态环境欠债的信心和决心。

中国是最大的发展中国家，人口众多，区域发展不平衡，仍处于工业化和城镇化进程中。中国气候条件复杂，生态环境脆弱，极易受气候变化的不利影响。2012年以来，中国极端天气气候事件频发，南方多地持续出现极端高温事件，城市内涝、局部洪涝、山洪、滑坡、泥石流等灾害大幅增加；台风登陆时间集中，影响范围广，风暴潮增多，灾害损失重；云南中部和西北部连续4年出现中度以上干旱，局部达到重度，农业生产和群众生活受到极大影响。2014 年，根据国际货币基金组织（IMF）的预测，中国人均国内生产总值超过 6747 美元，位居世界第 84 位。既要发展经济、消除贫困、改善民生，又要积极应对气候变化，这是当今中国面临的一项巨大挑战。2006 年，一个名为"新经济基金会"的环境组织称，按人均计算，英国消费了其应享全球资源的 3 倍，已成为一个地地道道的生态欠债国。按照这个组织的统计，如果没有来自非洲和亚洲的医生和护士，英国全国医疗系统就会陷入停顿；没有肯尼亚的青豆角、新西兰的苹果和西班牙的菠菜，英国的货架就会空空如也。30 多年前在北海发现丰富石油天然气的英国，从 2014 年年底开始成了能源纯进口国。该基金会的数字显示，如果全球所有国家都像英国这样消费，就需要 3 个地球来供养现在这个世界。历史可鉴，2012 年以来中国政府围绕落实"十二五"应对气候变化目标任务，加快推进重大战略研究和规划制定，加强顶层设计，采取了一系列行动，应对气候变化各项工作取得积极成效。当然，由于长期以来环境保护投入不足，中国生态欠债过多，留下了巨额生态赤字，环境恶化、灾害加重、发展不可持续的问题并不是杞人忧天，我们必须抓紧研究国家应对气候变化长远规划，狠抓任务分解与落实，确保如期兑现承诺。要从根本上扭转这种环境恶化的趋势，实现人与自然的和谐发展，就必须偿还生态欠债，做到"多还旧债，不欠新债"，这也是我们履行生态保护国际合作义务不可回避的历史责任。①

三、构建中国生态文明建设的制度体系

大家知道，生态文明建设是一个复杂的系统工程，制度层面的法律法规往往侧重于具体行业、具体行为的刚性规范与约束，而许多涉及水土治理、大气污染防治、生态补偿等方面的地方法律法规政出多门，标准和效力不一，迫切需要一个顶层的管总的制度体系来统筹协调，从而把握生态文明建设的正确方向，积极引导企业进行自我约束，动员全社会积极参与生态文明建设。

一是生态文明决策制度。生态文明建设是一项复杂的系统工程，需要

---

① 参见张高丽：《大力推进生态文明　努力建设美丽中国》，《求是》2013 年第 12 期。

从全局高度统筹考虑，着力于搞好顶层设计和整体部署。生态文明建设要以问题为导向，结合生态文明建设中的重点难点问题，在做好顶层设计和整体部署工作的基础上，突出生态主线，统筹社会各个阶层的力量，形成强大合力，不留死角，通过建立共同协商机制来解决跨部门跨地区的重大事项和生态安全事故，切实把生态文明建设的科学决策全面贯穿于经济建设、政治建设、文化建设、社会建设的各个方面，相得益彰，共存共荣。就生态功能区划及生态格局调控而言，首先应该搞好定位，确定生态区划的具体目标，特别要根据城市发展的空间结构、地区经济发展水平和产业转型的特点，结合国家主体功能区划的要求，综合考虑区域生态环境现状和区域差异，在生态环境调查的基础上，利用先进的方法与技术手段，进行生态环境现状、生态环境敏感性和生态服务功能重要性评价，揭示其区域分工规律。在此基础上针对城市生态环境特征的相似性和差异性进行地理空间分区，形成生态功能分区方案。根据各功能区的生态环境特点、主要生态环境问题和主导生态服务功能，提出生态环境保护目标、生态环境建设与发展方向及对应措施。尤其值得注意的是，要研究划定城市或区域的生态红线，实行最严格生态保护措施，同时配套实施相应的生态补偿制度，绝不能突破"红线"。长期以来，在"GDP 至上"的诱导下，大干快上盛行，资源性产品的定价机制严重缺位，各种资源的开采、确权、开发和利用、回收等生产经营环节严重脱节，形不成一个完整的产业链条；同时，资源性产品的定价无法及时反映市场的供求关系，有的定价长期偏离市场价格，导致政府价格监管部门无法通过价格变化来调控市场供求关系、资源稀缺程度以及环境损害成本。应该说，同单纯的政策号召与政府强制措施相比，价格机制在促使人们合理利用资源方面具有天然的优势，来自于市场的价格机制既可以避免道德说教的软约束，又可以大大降低高昂的监督和强制执行成本。因此，深化资源性产品价格和税费制度改革，建立反映市场供求和资源稀缺程度、体现生态价值和代际补偿的资源有偿使用制度和生态补偿制度刻不容缓。好的决策往往是成功的一半，只有彻底改变低成本甚至无偿使用生态产品的做法，综合运用财税等经济手段，建立健全生态补偿机制，才能从根本上扭转生态环境总体恶化的趋势。

　　二是生态文明考核制度。在生态文明建设的制度设计中，政绩考核制度是刚性的，往往涉及地方政府官员的仕途或一个地方的社会形象，显得特别重要。生态环境问题是改革发展的产物，要彻底解决我国经济发展中存在的重速度轻质量、重规模轻结构、重眼前轻长远、重经济效益轻环境效益等问题，需要各级政府的科学决策，需要各级领导干部亲力亲为，这无疑要与完善的干部政绩考核评价制度挂钩。考核形式要多样化，不能停留在程序化的工作调研、走访、问卷调查和年度工作总结，要通过量化指标将资源消耗、环境损害、生态效益等纳入各级党委、政府的政绩评价体系中，建立体现生态文明要求的目标体系、考核办法、奖惩机制，这才是解决问题、管理考核干部的关键所在。当然，由于我国生产力发展水平不平衡，各地区的资源禀赋千差万别，发展环境与基础条件也不尽相同，因此在实际考核过程中不能搞"一刀切"。一方面，要把握发展的理念，注重动态思维，把近、中、远期目标结合起来考核。一般而言，我国地方政府官员由上一级政府任命，任期内的政绩将决定地方政府官员的政治命运，因此在考核一届政府政绩时，既要考核年度（近期）的政绩，更要考核任期内（中远期）的政绩，通过日常的工作业绩积累，来反映整个任期内的政绩水平和为民施政服务的质量。另一方面，要区别对待，突出重点，结合不同功能区的特点进行政绩考核。尤其是对于水源保护区、自然保护区等重点生态示范区、试验区，不能以 GDP 的规模和经济增速以及招商引资业绩来考核政府官员的政绩，要彻底改变生态建设与环境保护工作失之于软的落后状况，加大环保考核的比重，如在限制开发区域和禁止开发区域，主要考核生态环保指标。同时，对领导干部实行自然资源资产离任审计也非常必要，要通过建立生态环境损害责任终身追究制，对造成生态环境损害的责任者严格实行赔偿制度，并依法追究其刑事责任。

　　三是建立完备的生态文明伦理教育体系。中国特色社会主义生态文明建设离不开公众的广泛参与和支持，只有通过构建完备的生态文明伦理教育体系，加强生态文明建设的宣传和普及工作，才能唤起大众热爱大自然、保护生态环境的生态主体意识，实现经济、社会、生态的良性循环与发展。学校作为教书育人、传道授业的场所，要打破应试教育的定性思维，把保护自然环境、提高生态文明素质的理念教育放在人才培养的战略高度，通过课堂讨论、黑板报、专家讲授、实地考察等多种形式，不断丰富和强化受教育者热爱大自然、保护环境、绿色发展的生态文明教育体系。提高全社会的生态文明自觉行动能力，建立和完善环境保护的道德文化制度，其目的是构造全社会环境保护的"自律体系"，形成持久的环保意识形态，形成生态文明建设人人有责、生态文明规定人人遵守的良好风尚。"我们——全体男女老幼——必须重新调整我们与环境的关系。必须学会用人类生存的标准来衡量每天的新闻。必须从造成世界现状的水和土壤，草和森林来理解我们的过去，我们的历史。"[1] 要努力使生态文明成为主流价值观并在全社会普及，通过让生态文明知识理念进课本、进课堂、进校园、进社区，提高人民群众特别是青少年对节约资源、保护环境重要性的认识，树立正确的生态价值观和道德观。当然，文明、节约、绿色、低碳的生活习惯和消费方式也非常重要。党员干部要树立勤俭意识，向老干部学习艰苦朴素、勤俭节约的作风，当前要严格遵守中央八项规定和反"四风"（形式主义、官僚主义、享乐主义和奢靡之风）的要求，清除特权思想和侥幸思想。要引导居民合理适度消费，鼓励民众购买绿色低碳产品，使用环保可循环利用产品，深入开展反食品浪费等行动，使节约光荣、浪费可耻的社会氛围更加浓厚。"各项道德原则没有任何文字形式，它们一代一代地传下去。青年人掌握这些道德原则，不仅通过老年人的道德教育，而且首先通过自己对成年人行为方式的观察，以及借助于其他人由于各种违反社会道德的行为而受到处置的经验。以这种方式传承下来的道德原则本身，在千百年的长期发展进程中，逐渐形成为整个社会对个人的举止行为提出的要求。"[2] 要充分发挥公众监督作用，公众对生态环境的监督最直接、最有效，要主动及时公开环境信息，提高透明度，更好地落实广大人民群众的知情权、监督权。

---

[1]　[美] 威廉·福格特：《生存之路》，商务印书馆1981年版，第269页。

[2]　[捷] 奥塔·锡克：《经济—利益—政治》，中国社会科学出版社1984年版，第292页。

第二节　生态文明建设的价值取向

从整体上看，生态文明建设在"五位一体"发展总布局中具有重要战略地位，它不可能与经济建设、政治建设、文化建设和社会建设割裂开来，而是与后者相辅相成，相得益彰。我们需要构建一个人与自然、人与人、人与社会和谐发展的社会主义建设新模式，需要树立一个社会主义发展中大国的新形象，不论从生态文明与人的全面发展的维度，还是从制度上确保生态文明建设的质量和效益，我们都必须以发展为第一要务，把"以人为本"、绿色发展、绿色消费和可持续发展等作为根本宗旨和价值取向，这对于始终坚持生态文明建设的正确方向，全面践行社会主义核心价值观有着非常重要的理论与实践意义。

一、生态文明建设恪守"以人为本"理念

从制度层面看，以人为本是社会主义国家设计和安排制度以及改革和发展的最深层的价值依据，因为社会主义制度站在人类社会发展的制高点上，从关注人的外在因素转变为关注人本身，从关注少数人的利益转变为代表广大人民群众的根本利益。在特殊的历史条件下，以人为本作为社会主义的核心价值观念，与人类社会以往社会形态的核心价值观念在命运上的明显区别是，以往社会的核心价值观念建立在高度抽象的人的基础上，关注人的外在之物而不是活生生的人的现实存在，而且只有少数人才成为被关注的对象，大多数人的利益服务于少数人的利益，因此，人与物的关系被割裂开来，人与人的对立逐渐尖锐起来，随着社会生产力的发展和社会政治经济制度的更替演进，这种重物轻人、重少数人轻大多数人的价值观念也逐渐被历史淘汰。而以人为本作为社会主义核心价值观念，它关注的是人本身尤其是广大人民群众的根本利益，因此和它的高级阶段共产主义的核心价值观念保持了明显的同一性，区别仅仅在于程度不同。[①] 当下的生态

---

① 参见曹飞：《以人为本是社会主义价值观的核心》，《陕西日报》2009 年 3 月 11 日。

文明建设从我们每一个人的现实需要出发，迫切要求我们不断开发和推广节约、替代、循环利用和治理污染的先进适用技术，大力发展清洁能源和可再生能源，切实保护土地和水资源，从整体上进一步提高能源资源的利用效率。这种新的发展路径完全契合了"以人为本"的科学发展要求，它与资本和技术为导向的工业化发展模式不同，以循环经济和生态经济为主导力量的发展模式要求在遵循自然规律的基础上首先考虑人的全面发展，考虑人与自然环境的匹配，要求在保持生态平衡的条件下合理利用自然资源，要求在统筹考虑"社会—经济—自然"整体利益的前提下确立发展目标、规划发展布局。

不论生产力水平和专业化分工发展到何种程度，人与社会、人与自然的联系从来都没有中断过，联系反而更加紧密，更加全面。我们人类是自然的主人，从诞生之日起就开始接受大自然的馈赠，依靠大自然提供的水、空气、土壤等繁衍生息，当然不能脱离自然界而存在。在这种意义上，生态文明建设为人的全面发展提供了坚实的物质基础。但是，自然界的良性循环发展有其自身的发展规律，这是不以人的意志为转移的，因此，我们在处理人与自然的关系时要把尊重自然规律和发挥人的主观能动性统一起来，不论是人化自然，还是自然的人化，都必须体现这个原则。"不要过分陶醉于我们对自然界的胜利。对于每一次这样的胜利，自然都对我们进行报复。"① 工业文明虽然为人类创造了极大的物质财富，让我们远离疾病、灾难和压迫，享有尊严、富裕、平等和自由，但同时也带来了无限度地向大自然索取，导致诸如全球变暖、臭氧层被破坏、酸雨、淡水资源危机、资源能源短缺、物种灭绝等资源环境问题，这些问题不仅影响到我们正常的生产生活方式，也危及我们人类自身的安全。"一个建立在达尔文的进步观上的世界观存在着深刻的局限性，因为它集中关注的是我们的特征，而不是我们的生活，并且它要求改造我们自身而不是我们生活于其中的世界。这些局限性在今天的世界尤其明显，现在到处可见各种诸如贫穷、失业、流离失所、饥荒和流行病之类可以补救的剥夺、环境破坏、物种濒危、持续的动物虐待以及大多数人类

---

① 《马克思恩格斯文集》第 9 卷，人民出版社 2009 年版，第 559 页。

普遍恶劣的生活条件。"① 因此，我们对自然的改造应当遵循自然界的发展规律，在获得人类自身所需的物质生活资料的同时建设生态文明，创造适合人类生存和发展的生态环境，从而实现我们人类的根本利益。

我们知道，人类个体的需要丰富多彩，千差万别，归结起来无非是生存需要和发展需要两个大的方面。恶劣的自然环境、极端高温事件，城市内涝、局部洪涝、山洪、滑坡、泥石流等灾害都会破坏我们自己的生存条件，危害我们的身心健康，而蓝天白云、鸟语花香不仅能够给人们营造美的外在环境，还能净化人们的心灵世界。人们征服自然和改造自然的历史由来已久，人们在审视自然美的同时，也会自觉意识到生态环境对于人的意义，人与自然不是对立的两面，和则两悦，损则两伤。应该说，生态危机不是与生俱来的，而是我们人类自己造成的，是人自身的危机。文明的进程是由人的主导而展开的，只有抛弃偏执的见物不见人的文明观和发展模式，通过物质文明、精神文明等相协调的生态文明建设，把经济发展与环境、资源保护以及人的全面发展结合起来，实现人与自然和谐相处的可持续发展，才是人与社会发展的必由之路。② "作为社会的人（而不是生物的个人），他是与一个社会环境相对应；人正是通过与其社会环境的这种对应联系，最终形成自身的人格，并使个人具备了某些可以用道德术语来描述的特征。"③ 因此，在建设生态文明的过程中，坚持以人为本是一项须臾不可动摇的基础性原则。值得注意的是，生态文明建设还要把尊重自然规律和发挥人的首创精神结合起来，因为在一定意义上，绿色发展和可持续发展的科学发展观是党领导人民群众自觉地遵循客观规律，正确发挥人这个主体的积极性和创造性，指引中国特色社会主义事业科学发展的总开关，生态文明建设必须体现科学发展观这一本质要求，只有尊重客观规律，生态文明建设才有现实的基础。

---

① [印] 阿马蒂亚·森：《理性与自由》，中国人民大学出版社 2006 年版，第 463 页。

② 参见杜文娟：《中国生态文明建设的价值取向分析——基于"以人为本"理念的思考》，《中共乐山市委党校学报》2009 年第 5 期。

③ [美] R. 帕克、E. 伯吉斯等：《城市社会学》，华夏出版社 1987 年版，第 97 页。

二、生态文明建设遵循可持续发展路径

生态文明建设既蕴涵着我国古代"天人合一"、"道法自然"的思想逻辑因子，也包含着国际社会"资源、环境与可持续发展"的理论精髓，我们倡导在经济社会发展中尊重自然、保护自然、合理利用自然，实现人与自然的和谐，其最终目的就是实现人类社会的可持续发展。通观人类发展史，人类文明的进步并不是一帆风顺的，其中也经历了太多的磨难。从渔猎文明发展到农业文明，从农业文明发展到工业文明，始终伴随着人与人的社会关系矛盾、人与自然的生态关系矛盾运动，有的文明消殒了、没落了，而有的文明勃兴昌盛起来，个中原因复杂多变，但文明发展遭遇不可逾越的障碍，一种文明发展积累的社会基本矛盾无法在同一文明体制内解决，发展没有办法持续下去，才是最根本的原因。目前，我国生态安全形势十分严峻。全国水土流失面积达 356 万平方公里，占国土面积的 1/3 以上；全国有荒漠化土地面积 39.54 亿亩，影响到 4 亿人口的生产生活；我国人均水资源仅为世界平均水平的 28%，不少城市人口基本生活用水难以得到保证；全国旱涝灾害频繁发生，每年都有近 4 亿亩农田受到不同灾害的影响，生态问题确实已经成为影响我国经济社会可持续发展的严重问题。有许多国外媒体评论说，现在中国的生态现状和复杂程度是世界上任何一个国家都无法比拟的，中国目前所要应付的挑战，是西方发达国家在过去 200 年里所遇困难的总和。中国照搬西方工业文明发展模式已经没有出路，要依靠自己的经验，转变经济发展方式，努力建设环境友好型社会、资源节约型社会、人与自然和谐发展社会。不可否认，"事物的每一个具体的发展过程，都依存于以前的发展。为了看清事物的本质，我们将把这一点抽象化，让发展从一种没有发展的位置上产生，每一个发展过程为下一个发展过程创造先决条件，从而后者的形式被改变了，事情将变得与在每一发展阶段可能发生的具体事情不同，它不得不先要创造它自己发展的条件"①。因此，建设生态文明，必须深刻反思并努力转变经济发展方式，对现有的生产方式进行"生态化"改造，为可持续发展创造条件。我们决不能再走过去依靠拼土地、人力、资源、环境的粗放型增长

---

① ［美］约瑟夫·熊彼特：《财富增长论》，陕西师范大学出版社 2007 年版，第 95—96 页。

的老路，必须通过技术创新，建设科学合理的能源资源利用体系，努力实现资源能源高效利用、节约利用、代替利用、循环利用，变过去单向度的"原料—产品—废料"线性模式为"原料—产品—废料—产品"的循环经济发展模式，着力推进绿色发展、循环发展、低碳发展，使经济增长由主要依靠资源消耗向更多依靠科技进步、劳动者素质提高、管理创新驱动转变，更多依靠节约资源和循环经济推动，从根本上减轻资源能源趋紧和环境污染的压力。[1]

当然，遵循可持续发展决不能停留在口头上和战略规划上，要大力进行产业结构调整，发展绿色生态产业，为可持续发展创造物质基础和技术条件。要吸取西方工业化过程中生态灾难的教训，以及我们自身发展中经历的问题，使包括第一、第二、第三产业和其他经济活动在内的所有经济活动都要符合人与自然和谐共处的要求，实现"绿色化"、无害化以及生态环境保护产业化。[2] 当前，绿色经济浪潮可能会引发新一轮的技术革命和产业革命，各种新材料、新能源、新工艺、新型汽车、节能建筑会不断涌现，从而在很大程度上影响或改变我们的生活习惯和生活方式。绿色发展、循环发展是我国走可持续发展的应有之义，政府要搞好统筹规划工作，开源节流，为绿色产业、绿色技术提供必要的资金和政策支持，为"绿色革命"输血，促进绿色生产技术的开发应用与示范。当前，绿色产业尚未成熟，产业规划和相关绿色产品研发起步较晚，政府要切实加强对发展绿色经济的引导，通过实施各种环境经济激励政策，通过发展循环经济和实施清洁生产，推进产业、产品结构调整以及技术的更新换代、提档升级，从而促进产业部门的"绿色化"。除对传统产业进行绿色投资外，还要着眼于绿色产业的发展与调整，以新能源、新材料、可再生能源、环保产业等为切入点，培育新兴绿色产业和新的经济增长点，在新一轮全球经济发展进程中促进经济及早转型，努力抢占未来竞争的制高点，从而实现自身的可持续发展。[3]

---

[1]　参见康鸿：《生态社会主义对我国生态文明建设的价值观照》，《西北师大学报》（社会科学版）2013年第9期。

[2]　参见康鸿：《生态社会主义对我国生态文明建设的价值观照》，《西北师大学报》（社会科学版）2013年第9期。

[3]　参见吴晓青：《加快发展绿色经济的几点思考》，《中国科技产业》2010年第1期。

三、生态文明建设倡导绿色消费方式

推进生态文明建设，实现人类社会的可持续发展，还需要完善绿色消费政策，通过消费方式的革命性转变，不断拓展人与自然、人与社会融合发展的新的空间。生态文明建设不能仅仅局限于企业或者产业这些生产领域，还要兼顾消费品、消费习惯和消费政策的吸纳作用。"消费的另一个重要的社会经济过程，即产生于社会主义社会、特别是在发达社会主义条件下得到加强的过程，是要在消费水平、消费结构和消费质量上消除社会经济的和地区间的差别。……这个过程常常在许多场合中表现出来，并在客观上取决于社会主义社会起作用的经济规律，以及社会主义社会发生的社会经济变革。"[①] 绿色消费不仅要满足我们这一代人的消费需求和身心健康，而且要满足我们子孙后代的消费需求，并且不减少他们的消费需求，从而促进经济社会的和谐健康稳定发展。

绿色消费不只是简单地倡导消费绿色产品，而是从满足生态文明建设需要出发，以保护消费者健康权益为主旨，符合人的健康和环境保护标准的各种消费行为和消费方式的统称。绿色消费以适度节制消费、避免或者减少对环境破坏、崇尚自然和保护生态等为特征，消费者的消费行为体现生态意识，与转变经济发展方式、坚持科学发展的现实需要相契合，也是生态文明建设和经济社会可持续发展的重要组成部分。绿色消费不仅可以更好地解决环境问题，而且可以促进产业结构的升级优化，带动绿色产业的发展，形成生产与消费的良性循环。一方面，绿色消费以绿色环保为核心，远离各种污染，契合了当今社会转变消费方式、崇尚健康节能的新潮流。绿色消费关注消费者的消费习惯与消费感受，主张消费者在日常生活中养成不攀比、不崇洋，勤俭节约、健康向上的良好习惯；遵守社会公德和乡规民约，热爱自然，绿色出行，特别要注重生活中的细节问题，不随地吐痰、不乱扔垃圾，形成科学、文明、健康的消费方式，促进生态环境的优化。另一方面，绿色消费也是建设资源节约型、环境友好型社会的重要方面，以绿色为标志的消费活动对深化"两型"社会建设有着特殊的支撑作

---

① ［苏］A. 列文、A. 雅尔金：《消费经济学》，西南财经大学出版社 1986 年版，第 88—89 页。

用。建设资源节约型、环境友好型社会是一个复杂的系统工程，除了依靠系统的制度建设和体制改革的推动作用，依靠先进环保技术、资源利用技术的研发应用作后盾外，更要依靠全民健康文明的绿色消费方式。"从环境的污染和破坏的现状来看，可分为两大类：一类是由产业的废弃物造成的；另一类是由城市居民的浪费造成的。其中第一类只要找到了成为污染源的工厂和废弃物质，控制其散播途径，是比较容易防止的。但是由城市居民的消费生活引起的污染却很麻烦。所有的人都在以某种形式加重污染的发生，而且污染物的种类也极其复杂。"① 只有当追求环保、节俭、健康和适度消费的绿色消费成为人们一种全新的生活理念和生活态度时，我们倡导的全民参与保护环境、控制污染，建设"两型"社会才有了最广泛和最可靠的社会基础。

在践行绿色消费的具体实践中，生态文明建设需要重新认识和解决的另一个重大问题，就是如何正确处理好绿色生产与绿色消费的关系。消费是人类社会永恒的主题，是经济社会协调发展的不竭动力，人类一刻不能停止消费，也就一刻不能停止生产。长期以来，我们漠视了绿色的概念，恪守生产决定消费，消费对生产具有反作用的定律，没有重视生产和消费本身还有一个内涵扩张的问题。随着现代科学技术的日新月异并日益转化为现实生产力，资本、技术、原材料、劳动力等生产要素全球化配置的趋势日益凸显，各种新材料、新能源、新工艺层出不穷，绿色食品、绿色建筑、节能汽车等极大地丰富了绿色生产和绿色消费的内涵。毋庸置疑，有什么样的绿色消费市场，就会催生什么样的绿色生产动力，绿色消费越来越成为引领生产的决定性力量。当今蔓延全球的贪欲性、炫耀性、挥霍性高消费方式正是绿色消费的对立面，这种高消费方式也是造成全球资源和环境危机的深层次原因。因此，要切实转变发展方式，实现绿色发展，仅仅从生产环节上节能减排是不够的，更重要的是要把治理高消耗、高污染从生产过程前移到治理高消费上来，在生产环节就开始配套绿色工艺和技术，真正实现绿色生产。要通过

---

① ［英］汤因比、［日］池田大作：《展望二十一世纪——汤因比与池田大作对话录》，国际文化出版公司1985年版，第55页。

全社会消费理念、消费方式、消费结构的生态提升，不断引领全社会生产理念、生产方式、生产结构的生态化进步，进而建立起支撑生态消费的技术基础和产业基础，全力引导产业生态化改造，不断丰富与生态消费结构相适应的产业结构和产品结构。①

四、生态文明建设强化社会责任感

我们所要建设的是社会主义生态文明，这种文明形态重视人的主观能动性，包含了人与人、人与自然、人与社会和谐相处的道德素养，其指向是建立可持续的经济发展模式与绿色消费方式，其中当然也包括了我们每一个人的责任感。"对一般行为准则的尊重，被恰当地称作责任感。这是人类生活中最重要的一条原则，并且是唯一的一条大部分人能用来指导他们行为的准则。"② 生态文明建设过程本身绝不是抽象空洞的，而是真实具体的，包含着各种文明行为准则，包含着人们活生生的生产生活实践经验，也包含着我们每一个人的责任感。这些行为准则、实践经验和责任感都不是自生自发的，有的需要借助法律法规的硬约束，有的还需要道德力量从不同层面来规范和引导。"人们对他自己的幸福、对他的家庭、朋友和国家的幸福的关心，被指定在一个很小的范围之内，但是，这却是一个更适于他那绵薄之力、也更适合于他那狭小的理解了的范围。"③ 这种小范围的"关心"无疑就是一种"恰当的责任感"，生态文明建设在夯实社会和我们个人道德基础的同时，也会潜移默化地强化这种责任感。在生态文明规约体系建设过程中，一般行为准则的尊重，个人职业操守和文明习惯的养成，绿色生产与绿色消费模式的构建，都是一个长期积累的过程，不可能一蹴而就，也不能采取"一刀切"等简单化的方式方法，而是要区别不同情况，结合刚性规范和柔性规范的不同特点，采取宽猛相济、刚柔并举的方式，对生态文明建设进行全方位的制约监督，要看到人们的道德素养、责任感、认识觉悟水平及实践能力的差

---

① 参见廖才茂：《新时期我国生态文明建设的基本理念与实践方向》，《中国井冈山干部学院学报》2012 年第 9 期。

② ［印］亚当·斯密：《道德情操论》，商务印书馆 1997 年版，第 197 页。

③ ［印］亚当·斯密：《道德情操论》，商务印书馆 1997 年版，第 306 页。

异，注意规约体系的层次性，把广泛性与先进性相结合，使各种规约相互照应、相互补充、相辅相成，发挥出规约机制的合力作用。①

　　与此同时，生态文明建设还面临另外一个问题，那就是如何通过提高个体的道德素质来强化社会责任感。就我们个人而言，对家庭、对社会、对国家的责任感不可能与生俱来，往往来自于我们日常生活中的许多细节，如勤俭，友善，爱整洁，爱动物等品德。"完美的品德，存在于指导我们的全部行动以增进最大可能的利益的过程中，存在于使所有较低级的感情服从于对人类普遍幸福的追求这种做法之中，存在于只把个人看成是芸芸众生之一，认为个人的幸福只有在不违反或有助于全体的幸福时才能去追求的看法之中。"② 这种品德是生态文明建设的有机组成部分，更是社会主义核心价值观的重要选题，我们要从总体上对美德教育进行规划，制定行之有效的措施和科学的方法，回应新时期推进生态文明建设的新要求新期待。"大城市之所以有吸引人口的能力，部分原因是因为每一个人都可以在大城市生活的环境中找到他最舒适的角落和施展自己抱负的天地。总之，每个人都会在城市环境中找到一个最适合的道德气候，使自己的欲求得到满足。"③ 因此，要运用各种教育手段和大众传媒工具，大力倡导节能环保、爱护生态、崇尚自然、绿色消费，形成"节约环保光荣、浪费污染可耻"的社会风尚；特别是要多层次地搭建政府与公众座谈对话平台，尊重和支持人民群众的生态环境信息知情权、传播权和有关决策的参与权和监督权。④ 同时，还要充分发挥每个家庭、每个公民在践行生态文明方面的积极作用，把注重生态环保、厉行节约作为家庭美德建设和创建文明家庭的重要内容，坚持从我做起、从现在做起。"人类的贪欲性受到宣传的刺激，由此产生了全面的污染，对现代人的健康，乃至于生命都构成了威胁。现代人的贪欲将会把珍贵的资源消耗殆尽，从而剥夺了后代的生存权。……因此，人类如果要治理污染，继续生

---

① 参见马永庆：《生态文明建设的道德思考》，《伦理学研究》2012 年第 1 期。

② ［英］亚当·斯密：《道德情操论》，商务印书馆 1997 年版，第 399 页。

③ ［美］帕克等著：《城市社会学》，华夏出版社 1987 年版，第 42 页。

④ 参见刘芳：《以人为本：生态文明建设的根本理念和价值目标导向》，《党政干部学刊》2011 年第 10 期。

存，那就不但不应刺激贪欲性，还要抑制贪欲。"① 生态文明建设是由一定主体担当的，事关社会生活中每个人利益的实现，对于社会的发展都是密切相关的，因而，对于每个社会成员而言，参加生态文明建设是一种规定，而且也需要在这种活动中使自己不断由自发到自觉，从而充分发挥道德主体的积极性和创造性。②

第三节　生态文明建设的体制保障

从某种意义上说，一个社会生态文明理念的确立程度如何，一个社会生态文明建设的自觉性如何，标志着这个社会整体的文明程度和发展程度。生态文明建设需要合理的资源配置方式和资本投入，需要社会公众的积极参与，更需要系统的体制保障措施来维系。在这种意义上可以说，制度设计与公众参与是基础，体制保障是关键。

一、生态文明建设的科学管理体系

加强生态文明建设，防治大气污染、水土流失，切实保护环境质量是加强社会管理和公共服务的重要内容，也是政府义不容辞的职责。从科学管理的角度看，中央政府主要担负生态文明建设发展规划、区域协调以及相关的法律法规监督职能，地方政府要对生态建设和环境质量负总责，要抓具体工作的落实。因此，必须立足于社会发展的要求转变政府的职能，完善生态补偿机制，使资源利用与生态补偿有机结合、和谐运作，才能真正实现经济社会的和谐发展。要充分发挥环保部门的监管职能，理顺环保部门的职能关系，解决环保部门存在的职能交叉、权责不明等问题，重新界定环保部门的权责关系，可以尝试由中央环保部门统一管理，设置直属中央管辖的环境管理机构。

---

① ［英］汤因比、［日］池田大作：《展望二十一世纪——汤因比与池田大作对话录》，国际文化出版公司1985年版，第56—57页。
② 参见马永庆：《生态文明建设的道德思考》，《伦理学研究》2012年第1期。

　　要运用价格杠杆促进生态文明建设，形成合理的资源性产品价格机制。资源性产品价格改革不是简单的涨价问题，资源性产品涉及面广，处于整个国民经济产业链的上游，每逢改革都免不了会形成推动价格全面上涨的合力，影响到企业生产和居民生活。但涨价不是资源性产品价格改革的初衷，逢改必涨也不是价格改革的普遍规律，改革的最终目的是建立一个有利于科学发展的价格体制机制，为当代人也为子孙后代谋福利，因此，要防止借价改之名行涨价之实、向群众转嫁成本的行为，走出"一改就涨、越改越涨"的恶性循环。政府应加大对资源环境价格体系的建设力度，理顺资源性产品的市场分配关系，建立能充分反映资源性产品供求关系以及环境污染成本的市场价格机制。同时，政府还应落实谁污染谁付费、谁使用谁维护等措施，尽量抑制环境污染的负面外溢效应，降低能源消耗，抑制浪费，提高自然资源的利用率，从而促进资源节约型和环境友好型产业结构、发展方式和消费模式的形成和发展。在这里，构建合理的资源性产品价格机制，关键在于电价和水价改革。对于电价改革，政府应建立公开、公平的竞争机制，以降低成本、优化资源配置为原则，逐步建立并完善三段式电价体系，促进上网电价的形成。对于水价改革，应充分发挥市场机制和价格政策在水资源配置以及水污染防治方面的积极作用，建立以节约水资源，促进水资源合理配置，提高水资源的利用效率，促进水资源可持续利用为目标的水价机制。为最终实现节能减排的目标，重点需要完善差别电价政策、脱硫脱硝电价政策、降低小火电机组上网电价等价格政策，以减少排污，淘汰落后产能，引导合理的电力消费。

　　长期以来，环保考核在干部任免考核制度中没有得到全面落实，即使已经设置了环保考核指标，但所占考核比重不高，内容也不全面，根本达不到科学发展要求的考核，导致政府环境监控和环境责任制度"虚置"。我们必须将环保指标纳入政绩考核之中，建立符合科学发展观要求的政绩考核评价办法，全方位、多角度对干部政绩进行考核。这就要求我们在对干部政绩进行考核时，既要看当前的成绩，更要看长远的发展，坚决防止急功近利、破坏环境的行为。随着生态环境的日益恶化和公民生态意识的日益增强，环境问题已从地区的、局部的具体法律问题发展成为带有普遍性的社会问题，保护环境、防止跨地区污染已成为全社会的共同利益和共同责任。这也是实施科学管理的重点和难点。要推行污染物总量控制制度，将污染物排放控制量逐级分配到各地方政府，并落实到各排污工厂和企业，严格执行排污许可证制度，严禁超量排污或者无证排污；推行环境影响评价政策，对污染物排放量过高、生态环境破坏严重的地区，暂停批准其对生态环境有重大影响的建设项目。如有开发项目未经环境影响评价程序审批而擅自动工的，则严令其停建停产，并追究相关人的行政责任和法律责任。要结合我国产业结构的实际情况，完善强制淘汰制度，及时强制淘汰那些污染严重、发展滞后的产能、工艺和设备。在日常生产生活的许多环节，人类的活动必然对赖以生存的环境产生正面的或负面的影响，而我们要对这一影响进行综合的评判，以此来减少对环境的负面影响。建立环境风险评价制度的目的，也是为了发现和预防产业规划、工程建设项目等对生态环境可能造成的破坏，防止它们对生态环境造成不良影响。

二、生态文明建设的产业扶持

大力推进生态文明建设，政府主导、全民动员、创新环境管理的方式方法是基础性工作，也是开展其他工作的出发点，但没有相关绿色产业、绿色技术做支撑，生态文明这个大系统的造血功能就无从发挥作用。因此，推进生态文明建设，首先需要从完善企业的产业扶持政策入手。

一般而言，一个企业完整的生产链条包括资源开采、产品加工生产与产品废弃物回收三个主要环节，每个环节都构成一个投入—产出的利益节点，环环相扣，为了保障企业的投资效益，各个环节都需要有政府的相关政策支撑，有的侧重于技术、人才，有的侧重于资金支持，哪一个环节处理不好都会影响到企业整体的生产效率。比如，长期以来我国的资源定价水平偏低，在很大程度上并没有真实反映资源要素市场的供求关系，导致企业节约意识淡薄，在资源利用方面大手大脚、粗放经营，过度使用和浪费的现象非常普遍，根本不重视资源的回收再利用，严重影响了企业的产出效益。因此，在现行资源管理体制下，要以改革资源价格确权体制为重点，发挥价格的杠杆作用，适度提高成熟资源的价格，利用资源开采的"门槛效应"，增加企业的资源开发成本，迫使企业更多地考虑二手资源或替代资源，政府对企业利用替代资源可以给予适当的财政补贴，为保护自然资源和生态环境创造有利条件。当前，我国绿色产业发展起步晚，发展也不平衡，特别是绿色技术支撑体系并不完善，有的甚至缺位，迫切需要政府加大产业扶持力度。建立绿色技术体系的关键是积极采用清洁生产技术，采用无害或低害新工艺、新技术，大力降低原材料和能源的消耗，实现少投入、高产出、低污染。但绿色技术的研发需要大量的资金投入和人力支持，即便一项绿色新技术开发出来，往往成本高昂，与传统技术相比缺乏市场竞争优势，很难取得预期的市场推广使用效果，没有政府相应的政策扶持是行不通的。企业绿色生产的最后一个环节就是废弃物回收，可以增设以生产者为主的责任延伸制度，让生产者对其生产产品的整个生命周期负责，因为工业产品与农业产品不同，新工艺、新材料应用越来越多，直接排放到自然界当中分解非常困难，消费者也没有足够的能力来解决相应的问题，唯有生产者才有相应的技术和设备来处理相关的难题。对于一些可以重复利用的零件，生产者也可循环使用；对于那些有毒有害的材料，生产者也可以分解消毒，集中处理。①

调整产业政策主要是确立推进循环经济发展的支柱、主导产业政策，扶植一大批节能、降污的高新技术产业作为主导产业，拓展一批相当规模的资源消耗低、附加值高的第三产业，并大力发展环保产业，促使再生资源产业的迅速扩张，使环保产业成为真正意义上的经济增长点，这些都需要特殊的财政政策提供支持。"在任何时代，增长不仅仅是整体上的变动，还应包含结构的转变。即使这种增长的冲动是由重大技术创新带来的，每个社会在采用这种技术时必须调整现有的制度结构。"② 我们在强调市场作用的同时，必须高度重视财政税收体制等非市场替代的制度创新，为环保节能绿色产业发展提供资金支持。要抓紧出台资源税改革方案，提高资源税税率，改进资源税的征收管理办法，推进资源综合利用，这是推进生态文明建设、提高资源管理效率的一个重要环节。政府应该加大对环境友好型的科技成果产业化

① 参见张瑞：《生态文明的制度维度探析》，东北大学硕士学位论文，2009 年。
② [美] 西蒙·库兹涅茨：《现代经济增长》，北京经济学院出版社 1989 年版，第 5 页。

的资金投入力度，通过设立专项资金、低息贷款、减免税收、政策"绿色通道"等措施为环境友好型科技产业提供良好的发展环境。此外，政府还应采取财政补贴、价格补贴、绿色信贷等措施大力支持企业进行环境友好型技术改造。例如，对废气、废水、废渣进行加工循环利用的企业，政府可以为其提供减免税收的优惠政策，给予其产品价格自定的权力，并提供低息贷款以支持其购置环保技术设备。

当然，构建生态文明建设的产业扶持机制肯定离不开生态文明技术的研究和开发。要将资源节约、替代、循环利用以及污染治理和生态修复等先进适用技术的开发纳入国家和地区中长期科技发展规划，加强产学研合作，充分发挥大专院校、科研院所、骨干企业的科研优势，共同研究解决资源节约与循环利用、污染治理与生态修复等关键技术问题。建立健全知识产权保护体系，加大保护知识产权的执法力度，保护企业自主开发节能环保技术和产品的积极性，引导企业研发节能环保实用技术，强化生态文明技术的示范与推广，重点支持节能减排、再制造、共伴生矿产资源和尾矿综合利用、废物资源化利用、有毒有害原材料替代、循环经济产业链接、污染治理、生态修复等关键技术和装备的产业化示范。通过举办生态文明国际博览会等形式，展示国内外节能环保产品、技术与装备，积极开展生态文明建设的交流与合作。建立生态文明技术咨询服务体系，依托国家级实验室、工程技术中心、科研院所、高校、行业协会以及企业，为全社会提供生态文明法规政策研究、环境发展规划制定、节能环保技术咨询等。与此同时，以各地再生资源回收体系为基础，建立区域性的废弃物交易中心、再生产品交易中心，利用定期或不定期举办国家级或区域性的生态文明博览会等形式，进一步促进节能环保技术、装备、产品的交易体系建设。

三、生态文明建设的法律政策保障

党的十八大报告第一次提出建设"美丽中国"，这是一个有着丰富内涵、包容性极强而又开放的概念，而生态法律文明建设则是实现"美丽中国"梦想的重要前提条件之一。建设"美丽中国"，实现中华民族伟大复兴需要强有力的绿色产业扶持机制作支撑，也迫切需要相关法律政策保障机制来保驾护航。当然，这不仅需要完善环境资源法律关系，也需要其他相应部门法律的协调和规范，更需要提高公民的环境资源保护意识和相应的法律责任意识。

我们知道，生态文明建设牵一发而动全身，不仅需要道德力量的推动，也需要政府和权力机关出台必要的政策、制定相关法律法规进行硬约束。30多年来，我国资源环境管理逐步加强，已经制定了9部环境保护法律，15部自然资源法律，制定颁布了环境保护行政法规50余项，部门规章和规范性文件近200件，军队环保法规和规章10余件，国家环境标准800多项，批准和签署多边国际环境条约50余项，地方性环境法规和规章1600余件，基本建立了具有中国特色的资源环境法律体系。但是，面对"十二五"时期的新形势新任务，现行资源环境管理还存在着诸多不适应的方面，亟待进一步深化改革。由于我国环境资源立法起步较晚，目前尚存在着不少问题。从法理角度看，我国还没有一部全面规制环境资源问题的基本大法，现行的《中华人民共和国环境保护法》只能说是一部单行法，由全国人大常委会制定实施，在制定效力与影响力方面甚至还不如我国的《预算法》、《银行法》等。即便是现在的环境资源立法工作，立法理念、法律内容与其他相关法律法规之间的诸多衔接问题还有待完善，当务之急是必须建立一个系统完善的尤其是与生态文明建设任务相适应的环境资源法律体系。① 应该说，长期以来，我们在资源环境领域的执法工作方面缺乏系统性和连续性，更多地是以罚代管，监管不力、问责不严的现象还比较突出，这反映了我国资源环境管理与监督的制约机制还不健全。现行资源环境法律对政府行为规范不够，注重规定政府的权力，相应的义务和约束性规定薄弱；法律责任制度设计不严密，对违法行为的惩罚力度过低，使得法律的震慑力不够；环境司法还不完善，公民个人和组织通过司法途径来解决资源环境问题还面临法律和技术上的巨大困难。2015年2月2日，湖北省第十二届人民代表大会第三次会议表决通过了《湖北省人民代表大会关于农作物秸秆露天禁烧和综合利用的决

---

① 参见何勤华：《完善生态文明建设中的法律保障体系》，《中国社会科学报》2013年9月18日。

定》，决定从 2015 年 5 月 1 日起，湖北省行政区域内全面禁止露天焚烧农作物秸秆，并推进其综合利用，以促进环境保护和资源节约。[①] 这是我国第一次由省级人民代表大会表决通过的类似决定，在全国具有良好的示范效应。当前正是调整产业结构、淘汰落后工艺设备、提高环保水平的大好时机，要强化环境执法工作，在推行资源综合利用，推行清洁生产，发展循环经济的同时，制定有关生态保护、遗传资源、生物安全、土壤污染等方面的法律法规，辅之以生态环境质量评价、矿山生态恢复、生态脆弱区评估、自然保护区管理评估等技术方法，进一步健全有关生态文明的环境法规和标准体系。

许多发达国家在环境保护方面都具有较强的统一监管和综合决策的能力，其负责资源与环境保护的政府部门行使职权都有明确的法律依据，各部门之间相互协调的机制和程序都很健全，管理方式也是积极主动地实施综合性的管理，包括流域管理、生态系统管理等管理措施。此外，世界各国还在不断探索将环境因素纳入到国家发展政策的范畴，以建立"善治"框架。这些先进的国际环境治理经验值得我国政府吸取和借鉴。今后一个时期，我们要更加注重法律的修改完善和配套法规的制定，更加注重健全立法机制，克服立法过程中的部门利益化倾向，坚持科学立法、民主立法，增强法律的科学性、合理性和可操作性，充分体现人民群众的合理诉求。要抓紧修改环境保护法和大气污染防治法、土地管理法、矿产资源法和森林法等，推动能源法、原子能法和自然遗产保护法的出台，并相应地制定一系列配套法规和地方性法规，完善资源环境法律体系。要完善环境标准制度，建立符合我国国情的环境基准体系，强化环境监测制度，建立国家监测网络和监测数据信息体系，通过制度保障监测数据和环境质量评价的统一；完善跨行政区污染防治制度，总结区域流域综合管理的实践经验，补充总量控制制度，推动从控制污染物排放浓度到实现保护和改善环境质量工作思路的调整，特别是要充实农村和资源开发利用过程中的环境管理措施，推动薄弱地区和薄弱环节的管理。我们要增强环境资源保护领域的财产权（物权）法意识，遵从世界上关于环境资源保护的国际公约和国际条约的规定，修订和完善相应的国内法

---

① 参见《湖北立法全面禁止露天焚烧秸秆》，《新华每日电讯》2015 年 2 月 2 日。

规定；修订和完善与环境资源保护相关的其他领域的法律法规，切实发挥好
我国社会主义法律体系在保护环境与资源方面的整体合力，为生态法律文明
建设提供坚实的基础。①

四、生态文明建设的教育示范

在当前资源与环境问题非常突出，经济发展内生驱动力非常强的情况
下，中国生态文明建设任重而道远，必须转变国土空间开发格局、产业结
构、生产方式和生活方式，才有可能实现建设"美丽中国"的梦想。要实现
这些转变，教育在生态文明建设中将起到重要的作用，而中国这方面的工作
差距很大。② 生态道德意识是建设生态文明的精神依托和力量源泉，只有通
过文明教育示范，大力培育全民族的生态道德意识和社会责任感，把人们热
爱自然、保护环境、崇尚节俭的道德意识转化为个人的自觉行动，才能为生
态文明的健康发展开辟更广阔的空间，奠定更坚实的群众基础和社会基础。
"行为的道德伦理规范是构成制度约束的一个主要方面，它得之于对现实的
理解（意识形态）。人们往往发展了这种理解而与环境相抗衡。"③ 建设生态
文明，必须把道德关怀和责任感引入人与自然的关系中，树立起人对于自然
的道德义务感，养成良好的生态伦理观，从而消解人与自然环境的对抗，最
终实现人与自然环境的和谐。文明教育示范的形式应该多种多样，可以运用
广播、电视、报刊等各种新闻媒体，广泛宣传绿色产业、绿色消费、生态城
市、生态人居环境等有关生态文明建设的科普知识；组织青少年参观生态产
业园、绿色食品生产加工基地，让生态文明的理念入脑入心，增强全民的生
态忧患意识、参与意识和责任意识，形成人与自然和谐相处的生产方式和生
活方式。

我们知道，生态伦理与道德是人类处理自身及其与周围的动植物、环

---

① 参见何勤华：《完善生态文明建设中的法律保障体系》，《中国社会科学报》2013 年 9 月
18 日。
② 参见王元丰：《中国生态文明建设教育不能缺位》，《联合早报》2013 年 6 月 22 日。
③ [美] 道格拉斯·C. 诺思：《经济史中的结构与变迁》，上海三联书店、上海人民出版社
1994 年版，第 228—229 页。

境和大自然等生态环境关系的一系列道德规范，这种道德规范告诫人们，人与自然不存在统治与被统治、征服与被征服的关系，万物平等，都是生态链条上的有效元素之一。正确的生态伦理价值指向应该体现在三个方面：一是以一种可持续发展的伦理观念重新定位"人类中心主义"霸权思想，提倡所有生物的平等共赢；二是以一种全新的生态视角重新思考人类发展过程中人与自然、人与社会的关系，提倡万物生态和谐；三是以一种全新的理性方式重新调整人类传统的生产方式和生活模式，提倡低碳可持续发展。这种生态伦理道德观的形成仅仅依靠人自身的"自知之明"是不够的，还需要国家法律或者是其他形式的他律约束，这种刚性约束目的是促使民众对自己习惯化了的非生态行为作出调整，让日益恶化的自然环境逐步得到修复。① 我们要教育好、引导好广大民众生态伦理的价值指向，倡导用生态原理来处理人际、代际和物种之间的关系，用道德的砝码来平衡人与自然环境的冲突，实现环境正义，保护生态利益。在生态文明的教育示范过程中，政府可以充分发挥自身的优势，积极购买绿色产品，直接拓展绿色产品的销售渠道；在政策制定时，可以增设相应的责任制度，比如，科研机构、高等院校应当主动承担起发展绿色经济的重任，按照科学发展观和国家制定的可持续发展战略要求，研究制定建设生态文明的战略、规划等，以节能、降耗、清洁生产、环境保护以及废弃物再利用等循环型技术开发作为主要研究领域，并为企业发展循环经济提供技术指导和咨询服务；社会大众，包括城乡居民有责任从自身做起，从身边小事做起，抵制污染，拒绝豪华包装，养成分类存放垃圾的良好习惯。

引导公民参与生态文明建设，不能停留在宣传口号、舆论氛围上，还要落到实处——公民参与，这也是文明教育示范的最终目的。榜样的力量是无穷的，可以广泛开展绿色人物、绿色饭店、绿色商厦、绿色企业、绿色社区、绿色家庭标兵的创建评比活动，以评促建、以评促改、以评促管、以评促发展；利用广播、电视、报刊、网络等新闻媒体广泛开展多层次、多形式

① 参见郑贤跑：《民众的生态教养是生态文明建设的核心要素》，《苍南新闻》2013 年 4 月 25 日。

的生态文明建设先进典型事迹宣传，弘扬典型人物和绿色标兵的生态文明观、价值观；同时各有关部门要对在节能减排、清洁生产、发展循环经济等各领域为生态文明作出贡献的人物、单位给予表彰鼓励，营造一种你追我赶，"学先进、赶先进、争先进"，积极争做"生态人"的良好氛围。① 实践证明，公民的积极参与扩大了政策资源的汲取范围，增强了社会利益的整合功能，所以公共决策能够反映最大多数人的意志，能更好地协调社会各种利益关系，从而增强社会的认同感；同时，公民的积极参与决策也满足了公民参政议政的心理需求，增强了他们的社会责任感和归属感。"每一个人在其早已习惯了的循环体系中，均能迅速地进行合理的行动，因为他可以确信自己的行为根据，并且将得到所有其他人的与这一循环体系相适应的行为的支持，而这些人反过来也会对他所从事的合乎习惯的活动抱有期望。然而，一旦他必须面临一项全新的任务时，他就不能仅仅是单纯地这样去做。虽然在熟悉的渠道中他可以相信自己拥有足够的能力和经验，但一旦当他面临着创新时，他就需要来自其他方面的指导。"② 生态文明教育示范的最终目的就是强化社会良俗的正确引导，鼓励公民参与环境治理与保护，在尊重不同利益诉求的基础上，进一步促进公共政策的合法性。

第四节　生态文明建设中的国际合作

　　生态文明是当今我们人类理性反思的共同产物，人类生产生活方式的调整、生活环境与质量的改善都依赖于生态系统的和谐运转。在科学技术和现代工业快速发展的今天，我们再也不可能陶醉在对自然界的征服里，绿色发展和可持续发展才是世界各国利益的汇合点。应该说，在生态文明建设的世界潮流面前，没有谁能成为看客，中国作为一个负责任的发展中大国，在保护环境、建设生态文明的国际合作中，始终恪守共同但有区别的责任原

---

① 　参见郑贤跑：《民众的生态教养是生态文明建设的核心要素》，《苍南新闻》2013 年 4 月25 日。

② 　[美] 约瑟夫·熊彼特：《财富增长论》，陕西师范大学出版社 2007 年版，第 118 页。

则、公平原则、各自能力原则，深入推进国际环境公约的履约工作，为共同
应对全球气候变化，共同推动人类环境与发展事业作出了积极贡献，成为世
界环保领域的重要力量。

一、全球生态环保形势整体堪忧

根据联合国环境署（UNEP）的分类，全球环境问题可分为 5 大类：（1）
大气系统，如气候变暖、臭氧层耗损、酸雨、大气棕色云等；（2）土地系
统，如荒漠化、土地与森林退化等；（3）海洋和淡水系统，如海洋污染、水
资源匮乏等；（4）化学品与废物，如持久性有机物污染、危险废物越境转移
等；（5）生物多样性破坏。尽管世界各国、相关组织和机构、各利益攸关者
等通过制度、政策、技术、投资、能力建设以及国际合作等在解决上述环境
问题方面作出了巨大的努力，取得了一些进步，但是全球环境总体状况改善
没有取得期望的结果，地球环境问题依然严重。总的态势是：局部地区有所
改善，全球总体继续恶化，全球环境变化的地理与社会分布失衡加剧。[①]

首先，以环保国际合作为主要内容的生态文明建设在世界范围内发展
不均衡，全球层次上环境总体状况恶化，环境问题地区及社会分布失衡加
剧，穷人和穷国成为环境问题的最大受害者。过去 20 年间，少数发达国家
及地区凭借经济全球化过程中的资本和技术优势，调整产业结构，大力发展
金融服务贸易业，向发展中国家和落后地区转移原材料加工、重化工业、制
造业等高污染产业，在减轻自身环境压力的同时，进一步恶化了大多数欠发
达、发展中和转型国家及地区的环境状况。环境污染问题是资源配置中的历
史产物，不同国家和地区在其中扮演的角色是不一样的。全球化对经济要素
如劳动、资本以及技术等重新配置的过程，实质上是资源环境要素和环境问
题重新配置和分布的过程，在这个"资本决定后果"的过程中，发达国家通
过全球化竞争，站在世界产品链和产业链的高端，从发展中国家和地区汲取
能源、食物、工业产品等，坐享其利，转嫁污染，自身环境的改善完全是建
立在牺牲广大发展中国家和落后地区环境利益的基础之上，从而导致全球环

---

① 参见俞海：《全球环境变化与中国国际环境合作》，《国际问题论坛》2008 年夏季号。

境问题的地缘分布不平衡进一步加剧，穷人、穷国和脆弱地区成为环境恶化的最终受害者。

其次，少数相对简单的全球和区域环境问题的解决取得了积极进展，但是多数问题如节能减排、生态补偿、土地荒漠化、绿色环保技术攻关等问题进展缓慢。根据联合国环境署的评估，取得积极进展的全球环境问题主要是臭氧层破坏和酸雨，除此之外，国际社会制定了温室气体减排条约，建立了一些新形式的碳交易以及碳补偿市场；保护区不断增加，大约覆盖了地球面积的 12%；另外还提出了很多方法来应对其他各种全球和区域环境问题。但是大多数问题没有得到实质性解决，主要体现在这样几个方面：（1）全球变暖对全球和人们产生各种影响，包括极地冰川融化，导致海平面上升；影响降雨和大气环流，造成异常气候，形成旱涝灾害；导致陆地和海洋生态系统的变化和破坏，对人体健康和生存造成不利影响等。根据评估，由于气候变暖造成的海平面上升将会对世界上 60% 的居住在海岸线附近的人口产生严重后果。（2）生物多样性丧失依然在持续，生态系统服务功能退化。根据综合评估，现在物种灭绝的速度比史前化石记录的速度快 100 倍；全球 60% 的生态系统功能已经退化或正在以不可持续的方式利用；脊椎动物群中 30% 以上的两栖动物、23% 的哺乳动物以及 12% 的鸟类都受到了威胁；从 1987—2003 年，全球淡水脊椎动物的总数平均减少了将近 50%。（3）在水土资源利用方面，灌溉用水已经占可用水量的 70%，随着对食物的需求增加，对淡水的需求量也会增加，到 2050 年，发展中国家水的使用量会增加 50%，发达国家也要增加 18%。但是淡水供应量在减少，如果按现在的趋势发展下去，到 2050 年，将有 18 亿人口生活在极度缺水的国家和地区，世界 2/3 的人口受到影响。与此同时，在食物需求和供给的驱动下，土地利用程度急剧上升，20 世纪 80 年代，每公顷农地的谷物产量为 1.8 吨，现在则是 2.5 吨，但是这种不可持续的土地利用方式造成了严重的土地退化，已经威胁到全球 1/3 的人口，特别是在旱地集中的发展中国家与地区，土地荒漠化趋势日益严重。

最后，全球环境问题与国际政治、经济、文化等非环境领域因素的关系越来越紧密，全球环境问题的泛政治化、经济化、法制化与机构化趋势日益明显。实际上，全球环境问题背后的实质是各个国家和地区在全球化趋势下对环境要素和自然资源利用的再分配，是利益的争夺，包括经济和政治利益。如气候变化问题，受气候变化影响最大的国家如小岛屿国家要避免气候变暖、海平面上升带来的威胁，敦促其他国家进行温室气体减排；工业化国家为维持既有的生产和消费方式及其利益，对发展中国家施加压力，增加其减排的责任；而新兴经济体以及发展中国家要维护自己的发展权而为自己争取更大的温室气体排放空间。总的来看，围绕《联合国气候变化框架公约》、《京都议定书》以及后《京都议定书》时代的国际规则和资金机制等相关问题，不同利益攸关者为各自利益而进行的谈判斗争日益激烈。①

当今世界尽管地区冲突不断，各种灾害频发，但和平、发展与合作仍然是世界经济与社会发展的主流，以联合国为主导的国际社会为缓解各种矛盾和危机作出了长期不懈的努力。特别是面临日益严峻的环境挑战，开展了广泛的国际合作，生态文明建设不断取得新进展。联合国人类环境会议于1972年6月在瑞典斯德哥尔摩举行，这是世界各国政府共同讨论当代环境问题、探讨保护全球环境战略的第一次国际会议，会议通过了全球性保护环境的《人类环境宣言》和《行动计划》，号召各国政府和人民为保护和改善环境而奋斗，它开创了人类社会环境保护事业的新纪元，这是人类环境保护史上的第一座里程碑。2014年6月，第一届联合国环境大会在肯尼亚首都内罗毕联合国环境规划署总部开幕，大会通过了多项决定、决议，内容包括：提高空气质量；科学政策平台；基于生态系统的适应；水质监测和标准；野生动植物非法贸易；化学品和废弃物管理；海洋塑料废物和微型塑料；联合国系统在环境领域的协调；环境署和多边环境协议之间的关系；2016—2017年环境署预算和工作方案；等等。很明显，环境保护和生态文明建设注定是一种全球性的文明形态示范，是一场全人类共同参与的"绿色工程"，绝不是几个少数国家或地区把玩的政治游戏，否则，以绿色为标志的生态文明建设就不具有可持续性，也不会产生广泛的社会影响。"历史的教训之一就是，没有一种文明是可以想当然的，文明的持久性从未得到过保证。如果

---

① 参见俞海：《全球环境变化与中国国际环境合作》，《国际问题论坛》2008年夏季号。

你干得很糟糕，而且犯了许多错误，那么在前面等待着你的将是一个黑暗的年代。"① 我国目前的环境发展能力、政策供给、体制机制安排等方面还难以满足绿色发展与转型的现实和潜在需求，加之中国发展的外部环境复杂、多变，不确定性因素显著增多，国内资源环境问题与全球资源环境问题叠加、交织、并存，这些新的问题和挑战，更增加了中国绿色发展与转型的难度，需要我们在生态文明建设过程中，既要立足于国内经济社会发展的需求，又要适应国际绿色经济与全球环境变化浪潮的兴起，在建设过程中不断开拓国际化视野。②

二、生态文明建设中的国际合作效应

生态文明建设与环境保护是一个非常复杂的系统工程，其与国际政治和经贸等密切相关，解决全球环境问题，加强国际合作，促进全球可持续发展必须在拥有良好的政治意愿基础上，与经济发展、脱贫、经贸合作统筹考虑。特别是对于广大发展中国家而言，环境问题始终与贫困和发展等社会经济问题紧密交织在一起，在自身生产生活条件恶劣、连基本的生存都面临威胁的境遇面前，倡导保护环境和绿色生活只能是奢望。环境恶化的根源在于贫困，在于落后，贫困与落后迫使人们千方百计谋求发展，发展方式不当就会对生态环境造成破坏。为此，减轻世界贫困、促进发展中国家的经济发展不仅是道义上的问题，也是保护全球生态环境的前提条件。③ 如前所述，环境保护不是哪一个国家或哪一个政府的事，仅仅依靠联合国和各国政府自行其是，往往会陷入集体合作的"囚徒困境"。人类可持续发展事业需要新的动力，那就是民间力量的崛起和绿色低碳创新的爆发力，全球化视域下生态文明的建设特别需要多元治理主体（无论是群体的还是个体的）之间相互依存、相互作用所产生的特定功能来实现。2012 年 5 月，联合国环境规划署在纽约联合国总部推出一个新型网络平台，以帮助南南合作和可持续发展事业的"利益攸关方"共享信息和专门知识。这一新的交流平台"不但能够提

① ［美］理查德·尼克松：《1999：不战而胜》，上海三联书店 1989 年版，第 311 页。

② 参见徐庆华：《中国环境保护国际合作历程与展望》，《环境保护》2013 年第 7 期。

③ 参见俞海：《全球环境变化与中国国际环境合作》，《国际问题论坛》2008 年夏季号。

高人们对于当前全球正在实施的南南合作环境项目的关注，而且能够促进和扩大南南合作和三方合作项目"，这是联合国环境规划署支持南南合作的不懈努力所取得的最新成果。

建设生态文明不仅是局部的具有强烈技术性、专业性的科技问题，而且是关系全局的具有深刻社会性、战略性的文化问题，需要科技与人文联手攻关，需要国际社会的广泛参与。"光是保护自然资源并不能挽救世界，光是控制人口也不能挽救世界。经济、政治、教育和其他方面的措施也是不可缺少的；不过如果不控制人口，不保护自然资源，其他方法肯定是要失败的。一个国际组织如果只寻求经济和政治方面的解决办法，而忽视生态问题，那它就会像只有一个翅膀的鸟，不但没有一点用处，反而会使人类陷入更严重的困境。"① 随着联合国、世贸组织等国际机构的代表性和处理国际事务的能力趋于增强，国际事务中的所谓"无政府状态"得到了一定程度的改善，这是保证世界总体局势和平稳定的重要因素，也是开展生态环保领域国际合作的强大动力。近年来，大多数国家为了自身的利益，都在千方百计寻求对全球公用资源的自由使用权，结果造成全球公用资源的任意破坏。要消解生态合作的矛盾和困境，就必须建立一种合作协调机制，合作为目的，协调为手段。毋庸讳言，第二次世界大战以来，联合国在国际合作协调方面发挥了很大的作用，特别是在应对全球气候变暖、"三废"减排和人类健康等领域功不可没。联合国宪章规定，联合国宗旨之一是促成国际合作，以解决国际间属于经济、社会、文化及人类福利性质之国际问题，且不分种族、性别、语言或宗教，增进并激励对于全体人类之人权及基本自由之尊重。但是在具体实践中，同样暴露出结构上和功能上的缺陷。针对生态文明建设中的国际合作问题，联合国召开了 3 次全球性环境会议，即 1972 年人类环境会议、1992 年联合国环境与发展大会以及 2002 年的世界可持续发展峰会。与 1972 年里约会议相比，2002 年峰会参会人员层次有所下降，只有不到 50% 的政府首脑参加，加之美国总统的缺席，导致媒体对这次会议的声音是批评多于赞誉。目前，发达国家和发展中国家对生态环境破坏方面的相互指责和

① ［美］威廉·福格特：《生存之路》，商务印书馆 1981 年版，第 249 页。

生态治理方面责任分担的争论，已成为全球生态治理的焦点。这种相互推卸责任的做法只能对全球生态环境带来更大灾难，联合国应该在协调各方的基础上制定科学的环境评估标准，加大环境保护的国际立法，坚持软性约束和刚性约束相结合，坚持自我评估监督和他人评估监督相结合。①

我们知道，在很大程度上，发达工业国家以牺牲生态文明、破坏生态环境为代价实现了经济增长，它们走向现代化的每一步都伴随着生态环境的恶化。一些西方发达国家一方面呼吁重视和解决生态问题，另一方面为了本国短期利益而置他国的环境污染和人民福利于不顾，置全人类的长远利益和国际公法于不顾，肆意向公海或他国海域大量倾倒污染物，向发展中国家大量转移具有污染性的产业，恶化了发展中国家的生态环境。② 与此同时，在国际框架内，各类气候通关谈判进展不顺，遇到的各种阻力也不小。2012 年 12 月 8 日通过的"多哈气候通关"谈判，通过了欧盟 20% 减排总量保持不变，成员国波兰决定全部放弃"热空气"持有，但不限制波兰的排放，相当于 20% 的任务由欧盟其他 26 个国家完成为基本内容的"一揽子"平衡计划，这样就结束了《京都议定书》（KP）第二期和长期合作特设工作组（LCA）的"双轨"谈判时代，开启了"德班增强平台"之下的"一轨"谈判时代。在这次谈判中，尽管中国和其他发展中国家表示了不满意，包括发达国家的减排力度以及出资规模；发达国家也表示了不满意，其中包括一些关于公约的原则；俄罗斯因为"热空气"的事情"大闹"现场，但 COP18"多哈气候通关"还是一次妥协到了底线为保机制的谈判，"因为大家都不愿意看到谈判的崩裂，先保住'一揽子'的成果，就保住多边谈判机制"。"没有了机制，地球肯定输定了，而有了机制，至少还有希望。"③ 由此看来，生态环保领域的国际合作任重道远，还有很长的路要走。

---

① 参见张首先：《生态文明研究》，西南交通大学博士学位论文，2010 年。

② 参见罗文东：《生态文明、科学发展与社会主义》，《重庆邮电大学学报》（社会科学版）2011 年第 1 期。

③ 赵川：《COP18"多哈气候通关"开启一轨谈判时代》，《21 世纪经济报道》2012 年 12 月 11 日。

三、中国成为环保领域国际合作的重要力量

中国作为一个幅员辽阔的世界第二大经济体，也是环保国际合作中不可或缺的重要力量，解决好环境保护与经济发展均衡协调的问题，无疑是对全人类的一大贡献。"在一个社会由一种生活方式向另一种生活方式的转变时，痛苦的过渡是不可避免的。除非不进行改革，否则就不可能完全避免过渡。谁也做不到这一点。倾向改革是人的天性。因为人从本质上说是好奇的，因此不断积累知识，这就改变了他的生活方式。"[1] 近年来，我国在参与和推动国际环境合作与交流方面日益活跃，树立了负责任的环境大国形象；同时，在双边、多边和区域国际环境合作中，坚持"以外促内"原则，围绕我国的环境保护事业，维护国家权益，极大地促进了我国的环境保护。"对于经济发展，特别是对于提高人民生活水平来说，重要的不是政府如何建立，而是政府应履行什么职责。无论政府如何建立，政府应该通过一系列有效的特定的工作，促进经济的发展和人民生活水平的提高，同时放松对经济生活的控制。这些为人们熟知的工作是：公共安全，意味着保护人民生活和财产的安全，包括产权的界定；保持币值稳定；根据人民的利益处理好外部关系；提供最基本的教育、公共卫生保健和交通；帮助那些不能自立和不被别人帮助的人。一个国家的经济控制局限于这些功能，才可能最有效地促进个人的自由和经济福利。"[2] 随着国际分工以及国际环境资源的重新配置日益深化和复杂，我们需要从中国长远的发展出发，在全球范围内对环境资源要素利用有一个长期的全局性的统筹考虑与战略布局，即中国需要一些海外基地或"后院"支持中国对资源、环境要素的需求，以及政治、军事等方面的支持。在此框架和目标下，在国际环境合作与外交中，需要准确评估海外的环境合作与保护对未来我国发展的贡献，定位周边区域国家对我们发展所做贡献的角色与作用，在此基础上，充分利用国际环境与资源，使其为国内的总体发展战略和利益服务。[3] 作为一个负责任的环境大国与发展中大国，中

---

① ［美］阿瑟·刘易斯：《经济增长理论》，商务印书馆 2005 年版，第 532—533 页。

② ［美］詹姆斯·A.道等编著：《发展经济学的革命》，上海三联书店、上海人民出版社 2000 年版，第 270—271 页。

③ 参见俞海：《全球环境变化与中国国际环境合作》，《国际问题论坛》2008 年夏季号。

国在区域环境合作中始终坚持"睦邻，安邻和富邻"政策，大力加强和推动与周边国家或相关地区的合作，参与区域合作机制化建设，从来不做环保事业的看客。

一是积极拓展与国际组织合作。中国在环保方面的国际合作呈现出多边与双边相结合、官方与民间相结合的特点。从多边机构参与我国环保项目看，世行、亚行等机构均提供了贷款。以世界银行为例，世行曾对北京治理水污染和大气污染的一个项目投资 1.25 亿美元。联合国机构也从培训、人员交流、项目资助等多方面参与我国环境保护。联合国开发计划署在《东亚海域海水污染预防与管理》项目中，把中国福建省厦门海域作为重点观测区之一，并曾在厦门市开会协调行动。中国与联合国环境规划署合作，多次在中国举办沼气使用、沙漠治理、生物方法治理污染源等有关问题的国际研讨会和培训班，联合国环境规划署还对浙江省绍兴水污染治理项目、四川省和江苏省的小造纸厂排污治理项目提供了资助。[①]2003 年 9 月，联合国环境规划署在北京设立代表处，驻华办事处是其在发展中国家设立的第一个国家级代表处，这充分表明了联合国环境规划署重视对华合作，也体现了中国在国际环境事务中的地位和作用。该代表处与中国国家环保总局和其他部委、国际组织和非政府组织在环境评估、环境法规、教育和培训、环境管理、技术转让和创新以及预防自然灾害等方面开展合作，还将开发和支持在中国实施全球环境基金项目。应该说，该代表处的建立是在应对中国这个世界上最大的发展中国家正面临和即将出现的环境挑战中所取得的重大进展。2013 年 4 月 20 日，联合国环境规划署和广东慧信环保股份有限公司在北京召开新闻发布会，通报双方签订战略合作协议相关事项。经过环境署严格的考核和审核程序，中国最大的工业废水净化和沉淀剂制造商慧信环保公司成为第一家获此殊荣的中国企业，将作为战略合作伙伴加盟联合国环境署，并支持创设"地球卫士奖"。环境署新闻司司长兼发言人尼克·纳托尔表示，中国的机构和企业表现出了日益增长的环保意识，环境署希望跟中国企业合作，进一步提升公众、企业和政府对满足可持续生活需求的理解。高校在培养下一代政

---

① 参见汪巍：《环保领域的国际合作对中国至关重要》，《中国青年报》2006 年 1 月 23 日。

策制定者以及构建有效政策执行力中扮演着关键角色，联合国环境署目前与世界相关大学的合作日益加深，正是基于过去 10 年与中国同济大学成功合作的范例。环境署与同济大学 2002 年联合创办了联合国环境署—同济大学环境与可持续发展学院（IESD），这所位于上海市的学院至今吸引了来自 50 个国家的 300 多名学生，承担了环境署的多项科研项目。

二是加强与发达国家务实合作。中美两国在解决环境问题中的双边合作整体上是稳定的，提升到了战略高度，并有一定进展与成效。早在中美两国建交伊始的 1980 年，双方就签署了《中美环保科技合作议定书》，规定在平等、互利和互惠的基础上，在研究空气、水、土壤、海洋、环境的污染对人体健康和生态的影响，以及城市环境的改善、大自然的保护等方面进行合作。奥巴马上台后，美国政府提升了中美环境保护合作战略对话的层次，中美双方扩大了在环境领域的合作。2009 年 7 月底，首轮中美战略与经济对话举行，中美草签了《中美两国政府关于加强气候变化、能源和环境合作的谅解备忘录》，承诺双方将继续开展中美能源环境 10 年合作，并积极发展新的合作领域。对话期间双方还举行了 10 年合作部长级对口磋商，同意保持 10 年合作框架的完整性、延续性和务实性，稳步推进合作并努力取得积极务实的成果，为推动中美两国双边关系作出贡献。2009 年 11 月，奥巴马总统访华期间，双方正式签署了《中美两国政府关于加强气候变化、能源和环境合作的谅解备忘录》，重申将持续推进 10 年合作，并宣布就 10 年合作框架下的能效行动计划达成一致，双方积极评价《中美能源和环境十年合作框架》自 2008 年启动以来取得的进展。[1] 为落实 1999 年中日韩领导人第一次会晤上提出的关于加强环境合作与对话的倡议，中日韩三国于当年启动了环境部长会议机制，在沙尘暴监测合作、东亚酸沉降监测网、三国环境教育网络与环境人力资源开发计划、中国西北地区的生态保护、淡水资源保护、环保产业等多方面开展了合作与对话，并取得了切实效果。[2]

三是深化与发展中国家务实合作。中国和东盟，一个是最大的发展中

① 参见吴晓春：《中美环境合作的成效与问题》，《湖南社会科学》2013 年第 1 期。
② 参见任媛媛：《中日环保合作的市场化动作模式探讨》，对外经济贸易大学硕士学位论文，2008 年。

国家，一个是最大的发展中区域组织，面临着区域经济发展绿色转型的共同挑战与机遇，决定了双方之间的合作是推动区域可持续发展的关键力量。近10年来，特别是2010年中国—东盟环境保护合作中心成立以来，中国与东盟的环境合作迎来了新的发展契机，双方通过了环境合作战略，制定了二期合作行动计划，重点推进了生物多样性和生态保护、环保产业与技术交流、环境管理能力建设、联合研究等领域的合作；启动和实施了中国—东盟绿色使者计划，制定了中国—东盟环境技术产业合作框架，双方的成功合作探索了卓有成效的区域环境合作和南南环境合作的新模式。中国先后与南非、印度、巴西、韩国等国家签署相关的联合声明、谅解备忘录和合作协议等，建立气候变化合作机制，加强在气象卫星监测、新能源开发利用等领域的合作，为发展中国家援建200个清洁能源和环保项目。加强科技合作，实施了100个中非联合科技研究示范项目；加强农业合作，援建农业示范中心，派遣农业技术专家，培训农业技术人员，提高非洲实现粮食安全能力。中国注重在人力资源开发上的合作，实施援外培训项目85个。2008年12月，中国在吉布提举办了清洁发展机制与可再生能源培训班；2009年6月，在北京举办了发展中国家应对气候变化官员研修班；2010年，共安排19期应对气候变化和清洁能源国际研修班，为受援国培训548名官员和专业人员。①特别是中国和南非的企业在生物物质和煤的混合电厂项目，清洁煤与高效利用项目，分布式能源、光热光电一体化项目，工业、建筑领域能源优化与数据管理项目，节能产品与设备，环保与资源综合利用领域的基础设施建设与维护项目等领域拥有广阔的市场合作机会；国际节能环保协会也就此卓有成效地开展了有关合作与推广，并和联合国工发组织、南非政府共同合作，进行项目的示范推广。

---

① 　参见吴晓春：《中美环境合作的成效与问题》，《湖南社会科学》2013年第1期。

第七章　推进"生态文明"建设
与构筑"美丽中国梦"

　　我国政府和人民长期以来把实现"富强、民主、文明"的社会主义现代化国家作为奋斗目标，并且为之付出了艰苦卓绝的努力。经历了几代人的辛勤付出，特别是30多年的改革开放，我国在经济、政治、社会、文化建设等方面取得了举世公认的巨大成就。但与此同时，生态问题也如幽灵一般紧随其后：大气污染日益严重、水土流失、水体污染、地下水位下降、沙漠化程度加深、森林资源锐减、物种加速灭绝，生态环境的恶化与生态服务功能的退化使我们的生存与发展面临严峻考验。加之矿产能源的急剧消耗以及各种有机资源的匮乏，使我国社会经济的发展陷入不可持续的危机。尽管我国政府越来越重视并采取了果断措施加强管理和监控，但是总的来看，目前生态环境的基本状况是局部有所改善，总体趋向恶化，治理程度远远不及破坏速度，生态赤字仍在扩大。如果我们付出巨大的生态代价所换来的经济增长，最后又都被生态环境的恶化所抵消掉，甚至"得不偿失"，如果社会的发展不是导向人民幸福，而是使人民连呼吸都觉得困难、生命都受到威胁，那么这种所谓的发展还有什么意义呢？如果没有了人民的福祉，没有了国家的安全，那么中华民族的伟大复兴又从何谈起呢？

　　整理好过去才能放眼未来。在继续行进之前，我们确实需要冷静审视以往的经验教训，深度反思发展中存在的和可持续发展将面临的问题，在此基础上，解放思想、开拓创新，科学合理地设计和规划未来的方向和路径——这就是我党确定的以推进"生态文明"建设为抓手，全面构筑"美丽中国梦"，实现中华民族伟大复兴的宏伟蓝图。

第一节 "美丽中国梦"的生态内涵

一、"美丽中国"与"中国梦"

"美丽中国"是党的十八大报告中的崭新名词，它出现在十八大报告第八部分"大力推进生态文明建设"的首段："建设生态文明，是关系人民福祉、关乎民族未来的长远大计。面对资源约束趋紧、环境污染严重、生态系统退化的严峻形势，必须树立尊重自然、顺应自然、保护自然的生态文明理念，把生态文明建设放在突出地位，融入经济建设、政治建设、文化建设、社会建设各方面和全过程，努力建设美丽中国，实现中华民族永续发展。"在党的重要文件当中出现这一富有情感色彩的描述性或者说评价性语言，这是前所未有的事情。从党的十六届三中全会我党明确提出科学发展观的概念以来，实现社会发展与资源环境相协调就成为中国特色社会主义发展中的重要课题。党的十七大在科学发展观的指导下，第一次将生态文明写入报告，并将建设资源节约型、环境友好型社会写入党章，建设生态文明被首次列入国家重要发展战略，成为全面建成小康社会的基本要求。"十二五"规划纲要又在此基础上进一步提出了"绿色发展"理念。这些都充分展示了党和政府对建设生态文明的高度重视。但是在党的重要文献中将建设生态文明独立成篇，并明确将其纳入中国特色社会主义总体布局还是第一次。十八大不仅将建设生态文明与人民福祉、民族未来、国家建设紧密联系在一起，更将生态文明置于实现社会整体文明的基础地位，向全党全国人民发出了建设美丽中国、努力走向社会主义生态文明新时代的伟大号召。"建设美丽中国，实现中华民族永续发展"，国家美丽、民族永续，十八大报告对国家和民族之未来这一饱含感情色彩的设想具有丰富的价值定位，因此引发了社会各界的共鸣。人们各抒己见，纷纷从不同角度来诠释"美丽中国"所包含的对未来中国社会发展模式、路径与前景的期许。

十八大以后，2012年11月29日，党的新一届领导班子在国家博物馆参观《复兴之路》的陈列展览，习近平发表了重要讲话。他回顾和总结了近代以来中国人民为实现复兴走过的历史征程，并用追求"梦想"来描述这一伟大历程，强调实现中华民族伟大复兴是近代以来中华民族不懈追求的"中国梦"。他还用"长风破浪会有时"来描述中华民族光明的前景。习近平指出："我们比历史上任何时期都更接近中华民族伟大复兴的目标，比历史上任何时期都更有信心、有能力实现这个目标。"他号召全党在新的历史时期要更加紧密地团结全体中华儿女，承前启后、继往开来，努力把党建设好、把国家建设好、把民族发展好。经由中国国家最高领导人诠释的"中国梦"一时间跃入全世界的视野，同样也引起了来自各方的强烈反响。

关于"美丽"，中国人对其的理解强调的往往是主体内在特质的美好。无论是对人或对事物，以美丽来评价，都是表达人们发自内心的一种喜爱、认可、赞美和满足的情感。作为人们对自身发展的良好愿望，梦想都是美丽的。美丽中国是对中国梦的一种感性而全面的描述，如果说中国梦是对未来中国的设计和构想，那么美丽中国就是当梦想变成现实的时候呈现于世界面前的未来中国！一百多年前，梁启超的一篇《少年中国说》成为激励国人奋发图强的热血檄文。文中援引"少年"一词所指称的主体特征，对中国的未来发展寄予了深切期望。而当下，"美丽中国梦"则更像一种饱含深情的呼唤，一幅气势恢弘的盛世蓝图，勾画和承载了全体人民对国家强盛、民族兴旺、社会和谐、个人幸福的美好愿景与期盼。

二、"美丽中国梦"是国家强盛之梦

何谓"国家强盛"？一个国家的强盛表现为综合实力的强大，十八大提出的"五位一体"的布局事实上涵盖了国家强盛的基本方面。经济建设、政治建设、文化建设、社会建设、生态文明建设构成了一个有机统一、相互促进的整体，旨在全面提高国家的物质文明、政治文明、精神文明、社会文明与生态文明的总体水平，实现经济富裕、政治民主、文化繁荣、社会公平、生态良好的发展目标。

中国是一个有着悠久历史的文明古国。自秦王朝统一中国，我们国家曾在强盛的发展道路上一路领先，经历了汉朝的巩固和发展，到唐朝时期，强盛、开放的古代中国就已经成为东西方文明交流的中心。唐以降至康乾盛世，中国一直都是矗立在世界东方的巨人。然而当近代西方国家纷纷进入工业文明，中国这个巨人却沉耽于眼前的富足，自命不凡、故步自封，错过了发展的重要机遇而终至沉沦落后。在严酷的内忧外患的打击下，巨人倒下了，一度沦为他国恣意践踏、凌辱、瓜分的弱者。直到孙中山领导发动辛亥革命，中国才揭开了历史的新篇章，扬起了民族振兴伟大梦想的风帆。自此以后，一代又一代中国人前仆后继、浴血奋斗，终于迎来了新中国的成立，使"占人类总数四分之一的中国人从此站起来了"！

　　然而，要在一穷二白的基础上建设崭新的强大的中国，必须要有长远的规划。毛泽东在纪念孙中山诞辰 90 周年的文章中指出，辛亥革命以来不过 45 年，中国的面目就发生了如此巨大的变化，那么"再过四十五年，就是二千零一年，也就是进到二十一世纪的时候，中国的面目更要大变。中国将变为一个强大的社会主义工业国"。[①] 毛泽东认为，"要使中国变成富强的国家，需要五十到一百年的时光"[②]。作为中国改革开放的总设计师，邓小平继毛泽东之后提出了到 20 世纪末人均国民生产总值达到 1000 美元的国家现代化的阶段性发展目标，并将这个发展水平定义为"小康"。1984 年 10 月，邓小平在中央顾问委员会第三次全体会议上，进一步提出 20 世纪末达到小康水平以后，再花 30—50 年时间，国民生产总值接近经济发达国家水平的具体要求。这一设想在中共十三大上得到了明确，形成了经济发展"三步走"战略。1997 年 9 月召开的中共十五大根据"三步走"战略的实施情况，将第三步目标，即到 21 世纪中叶，人均国民生产总值达到中等发达国家水平，人民生活比较富裕，基本实现现代化，进一步细化为三个 10 年的阶段性目标，并首次对"两个一百年"的奋斗目标进行了具体描述：到建党 100 年时，国民经济更加发展，各项制度更加完善；到新中国成立 100 年时，基本实现现代化，建成富强、民主、文明的社会主义国家。中共十六大以后，在科学发展观的指导下，党对"国家强盛"的认识进一步深化，对文明国家的理解更加全面；十七大首次正式明确"提高国家文化软实力"，强调文化

---

① 《毛泽东文集》第七卷，人民出版社 1999 年版，第 156 页。

② 《毛泽东文集》第七卷，人民出版社 1999 年版，第 124 页。

在综合国力竞争中的地位和作用。十七届六中全会进一步提出增强国家文化软实力,"努力建设社会主义文化强国"的战略目标。与此同时,加快推进生态文明建设,实现可持续发展也进入到国家发展战略的层面。十八大最终确立了经济、政治、文化、社会、生态文明"五位一体"、全面建设小康社会的总体布局。这既是实践科学发展观的基本要求,也是我国社会主义现代化发展到一定阶段的必然选择。它反映了新时期人民群众对物质生活水平和质量的更高要求,对充分行使当家做主的民主权利、享有丰富的精神文化生活、维护社会公平正义、拥有健康美好的生活环境等方面的更高期待。"美丽中国梦"的构想正是着眼于实现这一美好愿景。

三、"美丽中国梦"是民族兴旺之梦

民族之于国家有更广泛更深层的文化意义,代表着某种专属性的文明体系。中华民族作为古老的文明体系,传承千年而不中断,几经危难而浴火重生,这种生生不息正是依靠源于文化的精神力量所支撑。文化长存则精神不死、民族永续。因此,中华民族的伟大复兴也意味着中华文化价值的全面绽放。

2013年11月26日,习近平在山东考察时明确指出:"一个国家、一个民族的强盛,总是以文化兴盛为支撑的,中华民族伟大复兴需要以中华文化发展繁荣为条件。"那么应当如何实现中华文化的发展繁荣呢?一是要继承好。"不忘本来才能开辟未来,善于继承才能更好创新。"中国是文化资源最为丰富的国家之一,博大精深的中华优秀传统文化是我们在世界文化激荡中站稳脚跟的根基,它不仅是中华民族继往开来、繁衍发展的精神家园,同时也为世界其他民族提供了精神养料。"和"与"生"是中华文化最具特色的两大价值体系,和不同,生有序。所谓和不同,就是尊重差异,合作双赢;生有序,就是倡导规则,分担共济。这样一种共同的价值信念具有把全世界华人凝聚在一起的巨大力量,凭借这种力量中华民族伟大复兴的事业才能最终实现。同时,在经济全球化与政治多极化发展的当今世界,中华文化价值体系所传递的正向信息,对于推动国际合作、建立国际新秩序也能够发挥积极作用。所以有人说,中国梦,惠全球。那么怎样才能继承好?这就是"要

坚持古为今用、推陈出新，有鉴别地加以对待，有扬弃地予以继承，努力用中华民族创造的一切精神财富来以文化人、以文育人"；"要讲清楚中华优秀传统文化的历史渊源、发展脉络、基本走向，讲清楚中华文化的独特创造、价值理念、鲜明特色，增强文化自信和价值观自信"；"要认真汲取中华优秀传统文化的思想精华和道德精髓，大力弘扬以爱国主义为核心的民族精神和以改革创新为核心的时代精神，深入挖掘和阐发中华优秀传统文化讲仁爱、重民本、守诚信、崇正义、尚和合、求大同的时代价值，使中华优秀传统文化成为涵养社会主义核心价值观的重要源泉。要处理好继承和创造性发展的关系，重点做好创造性转化和创新性发展"①。二是要传播好。中华民族是一个兼容并蓄、海纳百川的民族，在漫长历史进程中，正是通过不断学习吸收其他民族的优秀文明成果，使它们转化、融入到我们的民族文化当中，才造就了气势磅礴的中华文化。而当今世界正处在大发展大变革大调整时期，各种思想文化交流交融交锋频繁，文化在综合国力竞争中的地位和作用日益凸显。这意味着我们要改变传统的"收回来"的发展思路，尽可能多地"走出去"，努力展示中华文化独特魅力。这就要求我们必须加强对中华优秀传统文化的挖掘和阐发，"使中华民族最基本的文化基因与当代文化相适应、与现代社会相协调，以人们喜闻乐见、具有广泛参与性的方式推广开来，把跨越时空、超越国度、富有永恒魅力、具有当代价值的文化精神弘扬起来，把继承优秀传统文化又弘扬时代精神、立足本国又面向世界的当代中国文化创新成果传播出去"②。所以，不断增强国家文化软实力和中华文化的国际影响力，塑造现代中国充满东方魅力的全新形象，为中华民族的伟大复兴赢得和平、善意、互动良好的文化大生态，这是"美丽中国梦"立足民族根本，顺应时代发展的智慧创想。

---

① 《习近平在中共中央政治局第十三次集体学习时强调　把培育和弘扬社会主义核心价值观作为凝魂聚气强基固本的基础工程》，《人民日报》2014年2月26日。
② 《习近平在省部级主要领导干部学习贯彻十八届三中全会精神全面深化改革专题研讨班开班式上发表重要讲话强调　完善和发展中国特色社会主义制度，推进国家治理体系和治理能力现代化》，《人民日报》2014年2月18日。

四、"美丽中国梦"是社会和谐之梦

人类的本质是社会的，人类一切美好价值的提出和实现归根到底源于对社会和谐的追求。所谓社会和谐既是指人与自然、与社会、与他人以及与人自身等关系的动态平衡，也是指社会的各组成要素之间的有机统一、社会运行的各个环节之间的协调配合。其中作为社会存在最基本要素的自然环境与人，两者之间的关系对其他一切关系起着决定性的作用。

一方面，人类的一切社会活动都依赖于自然生态环境，而自然资源更是人类创造物质财富的必然基础。从人类社会发展的历史来看，资源的匮乏、环境的恶劣往往成为阻碍地区经济发展，引发恶性竞争，影响社会公平、和谐的重要因素，而由于抢夺资源引起的国际间争端甚至战争自古也不乏其例。不仅如此，资源条件不均衡和环境状况的差异，还会直接影响经济结构布局、经济发展方式以及经济发达程度，并进一步影响社会整体发展水平。另一方面，人类生活方式及其与自然之间建立何种物质、能量、废物的代谢关系，对于社会与人的发展都有着深刻的影响。"'大量生产——大量消费——大量废弃'的生产和生活方式，必然带来资源的掠夺性使用和生态环境的破坏。"① 同时，现代物质生产与消费关系所呈现的消费主导生产的现象，也提醒我们从生活方式上发生有利于资源节约和环境保护的转变，可能是实现人与自然关系协调，进而在此基础上实现社会整体的和谐、可持续发展的一条有效途径。通过推动生活方式的科学化、合理化、健康化不仅能够对社会生产起到良好的引导作用，而且对于降低人类过度泛滥的物质欲望，提升具有本质力量的精神品质的地位，实现自身的发展有着重要意义。

正是在这个意义上，党的十七大提出建设以资源环境承载力为基础、以自然规律为准则，以可持续发展为目标的资源节约型、环境友好型"两型"社会的要求。十八大报告又提出建设美丽中国必须突出生态文明建设的地位，必须将生态文明建设融入到经济、政治、文化、社会等一切建设的各个方面和环节当中。很显然，只有确保人与自然之间的良性互动，才能建立起一个关系和谐、运转有序的美丽的社会大生态。

---

① 赵凌云等：《中国特色生态文明建设道路》，中国财政经济出版社 2014 年版，第 302 页。

五、"美丽中国梦"是个人幸福之梦

马克思主义的根本出发点和最终归宿都是实现人的解放。人是一切社会活动的目的，通过完善社会生活，推进社会发展，构建有益于人的潜能释放，有助于人的精神提升的社会基础，这正是社会存在之于个体的现实意义。也正是在此意义上，以人为本是社会主义的本质要求，民生福祉是中国梦的基本内容。所以，中国梦之"美丽"从根本上说应当体现为实现人的幸福。

对幸福的理解可深可浅，可繁可简，甚至因人而异，但是安居乐业是任何幸福的必备元素。"安居"在这里不能仅仅理解为"安"于"居"本身，它还意味着健康生存的整体状态。它既是人生幸福的前提和基础，也是最平实的幸福。在实现了基本生存保障之后，人们必然要追求更高质量和水平的生存状态。和谐美丽的人居环境、健康安全的衣食住行、可靠的社会保障、高水平的医疗卫生服务等，都是健康生存必不可少的要求，因此也是美丽中国梦最核心的构成要素。同样，"乐业"也不能仅仅理解为"乐"于"业"本身，它还意味着实现人的全面自由发展。它反映的是人类对自身本质的全面占有，是一切潜能得以充分开启、发展并且实现的理想生存状态，是人类一切梦想的终极关怀。对个体而言，它体现为良好的教育、稳定的就业、合理的收入、适当的休闲；对社会而言，它体现为平稳有序的经济秩序、公平正义的政治条件、雅俗共赏的文化氛围、诚信友善的社会关系。在人与社会的关系问题上，马克思不仅认识到人民群众是一切社会物质财富与精神财富的创造者，是推动社会进步的决定力量，也认识到"人们为之奋斗的一切，都同他们的利益有关"。① 因此，美丽中国梦不仅要依靠人民群众来实现，更要将实现人民群众的利益作为出发点和落脚点，它的设计与规划都应当能够促进人的全面自由发展，确保每一个人充分享受社会进步的成果。

———————————

① 《马克思恩格斯全集》第 1 卷，人民出版社 1995 年版，第 187 页。

第二节　"美丽中国梦"是可持续发展之梦

一、可持续发展观与全球可持续发展现状

如前所述，自然是社会存在的基本要素，是人类赖以生存和发展的基础和条件。马克思在《1844 年经济学哲学手稿》中对人与自然的关系作了辩证的解说。他认为，一方面，自然界是"人的无机的身体。人靠自然界生活。……人的肉体生活和精神生活同自然界相联系，不外是说自然界同自身相联系，因为人是自然界的一部分"①；另一方面，自然是人的自然。人"通过实践创造对象世界，改造无机界"②，"正是在改造对象世界的过程中，……自然界才表现为他的作品和他的现实"③。马克思虽然更加关注人在创造历史的过程中的作用，但是同时也认为，"历史可以从两方面来考察，可以把它划分为自然史和人类史，但这两方面是不可分割的；只要有人存在，自然史和人类史就彼此相互制约"④。马克思还高度肯定了自然条件在生产力形成和发展中的重大作用，强调作为具体的生产力首先是建立在自然界提供的资源基础上的，"人们先是在一定的基础上——起先是自然形成的基础，然后是历史的前提——从事劳动的"⑤。同时，由于构成生产力基本要素的劳动者、劳动资料和劳动对象，都是在自然界生成的，因而"劳动生产率也是和自然条件联系在一起"⑥，并且受自然制约。因此，从归根结底的意义上说，"一切生产力都归结为自然界"⑦。可见，从根本上说，人类的一切物质实践与精神生产活动，都依托于自然生态环境，同时又对自然生态环境产生巨大的反作用。两者关系的理想状态是在这种相互作用中彼此适应、共同发展。现代

① 《马克思恩格斯全集》第 1 卷，人民出版社 1956 年版，第 161 页。
② 《马克思恩格斯文集》第 1 卷，人民出版社 2009 年版，第 162 页。
③ 《马克思恩格斯文集》第 1 卷，人民出版社 2009 年版，第 163 页。
④ 《马克思恩格斯选集》第 1 卷，人民出版社 1995 年版，第 66 页注②。
⑤ 《马克思恩格斯文集》第 8 卷，人民出版社 2009 年版，第 148 页。
⑥ 《马克思恩格斯文集》第 7 卷，人民出版社 2009 年版，第 924 页。
⑦ 《马克思恩格斯文集》第 8 卷，人民出版社 2009 年版，第 170 页。

科学研究也反复证明，只有保持人与自然和谐共生的良好状态，人类才有获得永续发展的可能。

　　21世纪以来，迅猛发展的科学技术与生产力将人类社会的文明进程大大向前推进，给人们的生活带来了极大的便利。但随之而来的负面影响也日益突出，人类与所栖身的地球之间的矛盾日益加剧：环境污染、资源短缺、物种灭绝等问题使得人类的生存面临着严峻的考验。地球的可承载能力、生态系统的整体平衡与人口的增长、资源能源的开发利用之间形成一种紧张的制约与反制约关系。这不仅已经直接影响到当代人的生存与发展质量，更对未来人类的生存与发展造成了严重威胁。2003年爆发的非典型性肺炎搅得全球不宁，而近些年来频繁发生的禽流感更使得人心惶惶。虽然通过各个方面的不懈努力，这些疾病还没有给人类带来灾难性的影响，但可以断言，这些疫情在人们心中所留下的继黑死病等严重传染性疾病之后的又一个阴影却是长期的。当前，全球环境与可持续发展格局正在发生深刻的变化。人类快速发展的巨大需求与地球的有限承载能力、能源资源和生态环境约束间的矛盾日益尖锐，各种问题相互交织和叠加，严重威胁着全球的可持续发展。如何妥善处理经济发展、社会进步与能源资源、生态环境、气候变化的关系，不仅是事关中国经济社会发展全局和人民福祉的重大问题，同时也是世界各国面临的共同挑战。为此，人类不得不思考这样一些问题：社会的进步是否必然要以生态环境的恶化为代价？人类的生存与发展和生态环境之间究竟是怎样的关系？我们到底应当以怎样一种心态和方式去面对我们所赖以生存的生态环境？正是在这样一种生存危机的逼迫下，全球范围内掀起了一场反思、变革与建构的浪潮。一种新的视野更宽、眼光更远、立足更稳的社会发展理念逐渐成为国际共识，这就是可持续发展观，它的提出标志着人类历史上一个新的文明时代——生态文明时代的到来。

　　"可持续发展"概念最先是1972年在瑞典斯德哥尔摩举行的联合国人类环境研讨会上正式提出并讨论的，这次会议是各国政府第一次就环境问题召开的具有历史意义的盛会。会议提出的可持续发展理念得到了国际社会的广泛响应，各国都积极从不同层面和角度界定它的含义。1987年，世界环境与发展委员会出版了《我们共同的未来》的报告，报告对可持续发展的定义使用的是挪威前首相布伦特兰的表述："既能满足当代人的需要，又不对后代人满足其需要的能力构成危害的发展。"这一定义简洁清晰地揭示出可持续发展的本质，被广泛接受和肯定。1992 年 6 月，联合国在里约热内卢召开"环境与发展大会"，通过了以可持续发展为核心的《里约环境与发展宣言》、《21 世纪议程》等文件，在关于环境保护与发展的多个领域达成了基本共识，这些文件对敦促各国政府积极履行承诺，加强国际合作，推动全球及地区经济、社会与环境协调发展起到了重要作用。2002 年，联合国可持续发展首脑峰会在南非约翰内斯堡举行，会议规模之大、规格之高前所未有，也说明了可持续发展问题是全世界面临的最大最紧迫的问题。这次会议旨在进一步将共识与承诺落实为可行的计划与切实的行动。2012 年，在巴西里约热内卢召开了联合国可持续发展大会，此次会议与 1992 年在里约热内卢召开的"联合国环境和发展大会"正好时隔 20 年，因此也被称为"里约 +20 峰会"。会议将"可持续发展和消除贫困背景下的绿色经济"和"促进可持续发展的机制框架"作为两大主题，将"评估可持续发展取得的进展、存在的差距"、"积极应对新问题、新挑战"、"作出新的政治承诺"作为三大目标，发表了《我们憧憬的未来》成果文件。世界各国再次承诺："实现可持续发展，确保为我们的地球和今世后代，促进创造经济、社会、环境可持续的未来"，进一步推进全球、区域和国家的可持续发展。

2000 年 9 月，联合国举行千年首脑会议，189 个会员国与会并通过了《千年宣言》，为人类发展制定了一系列具体目标，统称为"千年发展目标"。千年发展目标涉及经济、社会、环境等多个领域，是最全面、最权威、最明确的发展目标体系。它承载了人类社会对 21 世纪美好生活与发展的期盼，成为凝聚国际政治共识，推动国际发展合作，并指导各国国内发展的纲领性文件。作为重要的参与国之一，中国政府一直坚定承诺，大力支持千年发展目标，并从自身国情出发，经过 13 年的努力，已经实现了近半数的千年发展目标。

2001 年，联合国启动了千年生态系统评估项目，从该项目评估报告公布的研究情况来看，全球 60% 的生态系统服务已经退化。按照报告给出的解释，所谓生态系统服务"是指人类从生态系统获得的所有惠益，包括供给服务（如提供食物和水）、调节服务（如控制洪水和疾病）、文化服务（如精神、娱乐和文化收益）以及支持服务（如维持地球生命生存环境的养分循环）。生态系统产品和服务是生态系统服务的同义词"①。60% 的退化程度意味着当前全球生态系统极其脆弱，而同时人类对生态系统服务的需求却日益增长，因此，如果不采取积极的干预措施，扭转生态系统的退化状况，人类社会将由于难以获得持续的生态系统服务的支撑而面临崩溃，更谈不上发展。正是由于形势如此严峻，保护地球、坚持绿色发展已成为世界各国的基本共识。

千年生态系统评估项目的研究给予我们的启示不止是生态系统现状的呈现，它更多地从人类与生态系统的相互作用着眼，考察两者之间关系的微妙变化和发展趋势，并由此提出了改善生态系统服务的对策，即去除贸易壁垒和错误的贸易补偿、减少贫困、采用积极的适应性管理方法、增加对教育等公共事业的投资、增加对开发新技术的投资、实行对生态系统服务的补偿。从这些对策我们可以发现一个重要的线索，那就是只有解决好人类社会活动本身，包括发展观念、发展思路、发展方式、发展条件等方面存在的问题，才能从根本上实现对生态系统的改善。这意味着生态安全、生态文明建设绝不是依靠某一个单一领域的研究或实践能够完成的，它要求人类社会生活全局性的调整与改善。这一项目，从人与自然的关系的角度考察人类文明的发展历程，一方面为我们揭示出生态系统与人类福祉之间的密切关系，另一方面也反映了自工业文明以来的 300 多年间，人类立足于征服自然所创造的巨大的物质财富，其背后付出了同样巨大的生态环境代价。这些全球范围的生态平衡的破坏及其生态服务功能的弱化证明：地球已经无法进一步支撑工业文明的继续发展，必须开创一个新的文明形态来延续人类的生存，这就是生态文明。这一新的文明形态以尊重和维护生态环境为前提，以实现人与人、人与自然、人与社会和谐共生为宗旨，以建立可持续的生产方式和消费

---

① 赵士洞、张永民：《生态系统与人类福祉——千年生态系统评估的成就、贡献和展望》，《地球科学进展》2006 年第 9 期。

方式为内涵，引导人类走上持续、和谐的发展道路。它的提出是人类对可持续发展问题的认识不断深化的必然结果。

二、中国的可持续发展战略及其成就

从参加 1992 年联合国环境与发展大会，签署并承诺认真履行会议通过的各项文件开始，中国政府有计划、分阶段、负责任地全面推进可持续发展观在中国的落实。1992 年 7 月至 1994 年 3 月，在联合国开发计划署的支持和帮助下，中国政府编制并通过了《中国 21 世纪议程——中国 21 世纪人口、环境与发展白皮书》，该文本与联合国《21 世纪议程》相呼应，立足中国国情，首次把可持续发展战略纳入我国经济和社会发展的长远规划。1995 年，在党的十四届五中全会闭幕式上，江泽民同志在讲话中提出："在现代化建设中，必须把实现可持续发展作为一个重大战略，要把控制人口、节约资源、保护环境放到重要位置，使人口增长与社会生产力的发展相适应，使经济建设与资源环境相协调，实现良性循环。"1996 年开始，可持续发展观落实为国家战略，并在 1997 年党的十五大报告中予以明确。2002 年，党的十六大报告再次强调："必须把可持续发展放在十分突出的地位，坚持计划生育、保护环境和保护资源的基本国策。"2007 年，十七大报告进一步要求，"加强能源资源节约和生态环境保护，增强可持续发展能力"，使"经济发展与人口资源环境相协调，使人民在良好生态环境中生产生活，实现经济社会永续发展"。2012 年，十八大报告则将"生态文明"作单篇论述，要求"把生态文明建设放在突出地位，融入经济建设、政治建设、文化建设、社会建设各方面和全过程，努力建设美丽中国，实现中华民族永续发展"。从作为国家经济社会发展战略规划到以生态文明建设为抓手、全面推进可持续发展战略的实施，可持续发展理念在中国经过 20 年的涵养与发酵，不仅展现给世界一条越来越清晰也越来越全局化的行进脉络，而且通过加强政府引导，活化市场调节，完善法律法规，强化宣传教育，健全社会监督，开展试点示范，坚持国际合作等方式的积极运作，已经深度落实到促进可持续发展的相关重要领域，在人口控制、节能减排、绿色发展、生态治理等方面取得了有目共睹的巨大成就。

在观念层面，我国先后提出了科学发展观及其指导经济社会发展的一系列新理念。科学发展观就是以人为本、全面协调可持续的发展观。2003年，在党的十六届三中全会上，该思想得到了明确阐述。之后党的十七大将其写入党章，党的十八大进一步确立为党的行动指南和指导思想。科学发展观的提出正是中国处于改革开放取得显著成果、经济社会发展所面临的资源环境约束日益凸显的关键时期，区域性以及社会性贫富差距的拉大、生态环境的恶化、传统经济发展方式难以为继等，都使中国必须重新思考什么是真正的发展。科学发展观是对这一时代发展需要的回应，对这一时代课题的解答，它所强调的发展是又好又快发展。"它不但关注发展的规模和速度，更注重发展质量的提升；不但关注社会财富的创造和涌流，更注重社会利益的分配和调整；不但关注经济实力的增长，更注重经济、政治、文化、社会以及生态等各方面的均衡发展；不但关注开发和利用自然为人类造福，更注重人与自然和谐发展；不但关注群众基本需求的满足，更注重生活质量的提高和人的全面发展。"① 它要求统筹人与自然和谐发展，处理好经济建设、人口增长与资源利用、生态环境保护的关系，推动整个社会走上生产发展、生活富裕、生态良好的文明发展道路。在这一发展观的指导下，中国立足基本国情，广泛深入地推进社会各个领域的实践和创新，不断总结经验，形成了资源节约型和环境友好型社会、创新型国家、生态文明、绿色低碳循环发展等先进理念，确立了经济建设、政治建设、文化建设、社会建设、生态文明建设"五位一体"的中国特色社会主义事业总体布局，使这一思想更加充实、完善和具体化。

随着在全社会广泛开展深入贯彻落实科学发展观的活动，民众对科学发展观、可持续发展观、绿色低碳循环经济、"两型"社会建设以及生态文明的认识都有了逐步提高。与此同时，大量围绕生态文明与可持续发展的学术研讨活动在全国各地展开，它们通过对中国传统生态文化的挖掘与西方生态思想的借鉴，有力地促进了中国特色生态文明建设理论的形成，从而不仅

---

① 《习近平同志在省部级主要领导干部专题研讨班结业式上强调　以开展深入学习实践科学发展观活动为契机，不断提高贯彻落实科学发展观的能力和水平》，《中国青年报》2008年9月24日。

为国家大政方针的制定提供了理论来源，而且对整体社会观念的转变起到了良好的引导作用。在引导观念转变方面，各种社会媒体也发挥了重要作用。它们通过百姓喜闻乐见的方式，潜移默化地将当代可持续发展、生态文明新观念新思想新价值介绍给广大民众，构建符合百姓心理、贴近百姓生活的大众生态文化，从而对社会生活方式的合理化、健康化转变产生了积极影响。总体来看，加强国民生态素质的教育教化活动正在以各种形式全面铺开，并且已经或正在产生良好的社会效益。近年来，随着公民权利意识的增强以及国家在保障公民参与社会管理方面的体制机制的逐步完善，我国民众参与环境保护以及政府环境决策的意识也不断增强，能力素质不断提高，影响程度不断加深。

在实践层面，经济领域，产业结构调整与发展方式转变使发展质量和效率得到不断提高；社会领域，人口增速稳定，国民综合素质得到改善和提高，人与社会关系进一步协调；生态领域，由于采取从源头节制利用，从过程修复重建的建设思路，"两型"社会建设得到有力推进。据2012年发布的《中华人民共和国可持续发展国家报告》显示，我国自2001年以来在推进可持续发展战略方面作出了巨大努力，取得了卓越成就。

农业可持续生产能力不断提高。在农业科技的大力推动下，我国农业综合生产能力不断增强，不仅在传统耕地产出、良种育繁、防灾减灾、节水灌溉以及病虫害统防统治等方面均有突出成绩，而且绿色农业快速发展，食物保障、原料供给和就业增收功能进一步增强，生物质能源、生态保护、观光休闲和文化传承等方面的功能也日益凸显，部分农村剩余劳动力实现了向非农部门的转移。

工业方面，通过加快调整产业结构、发展战略性新兴产业、改造升级传统产业，一大批企业集团迅速成长，产业集中度不断提高，产业空间布局不断优化，先进生产能力比重和资源能源利用效率不断提高。在基础产业得到快速发展的同时，以技术创新能力作为支撑的节能环保、新一代信息技术产业、生物产业、新能源产业、新材料产业、新能源汽车产业6个战略性新兴产业的创新企业也快速成长，资源循环利用产业产值不断增长，从业人数不断增加，可再生资源回收利用率、固体废弃物综合利用率持续提高。

现代服务业进入持续较快发展阶段。进入 21 世纪以来，在国家规范和扶持服务业发展的一系列法规和政策的推进下，我国现代服务业规模总量不断扩大，对经济社会发展的贡献显著增强，对外开放程度已接近发达国家水平。同时服务业的快速发展也拓宽了就业渠道，减轻了经济发展对土地、水、矿产等自然资源的消耗。

处理好人口与资源环境的关系，促进人口长期均衡发展，是中国实施可持续发展战略的重要环节。进入 21 世纪以来，我国人口自然增长率稳定在较低水平，同时人口生育质量得到提高、人口性别比渐趋平衡。为了促进国民综合素质的提高，政府高度重视发展教育、医疗、文化、体育等社会事业，通过实施教育优先发展战略，促进各级各类教育的持续快速发展；通过持续增加医疗卫生服务资源总量，建立健全公共卫生服务体系；通过不断加强公共文化服务体系建设，满足群众精神文化需要，提升身心健康水平。同时，还要大力发展全民健身运动，不断提高国民身体素质；大力实施人才强国战略，不断加强以高层次和高技能人才为重点的各类人才队伍建设；坚持实施就业优先战略，健全就业机制、完善公共就业服务体系、统筹城乡发展，切实保障公民就业权利得到充分公平地实现。

在社会保障体系建设方面，政府坚持广覆盖、保基本、多层次、可持续的指导方针，不断完善城乡基本养老保障制度和基本医疗保障制度，努力实现城乡居民全覆盖，加快推进失业保险、工伤保险和生育保险制度建设，逐步健全社会救助和社会福利制度体系，稳步提高社会保障水平，加快推进和谐社会建设进程。

为了适应城镇化的快速发展，政府不断加强城镇综合承载能力建设，完善城市基础设施，实施大气主要污染物排放总量控制制度，加强农村环境综合整治，推进环保、园林、生态城建设和低碳试点，积极探索促进城乡可持续发展的新路径新机制。

在资源的可持续利用方面，坚持以科技创新与进步促进可持续发展，提高能源保障水平和综合开发利用水平。通过实施节能工程、加强监督管理、改进生产工艺与技术、推动再生能源规模化运用等手段和措施落实节能降耗，提高能源利用效率和节能水平；通过工程建设和项目运作推进传统能源清洁化利用，提高水电、风电、核电的开发利用效率，推广应用太阳能等新能源，不断调整和优化能源结构。矿产资源的开发利用日趋合理；土地资源的节约集约利用水平显著提高，水土保持能力逐步提升；构建和完善了水资源开发、利用、节约、保护和管理的制度框架体系，水资源配置、调控能力明显增强，利用效率和效益明显提高，居民节约保护水资源的意识也不断增强，节水型社会建设初见成效；积极推进法律法规建设，加强对海洋资源的综合管理、合理开发以及对海洋环境和生态的保护工作，取得了显著成绩。

在生态环境保护与修复方面，坚持通过生态制度建设与环境综合治理扭转生态环境恶化趋势，并使之逐步改善和恢复。一方面，健全污染防治制度和标准体系，强化政府环境保护职能，采取工程减排、结构减排和管理减排等综合措施，大力推进主要污染物总量控制。同时改进技术，提高固体废弃物的综合利用率；另一方面，构建"两屏三带"生态安全战略格局，大力实施针对林业、草原、湿地等脆弱生态系统的保护和建设工程，生态环境恶化趋势得到初步控制，部分区域生态环境显著改善，水源涵养、水土保持、防风固沙、生物多样性维护等生态功能明显增强；同时，建立健全应对气候变化的体制机制，积极探索现阶段既发展经济、改善民生，又应对气候变化、降低碳强度、推进绿色发展的做法和经验，坚持"减缓与适应并重"的原则，加强相关领域基础设施建设，有效减轻气候变化对经济社会发展和人民生活的不利影响。[①]

总之，中国正在努力从理论与实践两个方面不断探索，寻求在快速工业化和城镇化阶段实现高效利用自然资源、保护生态环境、促进经济社会发展与资源环境相协调的道路。

三、可持续发展与"美丽中国梦"

党的十八大将生态文明建设作为推进经济社会可持续发展的基础和前提，强调将其贯穿于经济社会建设的全过程及各个环节。而中国梦则是将这

---

① 参见《中华人民共和国可持续发展国家报告》，人民出版社 2012 年版。

一思路进一步具象化生动化，使之成为全民族、全社会共同追求的目标。可以说，中国梦是在总结前一阶段实践成就、分析存在问题的基础上提出的下一阶段的行动规划和实施方案。在此意义上，全面深刻认识和理解中国梦必须立足国情、世情，把握好"可持续性"与"发展"两个维度：可持续是发展的根本目的，而只有实现全面稳健的发展才能为可持续提供坚实支撑，两者统一于"中国梦"。

所谓全面稳健发展，既是指保持不断发展的总体态势，也是指稳步健康发展。发展是硬道理。没有发展就没有社会的进步与人类的幸福。正如《中国21世纪议程——中国21世纪人口、环境与发展白皮书》中所指出的那样："对于像中国这样的发展中国家，可持续发展的前提是发展。为满足全体人民的基本需求和日益增长的物质文化需要，必须保持较快的经济增长速度，并逐步改善发展的质量，这是满足目前和将来中国人民需要和增强综合国力的一个主要途径。只有当经济增长率达到和保持一定的水平，才有可能不断消除贫困，人民的生活水平才会逐步提高，并且提供必要的能力和条件，支持可持续发展。"习近平在博鳌亚洲论坛2013年年会上发表演讲时指出："我们的奋斗目标是，到2020年国内生产总值和城乡居民人均收入在2010年的基础上翻一番，全面建成小康社会；到本世纪中叶建成富强民主文明和谐的社会主义现代化国家，实现中华民族伟大复兴的中国梦。"可见，实现中华民族伟大复兴的"中国梦"，必须建立在国家社会长足发展的基础上。所谓长足发展，简单地说就是长期保持稳健强劲的发展态势。中国是最大的发展中国家，经过30多年改革开放，国家经济、社会发展取得了辉煌成就，人民生活水平也得到了较大提高，但是所付出的环境代价也是巨大的。当前我们正处于工业化、城镇化和农业现代化加快发展、全面建成小康社会的关键阶段，随着人口、资源、环境等生产要素越来越难以支撑我国经济社会可持续发展的需要，长期以来过分依赖要素投入的经济增长模式必须向提高全要素生产率转变，即通过技术进步、改善体制和管理以更有效地配置资源，提高各种要素的使用效率，从而为经济增长和社会发展提供持久不衰的动力源泉。

实现社会与人在物质与精神层面的全面进步与可持续发展是中国梦的

根本追求，但它必须建立在资源的可持续利用和良好的生态环境基础上。因此我们必须处理好发展与保护的关系，坚持在发展中保护，在保护中发展，以发展支撑保护。具体到中国梦的实现来说，就是必须坚持在发展的过程中不断推动科技进步，使科技更好地发挥其因势利导的作用；在发展的过程中不断转换思维方式，加快经济发展方式变革；在发展的过程中不断强化国家社会管理功能，推进和完善生态立法与监督；在发展的过程中不断提高人们的思想素质，促进生活方式的环保化、健康化。唯其如此，才能实现发展的可持续性，同时确保生态安全。

以发展促环保的思路是实现我国可持续发展的必然选择，但关键在于如何才能确保发展与环保相协调。回顾和分析我国社会主义建设过程当中出现的发展与环保不协调甚至相对抗的现象，我们从中能够发现一些带有根本性的问题。其一，发展观念方面存在的问题。新中国成立以后，在特殊的国内外形势逼迫下，我们不得不采取相对封闭的发展思路，在坚持独立自主、自力更生的同时过分夸大了人的主观能动性的作用，而对于社会主义本质及发展阶段等问题的认识不清又滋生了急于求成思想。改革开放以后，为了尽快夺回政治运动造成的经济社会发展损失，国家把工作重点从以阶级斗争为中心调整到以经济建设为中心，这本身当然是正确的，但一切工作都围绕这个中心，服务于这个中心，就导致了唯GDP至上的情形的出现，其结果必然是社会结构的整体失衡，并进一步引发了整个社会发展观念上的利益导向，使得人们忽视甚至无视环保问题。在有利于GDP增长的急功近利的价值观念指导之下，包括环境在内的社会生活的许多方面都付出了沉重的代价。其二，发展方式方面的问题。观念决定方式的选择。新中国成立以后，为了能够在千疮百孔、一穷二白的基础上加快建设新国家，发展社会主义事业，我们一方面极尽地力，深度发掘可利用的自然资源和生态资源；另一方面由于相对落后的生产技术与生产方式，加之制度缺位、管理不力，结果不仅造成大量人、财、物力的浪费，而且还制造了大量的环境污染，导致许多地方生态环境的严重破坏。改革开放以后，我国开始探索建立社会主义市场经济体制，同时加快转变经济发展方式，但是在缺乏先例可循、市场调节机制尚不完善、社会法治尚不健全的情况下，经济发展造成的环境侵害现象仍然屡禁不止。

因此，实践科学发展、构筑美丽中国梦，首要地就是必须克服以上错误思维方式、发展方式的干扰。正如温家宝在第六次全国环保大会上指出的，要从"重经济增长、轻环境保护"转变为"保护环境与经济增长并重"，在保护环境中求发展；要从环境保护滞后于经济发展转变为环境保护和经济发展同步，努力做到不欠新账，多还旧账；要从主要用行政办法保护环境转变为综合运用法律、经济、技术和必要的行政办法解决环境问题。总之，必须彻底摆脱"先发展后治理"的思维模式，坚持正确的发展原则不动摇，不浮躁短视急功近利，不结构失衡跛足前行，要在全社会形成合力，共同、稳步推进具有环保意义的经济社会与人的全面发展。这正是中国梦的核心内容。

第三节　实现"美丽中国梦"面临的挑战

一、历史的经验教训

实现民族复兴的中国梦只是我们所设定的一个阶段性的努力方向，正如十八大报告所说，中华民族要实现的是永续发展。也就是说，不仅是中国梦的实现对发展的可持续性提出了严峻要求，而且更重要的是民族的永续发展必须依赖人口、资源、环境可持续地协调发展。历史地考察中国古代生态环境的变迁与相应时期社会经济的发展状况，我们可以发现一些具有规律性的事实，这些事实能够比较清晰地反映出自然与人相互作用的逻辑顺序及其必然结果。

自然生态与人类活动的逻辑关系，首先表现为历史气候的变迁对人类社会生活与生产产生直接影响；与此同时，人类改造自然环境使之满足自身生存发展需要。据历史气候学家们考证，自公元前 2000 年以来，我国间续经历了 4 个温暖期和 4 个寒冷期，而与之相对应的动植物与人类生存状况也呈现出明显的此起彼伏。① 气候条件变化直接造成了无机环境如土壤、光照、水分等的差异，进而引起生物资源种类与数量的改变，从而迫使人类生产生

① 参见齐涛主编：《中国古代经济史》，山东大学出版社 1999 年版，第 42—48 页。

活随之调整。这种影响实际上已经体现了自然生态系统对人类生存与发展起着决定性作用。但是人类独有的主观能动性使之不可能顺从地接受由自然来主宰命运，相反地在与自然力的持续抗衡中不断发掘出人类自身的巨大能量——通过智慧与体力征服自然，强迫其释放出潜在的资源，以谋求当下物质生存境遇中的突破性发展。于是自然在人的作用下也发生着人化的改变。自有人类产生以来，自然就不再是一种自在存在，它成为人的无机的身体，成为人存在的一种显现方式。

　　之后的逻辑是人类活动深刻地改变生态环境，而遭到破坏的生态环境又反过来干扰和制约人类的生存与发展。为了造就适应人类生存的环境，人们必然要对动植物进行大量人为的处理，包括驱逐或畜养、毁损或培育，这样一来就打破了生态系统固有的平衡。学者考察了不同时期我国黄河流域与长江流域的生态环境的变迁，发现大量森林的毁损是造成我国古代生态系统破坏的最主要的原因。生态系统是一个有机统一的整体，其中任何一个要素的变化都必然会引发其他要素或早或晚的反应。这就成为人类可持续发展的隐患。例如，由森林毁损造成水土流失、土壤硬化、沙化，进而一些自然景观消失，一些物种灭绝等，最终迫使人类的生产资料、生产方式、生活习惯、生存质量都发生改变。而生产工具的改进和生产技能的提高，也加剧了人类对自然生态系统的破坏。人类从自然界索取更多资源，同时向自然界投放更多废物，这种恶性循环随着人类对物质生活的无度追求而愈演愈烈。在人与自然的关系中，从眼前来看，人类似乎总是占据着主导地位，但从长远来看，自然才是人类永远无法挣脱的束缚。当失去平衡的生态系统仍然以其固有的规律性运转时，其结果是在断裂的链条上以一次比一次更严重的天灾来摧毁人类的文明，阻断人类的发展，惩罚人类的狂妄。在这一问题上，我们始终应当铭记恩格斯在一百多年前对世人提出的警告："我们不要过分陶醉于我们人类对自然界的胜利。对于每一次这样的胜利，自然界都对我们进行报复。每一次胜利，起初确实取得了我们预期的结果，但是往后和再往后却发生了完全不同的、出乎预料的影响，常常把最初的结果又消除了。"① 为

---

① 《马克思恩格斯文集》第 9 卷，人民出版社 2009 年版，第 559 页。

了论证他的结论，恩格斯还举例说，在美索不达米亚平原、希腊、小亚细亚以及其他一些地区，人们为了得到耕地砍光了有积聚和贮藏水的功能的森林，使这些地方变为"荒芜不毛之地"；意大利人在阿尔卑斯山的南坡砍光了松林，他们没有料到这样做不仅毁掉了高山畜牧业的基础，而且使得山泉在一年中的大部分时间里枯竭了，更为严重的是，雨季凶猛的洪水因为没有树林的阻挡而直接倾泻到平原上。恩格斯严肃地指出："我们每走一步都要记住：我们决不像征服者统治异民族一样人那样支配自然界，决不像站在自然界之外的人似的去支配自然界——相反，我们连同我们的肉、血和头脑都是属于自然界和存在于自然界之中的；我们对自然界的整个支配作用，就在于我们比其他一切动物强，能够认识和正确运用自然规律。"①

当然，在古代社会生产力相对低下的条件下，人类活动对自然生态系统的破坏程度总体来说还是有限的，主要表现为区域性自然资源的毁损以及由此引发的生态系统的失衡。由于生态系统本身具有自我修复能力，因此，如果能够自觉处理好人类与自然的关系，在生产方面采取一些具有先进性的环保措施，在生活方式上鼓励超越物质生存追求的更高层次的精神发展，这种破坏从某种程度上说还有一定的调节和回旋余地。正因为如此，中国古代先贤在深刻认识自然的伟大力量的基础上，总结并提出了著名的天人合一思想，在这一核心理念的引导、规范和约束下，我国传统社会的人与自然之间的关系基本维持在一个相对稳定和和谐的状态。

但是，相比起人类生产生活发展的速度来说，自然的自我修复过程是极其缓慢的。近现代以来，在经历了史上数千年积累又历清代 268 年强化之后，由人为活动造成的生态环境恶化的状况与程度已远胜于前，其所产生的对经济、社会的影响也不止于当时，更迁延及现代。② 而清末及民国时期，西学东渐带来了与传统观念完全不同的自然与人的关系理念，加之西方工业文明的强势入侵，我国社会生产和生活方式也发生了重大变革，人口、资源、环境与经济社会发展之间的矛盾急剧加深。此外，近代以来频繁的战争

---

① 《马克思恩格斯文集》第 9 卷，人民出版社 2009 年版，第 560 页。
② 参见朱士光：《清代生态环境研究刍论》，《陇西师范大学学报》（哲学社会科学版）2007年第 1 期。

以及新中国成立后国家建设中缺乏对环境保护与经济社会发展关系的正确认识，过分强调人定胜天的创业精神而忽视对环境的保护等，均构成我国现当代环境危机产生的直接或间接原因。

从以上的历史分析可以看出，作为生态系统内的一个要素，人类及其经济社会发展不仅依赖于自然界提供各种无机与有机的物质资源，还必须受制于整个生态系统的动态平衡规律。因此，发展是否具有可持续性从根本上来说是由我国当前与未来的自然生态环境状况决定的。而中国梦的实现就是要通过科学发展，使"人口总量得到有效控制、素质明显提高，科技教育水平明显提升，人民生活持续改善，资源能源开发利用更趋合理，生态环境质量显著改善，可持续发展能力持续提升，经济社会与人口资源环境协调发展的局面基本形成"①，从而不仅为当代人创造更好的生存与发展条件，而且为子孙后代留下更多的发展空间。

二、人口问题对我国可持续发展造成长期并且强大的压力

其一，对土地与粮食的压力。我国的土地资源条件很不均衡，存在较严重的人均性短缺与结构性短缺，实际可供农、林、牧使用的平均土地面积不到 70%。其中可利用土地也具有分布不均、自然生产能力地区差异较大的特点。此外，人口增长造成的对农产品需求的压力也转嫁到土地资源的使用上，造成对土地资源的过度开发和土地环境的污染破坏。而耕地资源数量的减少与土地质量的下降，不仅直接影响土地的生产力，而且对人居环境的危害也相当严重。这是中国农业生产和经济社会可持续发展中面临的严峻挑战。

其二，对森林与草原的压力。我国森林资源面积蓄积量大，但人均占有量小，资源分布极不均衡。林种结构和林龄结构也不合理，林地利用率低、生产力低，且由于经营粗放，管护不当，森林资源屡遭不合理采伐，加上自然灾害破坏，残次林比重较大。这种森林资源现状与不断增长的人口对木材的巨大需求形成强烈落差，森林资源供求矛盾十分突出。草原方面，随

---

① 《中华人民共和国可持续发展国家报告》，人民出版社 2012 年版，第 6—7 页。

着牧区人口的快速增长，我国原生草原超载放牧和过度开垦的现象十分严重。据农业部发布的《2014 年全国草原监测报告》显示，近年来通过不断加大草原建设保护力度，我国天然草原利用逐步趋于合理，草原利用超载率逐步下降，但是目前全国重点天然草原的平均牲畜超载率仍为 15.2%，其中，西藏、新疆、四川、甘肃等地均超过平均数 2 个百分点以上。同时草地资源退化、沙化、盐渍化形势仍然十分严峻，草原成为荒漠化的主体和沙尘暴的主要发源地。而森林和草原的破坏，又加剧了水土流失的问题。因此，森林的开采、草原的沙化和水土的流失与人口增长有直接的关系。

其三，对矿产与能源的压力。我国的矿产能源储量在世界上均居前列，但是由于人口众多，人均占有量仍然偏低，而且随着经济的快速发展和城市化进程的推进，矿产能源供需矛盾还将进一步加剧。同时，由于技术条件限制和管理尚不健全等原因，矿产能源开采效率较低，开采利用过程中所产生的环境污染问题严重等，都是制约中国社会经济可持续发展的重要因素。

其四，对水资源的压力。我国水资源总量虽然不少，但是存在地域分布不均衡，东多西少、南多北少；季节分配差异大，夏秋多、冬春少的结构性短缺问题。且资源分布地区生态环境恶劣，也造成了开发利用上的困难。随着社会经济的快速发展，人口增长带来的水资源相对短缺与供需矛盾更为突出，而由于人口及经济活动所导致的水体污染问题也非常严重。

其五，对社会经济发展的压力。从第六次全国人口普查结果来看，由于人口基数过大，人口总量仍然持续增加；老龄化进程逐步加快，60 岁及以上人口占全国总人口的 13.26%，老年健康和保障问题面临严峻挑战；适龄劳动人口达 9 亿多人，占全国人口的 70% 以上，加之城镇人口比重大幅上升，流动人口不断增加，构成中国就业市场的巨大压力和社会管理的困难；人口总体素质不高，性别比失衡，劳动力供需结构性矛盾明显。人口健康水平、人均受教育程度、人们的道德心理等方面均存在一些突出问题。此外，"按照 2011 年中国制定的新的农村贫困标准（农村居民年人均纯收入 2300元），扶贫对象尚有 1.22 亿人，且大多生活在自然条件恶劣的区域，消除贫困任务极为艰巨"①。这对国家社会保障的能力、水平以及公共卫生预防保健体系的健全、高效都提出了严峻的挑战。

三、经济增长与发展对我国生态安全的威胁短期内很难消除

其一，经济的持续高速增长造成严重污染。改革开放 30 多年，我国经济年均增长率达到 9.8%，但是支撑这种经济增长的却是"高投入、高消耗、高污染"的发展模式。从数据来看，2007 年中国的国内生产总值（GDP）占全球国内生产总值的 6%，但却消耗了全球 15% 的能源、54% 的水泥和 30% 的铁矿石；中国 500 个大型城市中，只有不到 1% 达到了世界卫生组织的空气质量标准；中国目前固体废弃物总量约占世界总量的 25%；2007 年，中国使用化石燃料产生的温室气体总排放首次超过美国，这使得中国成为世界最大的温室气体排放国，而国家每年虽然为治理这类工农业生产造成的严重的水污染、土地污染、大气污染、固体废弃物污染支付了高额成本，但是与不断增长的发展需求和城市化的推进带来的后续环境问题相抵消之后，收效只能是局部改善，整体前景堪忧。

其二，经济结构不合理激化了经济发展与环境资源的矛盾。根据我国第二次经济普查统计数据，我国经济结构存在一些突出问题，如服务业发展明显滞后于其他国家，城镇化发展水平偏低，经济增长呈现明显的粗放型。国家统计局数据显示，2011 年，我国第一、第二、第三产业增加值占国内生产总值比为 10.12：46.78：43.10。对照世界银行相关数据，我国服务业发展不仅滞后于中等收入国家，也低于低收入国家。从就业情况看，对比 2011 年的三次产业就业结构（34.8：29.5：35.7）可以发现，我国第一产业的劳动力比重与增加值比重有较大反差，反映出第一产业中存在着大量的剩余劳动力，而最具吸纳劳动力能力的第三产业则发展不足，就业比重低。从产业结构及其能耗与生态环境的关系来看，作为加工工业的第二产业是能源和其他原材料消耗的主要领域，也是产生"三废"的主要来源，尤其是重化工业更是高耗能、高污染的产业。而作为主要提供生产和生活服务的

---

① 《中华人民共和国可持续发展国家报告》，人民出版社 2012 年版，第 5 页。

第三产业，相对而言，能耗和对环境的污染较少，其中现代服务业所贡献的社会增加值较高。造成第三产业发展滞后的直接原因是我国城市化水平落后和与此相应的城市发展的不足。统计数据显示，2012 年我国城市化率达到 52.57%，已与世界平均水平相当，但与发达国家相比尚有相当差距（发达国家城市化率接近或高于 80%），且质量不高问题突出，市民化进程滞后，城镇用地的利用粗放低效。城市化率偏低不仅影响着产业结构的升级，也影响着区域经济协调发展。此外，我国经济增长"三高一低"的状况尚未得到根本扭转。2012 年我国一次能源消费量 36.2 亿吨标煤，消耗全世界 20% 的能源，单位国内生产总值能耗是世界平均水平的 2.5 倍，美国的 3.3 倍，日本的 7 倍，同时高于巴西、墨西哥等发展中国家。中国每消耗 1 吨标煤的能源仅创造 14000 元人民币的国内生产总值，而全球平均水平是消耗 1 吨标煤创造 25000 元国内生产总值，美国的水平是 31000 元国内生产总值，日本是 50000 元国内生产总值。2013 年，中国单位国内生产总值能耗下降 3.7%，实现年度目标；化学需氧量、二氧化硫、氨氮、氮氧化物完成年度目标；单位国内生产总值二氧化碳排放量下降 3.7% 以上，达到年度计划目标。但根据"十二五"规划中期评估，中国单位国内生产总值能耗、单位国内生产总值二氧化碳排放、氮氧化物排放总量减少指标完成情况滞后，节能减排形势严峻，任务艰巨。而当前我国大部分区域还处在工业化、城镇化中期甚至初期，经济社会发展短期内难以摆脱对资源环境的依赖，这意味着后续发展中资源环境刚性需求依然过大。因此，经济发展与资源环境的矛盾，是我国经济结构调整要长期面对的重大挑战。

其三，推动经济增长的能源类型单一化导致严重环境污染。在我国能源消费结构中，煤炭占 68.5%，石油占 17.7%，水能占 7.1%，天然气占 4.7%，核能占 0.8%，其他占 1.2%。2012 年，我国消耗了占全世界近一半的煤炭，火电则燃烧了全国一半的电煤。这种以煤为主的能源消费构成，是造成严重环境污染，特别是造成大气污染的重要因素。燃煤排放的主要大气污染物，如粉尘、二氧化硫、氮氧化物、一硫化碳等，对我国城市空气质量构成了严重威胁。同时，大量化石能源燃烧产生的二氧化碳等温室气体也是造成全球气候变化主要原因。国际能源署的数据表明，中国 2008 年化石能源燃烧造成的二氧化碳排放总量达到 65.09 亿吨，超过美国 9 亿吨，比欧盟 27 国的排放总量高出 1/3，占全球排放总量的 22%。

其四，快速发展的城市化进程将加剧能源资源紧张。城市化发展水平越高，其拉动经济增长和创造就业机会的潜力也就越大，所以城市化对于中国未来的发展极为重要。但它同样会带来各种环境问题，包括大气污染和水污染、噪声污染、固体废弃物污染以及温室效应等。同时，随着城市规模的扩大和人口的增加，城市周边高质量农业用地减少，木材、水、电、天然气需求量大等资源能源的短缺压力也会凸显，并从整体上影响城市生态环境安全和可持续发展。

四、资源条件与生态环境现状对可持续发展已构成瓶颈制约

作为当今世界第二大经济体，一方面我国拥有全球最多的人口，经历着最大规模的工业化和城镇化进程；另一方面受国际贸易格局与国际分工的限制，我国经济整体处于全球产业链的低端，以资源、能源和污染密集产业及产品为主，两方面的因素共同作用导致我国成为世界最大资源消耗国和污染排放国。经济社会的进一步发展对资源的可持续利用与生态环境的可持续支撑有着迫切的要求，然而地球资源环境的承载力是有限的，且我国的资源环境禀赋并不优越，加上长期以来粗放型的经济增长方式对资源环境产生的巨大消耗和破坏，目前的形势很不乐观。

一方面，资源禀赋先天不足与后天取用不当致使资源短缺矛盾激化。由于人口众多，我国人均水资源量、耕地面积只占世界平均水平的 1/4、1/3，人均煤炭、石油、天然气等战略性资源仅为世界平均水平的 69%、6.2%、6.7%。而森林方面，质量差、林种单一、利用率低。现有可开采森林资源不足 20 亿立方米，按现在的消耗水平，只能维持不到 10 年。随着人口的继续增加和城市化进程的持续推进，这种资源短缺的趋势还将进一步增强，保证程度总体呈现下降趋势。同时，由于受到地理性、技术性、管理性等因素影响，资源的开采与利用存在潜力有限、成本高、效率低等问题，从而加重了资源能源的紧缺压力。

另一方面，生态系统退化严重，生物多样性面临威胁。由于全球气候

变化以及一些地区不合理的开发活动，我国大部分重要生态功能区的生态环境继续恶化。相关数据显示，我国森林覆盖率仅为 20%，且森林总体质量较差，生态功能严重退化，生态效益持续下降；全国约 90% 的可利用天然草地不同程度退化，局域生态遭到严重破坏，草地生产力等级下降，生态屏障功能退化；天然湿地生态系统严重萎缩，水量下降，湿地自然调节能力下降，功能衰退。我国目前是世界上水土流失最严重的国家之一，也是荒漠化最严重的国家之一。全国水土流失面积高达 357 万平方公里，占国土总面积的 37.2%；荒漠化面积约 263 万平方公里，沙化土地面积约 174 万平方公里，并且局部地区土地沙化仍在持续。随着生态状况的持续恶化，我国原有的生物多样性优势正在逐步丧失，野生动植物濒危程度不断加剧，约 44% 的野生动物数量呈下降趋势，裸子植物、兰科植物的濒危程度达到 40% 以上。加上外来物种的入侵，我国生态系统结构和功能的完整性、健康性正面临严重威胁。

　　同时，环境污染远远超出环境容量导致环境质量难以改善。所谓环境容量是指环境对污染物的吸纳能力存在着临界阈值，要求污染物的排放量控制在环境自净容量的范围内。就目前形势来说，我国各类污染物排放量均居世界首位，并远远超过自身的环境容量。二氧化硫（SO_2）占世界 26%、氮氧化物（NOx）占 28%、二氧化碳（CO_2）占 21%。其中，2011 年，中国空气中二氧化硫的实际排放量超过环境容量 84.8%，地表水化学需气量（COD）实际排放量则超过环境容量 212.5%。随着氮氧化物排放量的持续增加，由氮氧化物、二氧化硫、挥发性有机物（VOC_S）等引起的臭氧（O_3）、可入肺颗粒物（PM2.5）等复合型污染问题日益严重，光化学烟雾、灰霾等大气污染现象频繁发生，酸雨污染呈加速上升趋势，成为继欧洲和北美洲之后世界第三大酸雨区。流域水污染形势也非常严峻。2012 年，全国地表水为轻度污染，十大流域水质总体情况良好，但是局部流域污染依然严重，如海河流域整体为中度污染，特别是徒马河水系为重度污染。辽河流域的污染也比较严重。此外，湖泊富营养化问题依然突出。2012 年，62 个国控重点湖泊（水库）中，Ⅰ—Ⅲ类、Ⅳ—Ⅴ类和劣Ⅴ类水质的湖泊（水库）比例分别为 61.3%、27.4% 和 11.3%。主要污染指标为总磷、化学需氧量和高锰酸盐指数。其中滇池污染最为严重，草海与外海均为重度污染，属于劣Ⅴ类水质。其他重要湖泊中有 6 个为劣Ⅴ类水质。

除常规污染物外，随着城市化的发展，新的污染问题接踵而至，它们与常规污染物产生叠加反应，形成复合型污染，加重了环境治理的难度。目前，我国的汞污染十分严重，大气汞污染、土壤汞污染都远远超过标准值；对人体健康影响较大的工业污染排放中的持久性有机污染物和有毒污染物、工业生产以及垃圾填埋造成的挥发性有机化合物等的排放量逐年上升；重金属污染、土壤污染、电子垃圾等问题也非常突出。[①]

不难看出，当前我国存在的严重的自然资源匮乏、生态环境恶化问题，不仅成为制约社会经济进一步发展的瓶颈，而且对民众的生存境况造成了直接威胁。

第四节　构筑"美丽中国梦"的重要抓手

一、"美丽中国梦"的战略部署

"美丽中国梦"是一个涵盖了国家、民族、社会和个人发展的全景规划，描绘了中华民族生机勃勃、气象万千、欣欣向荣的光明前途。但是，再好的规划都必须落实才能实现其价值，而当前阻碍我们落实的最紧迫的是生态安全问题。为此，习近平在对中国梦的阐释中多次强调生态文明建设的基础性和重要性。他在给生态文明贵阳国际论坛 2013 年年会开幕式的贺信中明确指出："走向生态文明新时代，建设美丽中国，是实现中华民族伟大复兴的中国梦的重要内容。中国将按照尊重自然、顺应自然、保护自然的理念，贯彻节约资源和保护环境的基本国策，更加自觉地推动绿色发展、循环发展、低碳发展，把生态文明建设融入经济建设、政治建设、文化建设、社会建设各方面和全过程，形成节约资源、保护环境的空间格局、产业结

---

① 参见《2013 中国可持续发展战略报告——未来 10 年生态文明之路》，科学出版社 2013 年版，第 101—107 页。

构、生产方式、生活方式，为子孙后代留下天蓝、地绿、水清的生产生活环境。"① 这段表述简洁清晰地勾勒出中国政府落实美丽中国梦的战略部署，而这一"生态文明新时代"的提法，则可以视为中国梦生态蓝图的代名词。美丽中国梦就是将我们的民族、国家、社会、人民的发展推进到一个全新的生态文明时代，它与过去的工业时代、农业时代不同，在这个时代里，经济、政治、社会、文化、生态等与人们生产生活密切相关的各个方面都将呈现出和谐有序、文明进步、良性互动的良好局面，社会生产张弛有度，人民生活幸福安康，生态环境优美祥和。具体来说它应当包括以下几个基本方面：

第一，绿色发展。资源相对短缺、环境容量有限是我国的基本国情。要从根本上提高我国经济社会发展的资源保障能力，缓解生态系统的瓶颈制约，实现经济社会可持续发展，必须处理好发展与保护、经济社会与生态建设、自然保护与合理利用及开发、生活和生态之间的关系，推动生产、流通与消费各个环节实现绿色发展、循环发展、低碳发展。所谓绿色发展意味着一切发展都建立在生态环境容量和资源承载力的约束条件下，一切发展都避免对生态造成不可逆的破坏，一切发展都要求能够促进生态系统自身平衡的恢复与重建。因此，它要求坚持节约优先、保护优先的原则，尊重和顺应自然，保障经济、社会和环境的可持续发展。一方面，环境与资源条件是社会经济发展的内在要素，发展必须充分考虑环境与资源条件的现实基础；另一方面，生态系统有自身的平衡规律，发展规划要体现对生态平衡的保护，要有利于生态系统的自然恢复。对现有资源的合理利用与开发是实现发展的必然要求。在现有的环境资源条件下所谓的合理，简单地说就是利用要节约集约，开发要科学适度。节约与保护必须有新思路，要通过科技进步提高利用效率，通过统筹规划完善开发管理，走代价小、效益好、排放低、可持续的环境保护新道路。同时，要进一步推动科技创新与产业结构调整，实现经济活动过程和结果的"绿色化"、"生态化"。

第二，生态法治。生态文明建设要求实现传统经济发展方式的深刻变

① 《习近平致生态文明贵阳国际论坛 2013 年年会的贺信》，《新华每日电讯》2013 年 7 月 21 日。

化，即生态文明将作为经济社会进一步发展的前提和基础，同时也将成为衡量发展效率与水平的核心指标，对产业结构的调整、经济增长方式的转变、消费模式的改变产生决定性的影响。由此必将引发社会更深层面的变革，传统利益格局将被打破，相应的权利义务关系需要重建，这些都要以完善的法治作为支撑和保障。因此，必须将生态文明建设纳入到法治建设的轨道，通过完善生态立法、改进生态执法和司法、严格生态法律监督、加强生态法治教育，实现对国家、社会、企业及个人生态保护的常规化管理，通过有效推进生态法治建设，逐步扭转传统发展观念，强化环保意识，形成可持续发展的体制机制与社会环境。

第三，文化涵养。思想是行动的指南，文化是前行的精神动力。建设生态文明，将社会带入生态文明新时代，不仅对建设者提出了文明、自觉的生态素质要求，而且对整个社会生态文化的发展提出了新的要求。我国传统文化蕴涵了丰富的生态文明思想，它是建设新的时代文化的坚实基础，我们应对这些宝贵思想加以改造和吸收，大力弘扬天人和谐的社会发展理念，在全社会形成有利于生态文明建设，适应新的时代要求的文化环境，为实现"美丽中国梦"提供强大的观念支撑。从具体操作层面来说，一是要加强政策引导，强化生态文化宣传；二是大力发展生态文化产业，培育生态文明价值理念；三是从转变日常生活方式入手，增强民众的生态意识，启发生态良知，形成生态自觉。

第四，社会协同。生态文明建设是一个系统工程，保护环境是全社会共同的责任，作为国家社会治理的重要内容，生态文明建设应当放在推进国家治理能力现代化的大背景下来认识。实现国家治理能力现代化的一个重要方面就是推动社会管理创新，充分发挥社会协同的作用，畅通信息渠道，优化资源配置；激发社会活力，完善社会监督。我国是人民当家做主的社会主义国家，推进生态文明建设，实现美丽中国梦是全民族共同的心愿，因此要积极创新运作机制，鼓励民众广泛参与，切实履行公民义务。具体来说，就是既要发挥政府的组织、推动、引导作用，又要强化企业的保护环境和合理利用资源的责任义务，同时还要依托社会公众力量自觉行动、有效监督，逐步形成"政府、企业、公众"协同参与的良好的环境保护格局。

第五，治理恢复。美丽中国是以环境美好、生态安全为基础的，经济社会的进一步发展也要以现有的资源环境条件为前提，因此针对当前生态系统存在的问题进行研究和治理，逐步恢复重建生态系统的平衡是建设美丽中国最直接和紧迫的任务。生态治理的任务在于遏制环境问题的进一步恶化，生态恢复的任务则是在治理显效的基础上，进一步巩固和重建区域性的生态系统平衡。首先要强化管理和科学规划，严格控制污染排放，从源头上把关，力争实现污染物排放负增长，减少环境治理与修复压力；其次要广泛借鉴与科技攻关相结合，有效遏制生态环境恶化趋势，力争实现环境质量全面好转；再次要建立生态补偿长效机制，坚持在保护中发展，在发展中保护的原则，防止生态功能退化，实现生态系统的良性循环。

根据中国科学院发布的《2013 中国可持续发展战略报告——未来十年的生态文明之路》分析："随着进入重化工业快速发展阶段，我国的环境污染已经逐渐演变为复合型的区域大气污染和复合型的流域水污染的格局，并且由于重化工业阶段和城镇化快速发展还将持续 10—20 年时间，我国的资源环境压力仍将继续。我们正面临着历史上最严峻的资源环境挑战，环境形势不容乐观，环境保护和生态文明建设任重道远。"[①] 为此该报告提出，应当制定生态文明建设的目标和实施路线图，针对当前生态文明建设的紧迫需求，有计划、分阶段地逐步缓解、改善，最终实现生态环境的全面好转，达到"美丽中国梦"的生态目标。

当然，地球生态系统是一个有机整体，其失衡与平衡不是单靠哪一个国家的力量可以掌控的，同样，任何国家的经济社会发展规划也不可能躲在某个避风港里完成，可以不受整体环境危机的影响，因此，中国梦的生态蓝图应综合考虑全球环境资源现状，积极参与全球协作。一是要加强能源资源领域的交流与合作，努力在供应、开发、利用及污染控制等方面获得帮助，缓解我国能源资源紧张的矛盾；二是要加强生态和环境保护领域的交流与合作，学习借鉴国外先进成熟的环保经验和技术，尽快摆脱我国现阶段在环保方面存在的观念、技术、资金、管理等方面的系统性障碍，不断提高环境治

---

① 《三步走，30 年迈向美丽中国》，《经济日报》2013 年 4 月 15 日。

理与生态保护的效率。

二、以生态文明作为评价标准，推动和实现经济发展方式绿色转型

在生态文明观念指导下，把生态文明作为评价经济建设成效的决定性标准，从宏观方面来说，有利于国家调整经济政策，完善法律法规，健全制度机制，创新管理模式，加快构建资源节约、环境友好的国民经济体系；从微观方面来说，有利于各行各业的经济建设者自觉以生态文明为出发点，从生产、流通、消费等各个环节确立新的发展规划，探索新的发展思路，创造新的发展条件，寻求新的发展动力，不断提高可持续发展能力，由此全面提升我国经济发展的质量和水平。事实证明，长期以来我国经济建设所依赖的高投入、高消耗、高排放、低产出、少循环的发展模式是不可持续的。特别是当前资源约束趋紧、环境污染严重、生态系统退化的问题，已经对我国经济的进一步发展形成了严重的瓶颈性制约。在此形势下，推动经济发展方式从过度依靠资本投入转到依靠生产效率提高和创新驱动的轨道上，对于实现人口、资源、环境相协调的可持续发展具有关键的意义。换句话说，如果不能改变当前投资驱动的工业化路径，就难以从"两高一低"粗放型发展方式中彻底摆脱出来，经济就将面临难以为继的发展困局。而如果能够确立全要素生产率驱动的发展方式，即通过技术进步、改善体制和管理以更有效配置资源，提高各种生产要素的使用效率，则可以创造出一种内在的激励，通过技术进步、价格引导、体制创新形成一个人口均衡、资源节约和环境友好的可持续发展模式。正如李克强在第七次全国环境保护大会上的讲话所指出的："经济发展方式转变是否见到实效，一个基本的衡量标准是发展的资源代价是否降低、环境质量是否改善，一个重要的因素是生态环保力度有多大，一个明显的标志是节能环保产业是否发展壮大起来。"[①] 因此，要充分发挥和强化环境保护促进经济发展方式转变的作用，按照"谁污染，谁治理"的原则，实行最为严格的生态补偿机制；严格执行环境质量标准，淘汰落后产能，倒逼产业结构升级调整和布局优化；加强环保网格化监管，完善工作

---

① 《李克强副总理在第七次全国环境保护大会上的讲话》，《中国环境报》2011 年 12 月 20 日。

机制，规范系统建设；加快环保基础设施重点工程建设，增强环境科技创新和支撑能力；充分发挥生态文明政绩考核的指挥棒作用，建立有效的激励和约束机制，推动实现经济发展方式绿色转型。

三、以生态文明作为执政要求，加快推进国家治理体系和治理能力现代化

政治建设为生态文明建设提供制度保障，人类的一切社会活动都是在特定的制度框架下进行的，这意味着人类活动对自然生态系统的影响方式及其后果也要受制于一定制度框架。因此，党的十八大特别强调要把加强生态文明制度建设作为推进生态文明建设的重要方面来抓，"要把资源消耗、环境损害、生态效益纳入经济社会发展评价体系，建立体现生态文明要求的目标体系、考核办法、奖惩机制。建立国土空间开发保护制度，完善最严格的耕地保护制度、水资源管理制度、环境保护制度。深化资源性产品价格和税费改革，建立反映市场供求和资源稀缺程度、体现生态价值和代际补偿的资源有偿使用制度和生态补偿制度。积极开展节能量、碳排放权、排污权、水权交易试点。加强环境监管，健全生态环境保护责任追究制度和环境损害赔偿制度"。[①] 党的十八届三中全会又进一步提出，建设生态文明，必须建立系统完整的生态文明制度体系，用制度保护生态环境。反过来看，建设系统完整的生态文明制度体系也可以说是以生态文明为基本要求，带动经济、政治、文化、社会各个领域的制度建设，从而建立以生态文明为特征的国家治理制度体系。在人类文明已经迈入生态文明新时代的当今社会，实现国家治理体系与治理能力现代化都必须主动适应这一时代变化，要以建设生态文明为契机，改革不适应实践发展要求的体制机制、法律法规，不断构建符合时代需要的新的内容，使各方面制度更加科学、更加完善。同时，在推进生态文明建设的过程中，以保障生态安全作为强制要求，不断增强按制度办事、依法办事意识，善于运用制度和法律，不断提高科学执政、民主执政、依法

---

① 胡锦涛：《坚定不移沿着中国特色社会主义道路前进　为全面建成小康社会而奋斗——在中国共产党第十八次全国代表大会上的报告》，人民出版社 2012 年版，第 41 页。

执政水平，实现国家对社会事务治理的制度化、规范化、程序化。要围绕提高生态文明建设效率的目标，努力创新国家治理模式，积极构建和完善以政府为主体的干预机制、以企业为主体的市场机制和以公众为主体的社会机制相互制衡的机制体系，不断优化政策引导、政府决策、企业运营、公众参与、社会监督等环节的相互协作，加快构建资源节约、环境友好的生产方式和消费模式，增强可持续发展能力，提高整个社会的生态文明水平。

四、以生态文明作为价值导向，塑造健康的生活方式与和谐的社会风尚

生态文明作为新的文明形态，追求人与人、人与社会、人与自然的和谐共生，因此，和谐是生态文明的核心价值，共生是生态文明的终极目标。以生态文明为价值导向，就是在全社会树立起崇尚和谐的社会风尚与价值理念，塑造尊重自然、亲近自然、保护自然的健康生活方式与行为模式，实现人类生活与自然环境的良性互动。和谐是中华民族文化的精髓，天人合一思想贯穿在中华文明的方方面面。从器物文明到形上哲理，从制度文明到社会治理，从礼仪文明到生活方式，在文化的各种表现形式当中无一不渗透着和谐的价值追求。中国梦以复兴中华民族为目标，从根本上看也就是复兴中华文化。中华文化与生态文明在和谐价值上的共通性为实现中国梦奠定了最厚实的精神基础。人类作为社会生活的主体，既是生产者又是消费者，并且通过生产与消费活动与自然生态系统进行持续的物质与能量交换，这是人与自然相互作用的基本模式。

在当代，消费对社会生产生活的主导作用日益凸显，人类消费需求的多样化与人性的丰富性不断刺激和催生着新的生产活动，变革着传统生活方式。然而，缺乏约束的人类欲望具有极大的盲目性和破坏性，以建立在人的欲望基础之上的消费主导社会生活，不仅可能产生过度消费、奢侈消费、盲目消费等不理性、不健康、不环保的消费现象，而且还会变相鼓励重物质轻精神、重利益轻信义、重眼前轻长远的急功近利、虚荣浮躁的社会心理，最终造成人与人、人与社会、人与自然、人与自身等各种关系的异化。这种异化必然是与和谐价值相背离的，因而也是与生态文明的时代要求相背离的，是无益甚至有害于中国梦的实现的。因此，以和谐为价值导向，树立文明、节约、环保低碳的消费观念，塑造健康、理性、绿色的生活方式，对于建设生态文明乃至促进社会与人的全面发展所具有的意义越来越重要：通过遏制破坏生态的生产与消费行为，不仅有助于维护好现有的生态环境基础，还可以为修复重建良好生态系统创造条件；不仅能够从根本上扭转生态系统恶化的总体趋势，有效缓解资源环境的瓶颈制约，而且能够逐步积累可供后代人满足其需要的能力，从而不仅实现中华民族伟大复兴的中国梦，还能保障中华民族的永续发展。

五、以生态文明作为基本保障，追求美好的人居环境与高水平的生活质量

社会建设的核心问题是保障和改善民生，而生态环境质量是保障生命质量和生活质量的最基本的民生。作为人们生存和发展的基本载体，环境的状况与人的健康状况息息相关，没有健康，生活水平和质量就无从谈起，更遑论实现人的全面自由发展。因此，建设生态文明、加强环境保护是人民群众的迫切愿望。

自古以来，中国人就非常重视居住地环境的优美，强调环境与人气息相荡、德性相生，认为环境优美不仅关涉到人的身体健康、心态良好，而且与人的品格性情、前途命运相联系。著名的"堪舆学"即风水学就是建立在这种观念基础上的。它既强调人们在选择居住地时应当遵循自然规律，得天就势，尽可能不破坏环境的完整性，也非常重视土质与地质构造等环境因素对人类的影响。遇到无法回避的风水问题，主张通过补缺或减损来调整地域的自然生态，实现人工"裁成之妙"，以"尽人合天之道"。显然，这种人居设计理念与生态文明有着天然的亲和性。在当代，随着经济的发展，人民群众对提高生活水平和质量有了更多期盼和要求，而支撑人类社会生活的生态环境质量却呈现出不断恶化的趋势。在我国，一些由于水、空气、土壤造成的威胁民众健康的环境问题特别突出，如城乡饮用水水源地环境安全问题，雾霾现象频发问题，土壤重金属超标以及危险废物、持久性有机污染物和危险化学品污染问题等，都是民众反应强烈、亟待解决的重大环境问题。因此，以人为本建设美丽中国，首先必须保障民众的健康安全，认真回应人民群众的迫切愿望，切实解决影响和损害群众健康的环境问题，在此基础上，坚持推进生态文明建设，加强环境保护，并进一步修复重建优美生态，回归人与自然和谐相生、相得益彰的关系，这也是保障社会稳定和谐，增进人民群众的福祉，全面建成小康社会的必由之路。

六、提高国民的生态文明素质，打造新时代美丽中国合格的建设者

历史地看，任何危机的形成都是一个漫长的积累过程，是由量变到质变的转化。在这一过程中人类的社会行为起着决定性的作用。人类虽然是自然生态系统的一部分，但是毕竟是自然界异化的产物，与生物圈的其他物种不同，人类始终具有与自然相对抗的独立意识，因此不可能仅仅顺应与自然相协调的原始本能来完成自身的发展，或者说人类社会至今尚未产生一种真正与自然界相平衡的发展模式。相反，对自然生态系统与人类社会生活之关系的反思也是随着社会实践对生态系统造成的问题积累到一定程度之后才开始的。也就是说人类从产生之日起就开始了"为自己"的发展历程，随着人类实践力量的不断增强，自我独立意识也进一步发展，这种"为自己"的发展历程也越来越无情地呈现为一部自然生态系统衰变的历程。因此，缓解生态危机、扭转恶化趋势，从根本上说要依靠人的改变，特别是人的观念意识与实践素质的改变。当代依托生态文明理念而产生了一系列环保思潮，其主要特征就是反思人类中心主义立场，力求建立一种充分考虑自然利益与价值的自然中心主义立场，然后由此出发推动人类精神世界与物质世界的深刻变革。这些思潮及其理论虽然还缺少足够的说服力，但是已经对当代人的观念意识产生了重要的矫正作用。同时，我国传统文化当中有着丰富而卓越的生态智慧，这些智慧与中国民众的基本文化心理是融洽的，也是与现代生态文明观念在精神上是一致的，因此急需我们很好地把握和认识，使之在当代对中国民众产生影响。

而在实践方面，实现可持续发展不是某个人、某个团体、某个国家的独立事务，而是全人类共同的愿望，当然它又必须落实到每一个体的具体实践当中。因此，绿色发展、循环发展、低碳发展这些宏观的时代要求也必须落实为每一个体都应当具备的实践素质。作为生态文明新时代的建设者，必

须与时俱进，在认真反思传统发展理念与实践的基础上，进一步深刻理解新的时代本质，自觉树立环保意识、培养环保习惯、增强环保行动力，积极参与合作共建，切实履行监督职责，将生态文明素养体现于一言一行之中，塑造建设美丽中国所需要的时代品格。

总之，生态文明建设是这个时代人类最重要的社会实践活动之一，并且由于它相对于其他一切社会实践活动来说具有基础性意义，因此，在推进生态文明建设的过程中，必然需要使之融入到经济、政治、文化、社会建设等实践活动的各个环节与全过程，从而充分调动各种有利因素和条件，运用各种先进的方法与手段，实现与这些实践活动的相互支撑、相互促进，并在这种良性发展中逐步将生态文明理念渗透到社会生活的方方面面，全方位地营造生态文明的社会实践环境，持续涵养国民生态素质，建立生态品格，树立生态意识，造就生态文明新时代美丽中国的合格建设者。

结　语

中国古代兵法认为，战争要取得胜利需要具备天时、地利、人和三方面的条件，抓住机遇乃是得天时，选择有利地形乃是得地利，人心团结共进退乃是得人和。这一定理不仅适用于战争，事实上一切人类实践活动要获得成功都必须充分考虑这三个方面的条件。当前，维护生态安全、追求可持续发展是全球的共同愿景，世界各国都在积极参与行动，不断推进国际合作与交流，这种有利的国际形势和时代潮流为我们建设生态文明创造了必要的"天时"。而"地利"从某种意义上可以笼统地概括为自然环境与资源条件上的优势。我国生态系统的脆弱性与不平衡性对发展的可持续性提出了严峻挑战，但是中国人讲究矛盾的转化，只要我们坚持扬长避短，创新发展思路和提高治理能力，处理好社会进步与生态保护的关系，就能够变劣势为优势，开辟出一条有中国特色的社会主义的新型发展道路。自然资源的有限性决定了人类物质财富的有限性，人类只有从追求物质财富的单一性中解脱出来，追求精神生活的丰富，才可能实现人的全面发展和社会的全面进步。从中国传统文化的视角来看，生态文明建设的过程就是一个顺应天道、替天行道的实践过程，这个过程将不仅为人类的生存与发展构筑起坚实的保障，而且也能更加美化个体的人性，使之回归与自然和谐共生的理想状态。这是一种推动人与社会共同进步的实践活动，个体思想的成长与行为的成熟都将体现在生态文明建设的全过程中。人是社会活动的主体，是推动社会变革、历史发展的决定力量，伴随生态文明建设的持续推进，必将为中国梦的实现积淀起"人和"这一强大的精神支撑。

从当前形势来看，中国依然面临着复杂而严峻的多重挑战，资源环境问题成为阻碍我国经济社会发展的重要制约因素。这些复杂而严峻的问题，需要我们综合运用自然科学、人文社会科学和各种技术手段去研究解决。作为对中国未来发展的长远规划，中国梦将可持续发展的原则纳入经济社会发展的各项政策和计划，要求从文明进步的新高度来全面把握和统筹解决生态环境保护领域的一系列问题，这是力求在更高的层次上实现人与自然、环境与经济、人与社会的和谐。

生态文明标志着人类社会发展进入新的历史时期，它不是简单地在某一个领域实现改善，而是在反思传统文明发展弊端的基础上，实现社会各个领域的全面而深刻的变革。在这样一个生态文明的新时代，中国共产党立足国情世情、总结经验教训，提出"美丽中国梦"这一社会整体发展的阶段性目标，就意味着它的实现必然要依托新的时代发展要求、发展手段、发展条件和发展动力。也就是说，"美丽中国梦"必须以生态文明建设为抓手，深入贯彻落实科学发展观和可持续发展战略，把环境保护放在更加突出的地位，一方面要保护好现有的生态基础不被侵蚀与损耗，另一方面要维护和激发生态的自我修复功能；一方面要强制规范污染物排放，另一方面要积极探索环保新思路；一方面要节约集约利用资源能源，另一方面要开发开辟新的经济增长点。要由先污染后治理的被动发展模式转变为自觉顺应生态规律的绿色发展模式，在发展的同时，逐步重建完整、健康、平衡的生态系统，实现经济社会、人与自然的全面协调可持续发展目标。

当然，我们也清楚地知道，"美丽中国梦"的实现不会是一蹴而就的，甚至也不可能是一帆风顺的。在这个进程中，不仅需要我们有坚强的毅力去践行我们的思想，更需要我们有足够的智慧和勇气去解决遇到的种种难题。2012年第37期《人民论坛》发布了一项题为《"国家级难题"解析》的文章。文章中提到，根据《人民论坛》杂志调查结果显示，排名前十的"国家级难题"分别是：1."腐败多发高发，反腐不力亡党亡国，如何跳出历史周期率"（得票率为100.00%）；2."贫富差距过大，收入分配不公，如何科学分配好蛋糕"（得票率为97.16%）；3."如何让底层公众买得起房、看得起病、上得起学"（得票率为86.75%）；4."权力与资本结盟加剧，如何防范绑架公共权力"（得票率为82.36%）；5."盛行官本位，如何解决官僚主义、形式主义问题"（得票率为 78.99%）；6."既得利益集团阻挠不断，如何推进关键领域改革"（得票率为 78.50%）；7."资源、环境、生态危机凸显，如何建设美丽中国"（得票率为 77.73%）；8."维稳越维越不稳，如何创新社会管理，保持社会稳定"（得票率为 73.56%）；9."经济下行压力加大，如何持续快速发展，做更多更大蛋糕"（得票率为 72.89%）；10."官员财产申报与公示如何落到实处"（得票率为 72.36%）。在这里，所谓的"国家级难题"，是指当前和今后一个时期国家发展中面临的事关全局、触及根本、急切紧迫、关注程度高、解决难度大的一系列重大挑战和棘手问题。而生态环境问题赫然位列第七，这充分显现出无论是我国政府还是民众对于生态环境问题的紧迫性都有着清醒的认识；将生态环境问题和建设"美丽中国"联系在一起提出来，也足以见得国人对于生态文明建设和构筑"美丽中国梦"二者之间的逻辑关系有着深刻的理解。但思想上能够认识到、理解了，却不一定等于行动上就能够做到、做好，尤其是在为了保护生态环境而需要暂时牺牲一些人、一些部门、一些地方的现实利益的时候，必然会遇到阻力。因此，建设"生态文明"、构筑"美丽中国梦"、实现中华民族的伟大复兴，不仅仅需要自上而下建立强大的制度后盾与法治保障，更有赖于我们每一个公民的自觉意识与自发行动，需要全社会齐心协力、共同努力。

正如有学者总结的："我国倡导的生态文明理念具有鲜明的特征：在价值观念上，强调尊重自然、顺应自然、保护自然，倡导给自然以平等态度和充分的人文关怀；在指导方针上，坚持节约优先、保护优先、自然恢复为主；在实现路径上，着力推进绿色发展、循环发展、低碳发展，走出一条节约资源和保护环境的新道路；在目标追求上，努力建设美丽中国，为人民创造良好的生产生活环境，为全球生态安全作出贡献；在时间跨度上，生态文明建设是一个长期艰巨的过程，需要坚持不懈的努力。"① 建设生态文明和生态强国是中华民族复兴的必由之路，我们必须认识到，只有不断创新发展思路，优化战略措施，加大生态保护和建设力度，才能确保基本的生态安全；只有将生态优先的意识融入到社会生活的方方面面，才能在保障生态安全的

① 傅建芬：《建设美丽中国启动"中国梦"绿色引擎》，《河北党校报》2013 年 1 月 16 日。

基础上进一步构筑人类幸福生活永续发展的美好大生态。按照国家对生态文明与社会发展的顶层设计，未来中国应当是一个绿水青山、天人和谐的美丽新世界。为此，我们要切实担负起时代和历史的责任，大力推进生态文明建设，给自然留下更多修复空间，给子孙后代留下天蓝、地绿、水净、风清的美好家园。

主要参考文献

1.《马克思恩格斯选集》第 1—4 卷，人民出版社 1995 年版。

2. 马克思：《资本论》第 1—3 卷，人民出版社 2004 年版。

3. 马克思：《1844 年经济学哲学手稿》，人民出版社 2000 年版。

4. 恩格斯：《自然辩证法》，人民出版社 1971 年版。

5.《列宁选集》第 1—4 卷，人民出版社 1995 年版。

6. 列宁：《哲学笔记》，人民出版社 1974 年版。

7. 列宁：《唯物主义和经验批判主义》，人民出版社 1998 年版。

8.《毛泽东选集》第 1—4 卷，人民出版社 1991 年版。

9.《邓小平文选》第 1—3 卷，人民出版社 1993 年版。

10.《江泽民文选》第 1—3 卷，人民出版社 2006 年版。

11.《习近平谈治国理政》，外文出版社 2014 年版。

12. 姜春云：《姜春云调研文集——生态文明与人类发展卷》，中央文献出版社、新华出版社 2010 年版。

13.《曲格平文集》，中国环境科学出版社 2007 年版。

14. 陈学明：《生态文明论》，重庆出版社 2008 年版。

15. 余谋昌：《生态文明论》，中央编译出版社 2010 年版。

16. 卢风等：《生态文明新论》，中国科学技术出版社 2013 年版。

17. 傅治平：《生态文明建设导论》，国家行政学院出版社 2008 年版。

18. 傅华：《生态伦理学探究》，华夏出版社 2002 年版。

19. 李明华：《人在原野——当代生态文明观》，广东人民出版社 2003 年版。

20. 姬振海：《生态文明论》，人民出版社 2007 年版。

21. 薛晓源、李惠斌:《生态文明研究前沿报告》,华东师范大学出版社 2007 年版。

22. 刘湘溶:《生态文明论》,湖南教育出版社 1999 年版。

23. 严耕、林震、杨志华:《生态文明理论构建与文化资源》,中央编译出版社 2009 年版。

24. 张文台:《生态文明十论》,中国环境科学出版社 2012 年版。

25. 严耕、杨志华:《生态文明的理论与系统构建》,中央编译出版社 2009 年版。

26. 王雨辰:《走进生态文明》,湖北人民出版社 2011 年版。

27. 郭强:《竭泽而渔不可行——为什么要建设生态文明》,人民出版社 2008 年版。

28. 杜向民、樊小贤、曹爱琴:《当代中国马克思主义生态观》,中国社会科学出版社 2012 年版。

29. 俞可平、李慎明、王伟光:《马克思主义与科学发展观》,重庆出版社 2006 年版。

30. 徐民华、刘希刚:《马克思主义生态思想研究》,中国社会科学出版社 2012 年版。

31. 杜秀娟:《马克思主义生态哲学思想历史发展研究》,北京师范大学出版社 2011 年版。

32. 刘增惠:《马克思主义生态思想及实践研究》,北京师范大学出版社 2010 年版。

33. 李惠斌、薛晓源、王治河:《生态文明与马克思主义》,中央编译出版社 2008 年版。

34. 孙道进:《马克思主义环境哲学研究》,人民出版社 2008 年版。

35. 牟焕森:《马克思技术哲学思想的国际反响》,东北工业大学出版社 2003 年版。

36. 解保军:《马克思自然观的生态哲学意蕴——"红"与"绿"结合的理论先声》,黑龙江人民出版社 2002 年版。

37. 李可:《马克思恩格斯环境法哲学初探》,法律出版社 2006 年版。

38. 刘仁胜:《生态学马克思主义概论》,中央编译出版社 2007 年版。

39. 徐艳梅:《生态学马克思主义研究》,社会科学文献出版社 2007 年版。

40. 曾文婷:《"生态学马克思主义"研究》,重庆出版社 2008 年版。

41. 刘思华:《生态马克思主义经济学原理》,人民出版社 2006 年版。

42. 郭剑仁:《生态地批判——福斯特的生态学马克思主义思想研究》,人民出版社 2008 年版。

43. 曾建平:《自然之思:西方生态伦理思想探究》,中国社会科学出版社 2004 年版。

44. 尚玉昌：《生态学概论》，北京大学出版社 2003 年版。

45. 赵桂慎主编：《生态经济学》，化学工业出版社 2009 年版。

46. 何怀宏：《生态伦理——精神资源与哲学基础》，河北大学出版社 2002 年版。

47. 傅华：《生态伦理学探究》，华夏出版社 2002 年版。

48. 雷毅：《生态伦理学》，山西人民教育出版社 2000 年版。

49. 钱俊生、余谋昌：《生态哲学》，中共中央党校出版社 2004 年版。

50. 陈墀成：《全球生态环境问题的哲学反思》，中华书局 2005 年版。

51. 韩立新：《环境价值论》，云南出版社 2005 年版。

52. 叶平：《环境哲学与伦理》，中国社会科学出版社 2004 年版。

53. 韩德培主编：《环境保护法教程》，法律出版社 2012 年版。

54. 吕忠梅主编：《环境资源法论丛》第 8 卷，法律出版社 2010 年版。

55. 徐辉、祝怀新：《国际环境教育的理论与实践》，人民教育出版社 2003 年版。

56. 洪银兴主编：《可持续发展经济学》，商务印书馆 2002 年版。

57. 廖福霖：《生态文明建设理论与实践》，中国林业出版社 2001 年版。

58. 吴风章：《生态文明构建——理论与实践》，中央编译出版社 2008 年版。

59. 王玉梅：《可持续发展评价》，中国标准出版社 2008 年版。

60. 徐春：《可持续发展与生态文明》，北京出版社 2001 年版。

61. 沈国明：《21 世纪生态文明：环境保护》，上海人民出版社 2005 年版。

62. 刘维屏、刘广深：《环境科学与人类文明》，浙江大学出版社 2003 年版。

63. 盛连喜主编：《现代环境科学导论》，化学工业出版社 2003 年版。

64. 宴路明：《人类发展与生存环境》，中国环境科学出版社 2001 年版。

65. 林娅：《环境哲学导论》，中国政法大学出版社 2000 年版。

66. 任春：《环境哲学新论》，江西人民出版社 2003 年版。

67. 曹孟勤、卢风主编：《中国环境哲学 20 年》，南京师范大学出版社 2012 年版。

68. 裴广川：《环境伦理学》，高等教育出版社 2002 年版。

69. 卢风、刘湘溶：《现代发展观与环境伦理》，河北大学出版社 2004 年版。

70. 刘湘溶：《人与自然的道德对话——环境伦理的进展与反思》，湖南师范大学出版社 2004 年版。

71. 许启贤：《世界文明论研究》，山东人民出版社 2001 年版。

72. 陈其荣：《自然哲学》，复旦大学出版社 2004 年版。

73. 余谋昌：《自然价值论》，陕西人民教育出版社 2003 年版。

74. 吴国盛：《追思自然——从自然辩证法到自然哲学》，辽海出版社 1998 年版。

75. 李培超：《自然的伦理尊严》，江西人民出版社 2001 年版。

76. 赵建军：《追问技术悲观主义》，东北大学出版社 2001 年版。

77. 高中华：《环境问题抉择论——生态文明时代的理性思考》，社会科学文献出版社 2004 年版。

78. 陈中原：《绿色时尚——21 世纪文明起行》，江苏人民出版社 2002 年版。

79. 严立冬、刘新勇等：《绿色农业生态发展论》，人民出版社 2008 年版。

80. 杨通进、高予远：《现代文明的生态转向》，重庆出版社 2007 年版。

81. 叶裕民：《中国城市化与可持续发展》，科学出版社 2007 年版。

82. 章友德：《城市现代化指标体系研究》，高等教育出版社 2006 年版。

83. 周海林：《可持续发展原理》，商务印书馆 2004 年版。

84. 周敬宣：《环境与可持续发展》，华中科技大学出版社 2007 年版。

85. 吴承业：《环境保护与可持续发展》，方志出版社 2004 年版。

86. 陈昌曙：《哲学视野中的可持续发展》，中国社会科学出版社 2000 年版。

87. 诸大建：《生态文明与绿色发展》，上海人民出版社 2008 年版。

88. 沈满洪：《生态经济学》，中国环境科学出版社 2008 年版。

89. 左其亭、王丽、高军省：《资源节约型社会评价——指标·方法·应用》，科学出版社 2009 年版。

90.《筑梦中国》，海峡出版改造集团、福建人民出版社 2014 年版。

91.《习近平总书记系列重要讲话读本》，学习出版社、人民出版社 2014 年版。

92. 赵凌云等：《中国特色生态文明建设道路》，中国财政经济出版社 2014 年版。

93. 冯治浚主编：《中国循环经济高端论坛》，人民出版社 2005 年版。

94. 冯治浚主编：《循环经济在实践》，人民出版社 2006 年版。

95.《中华人民共和国可持续发展国家报告》，人民出版社 2012 年版。

96.《2013 中国可持续发展战略报告——未来 10 年生态文明之路》，科学出版社 2013 年版。

97. 程礼伟、马庆等：《中国一号问题：当代中国生态文明问题研究》，学林出版社

2012 年版。

98. 齐涛主编：《中国古代经济史》，山东大学出版社 1999 年版。

99. 万以诚、万岍选编：《新文明的路标——人类绿色运动史上的经典文献》，吉林人民出版社 2000 年版。

100. 王伟中主编：《从战略到行动：欧盟可持续发展研究》，社会科学文献出版社 2008 年版。

101. 刘学谦等：《可持续发展前沿问题研究》，科学出版社 2010 年版。

102. 全国干部培训教材编审指导委员会组织编：《生态文明建设与可持续发展——科学发展主体案例》，人民出版社 2011 年版。

103. 严耕主编：《中国省域生态文明建设评价报告》，社会科学文献出版社 2012 年版。

104. 周生贤：《转折点上的历史性决策——松花江事件的深度思考》，新华出版社 2007 年版。

105. 李宗桂：《中国文化概论》，中山大学出版社 1988 年版。

106. 冯天瑜、何晓明、周积明：《中华文化史》，上海人民出版社 1990 年版。

107. 张世英：《天人之际》，人民出版社 1995 年版。

108. 郭庆藩：《庄子集释》，中华书局 1961 年版。

109. 朱哲：《先秦道家哲学研究》，上海人民出版社 2000 年版。

110. 张正明：《楚文化史》，上海人民出版社 1987 年版。

111. 北京大学哲学系：《古希腊罗马哲学》，商务印书馆 1961 年版。

112. 方立天：《佛教哲学》，中国人民大学出版社 1986 年版。

113. 张岱年、方克文主编：《中国文化概论》，北京师范大学出版社 1994 年版。

114. 陈炎等：《儒、释、道的生态智慧与艺术诉求》，人民文学出版社 2012 年版。

115. 司马迁：《史记》，岳麓书社 1988 年版。

116. 鸠摩罗什等：《佛教十三经》，中华书局 2010 年版。

117. [英] 特德·本顿主编：《生态马克思主义》，曹荣湘、李继龙译，社会科学文献出版社 2013 年版。

118. [英] 乔纳森·休斯：《生态与历史唯物主义》，张晓晴、侯晓滨译，江苏人民出版社 2011 年版。

119. [美] 唐纳德·L.哈迪斯蒂：《生态人类学》，郭凡、邹和译，文物出版社 2002 年版。

120. [英] 彼得·辛格：《动物解放》，孟祥森、钱永祥译，光明日报出版社 1999 年版。

121. [美] 奥尔多·利奥波德：《沙乡年鉴》，侯文蕙译，吉林人民出版社 1997 年版。

122. [美] 霍尔姆斯·罗尔斯顿：《哲学走向荒野》，刘耳、叶平译，吉林人民出版社 2000 年版。

123. [美] 霍尔姆斯·罗尔斯顿：《环境伦理学》，杨通进译，中国社会科学出版社 2000 年版。

124. [美] 戴斯·贾丁斯：《环境伦理学：环境哲学导论》，林官明、杨爱民译，北京大学出版社 2002 年版。

125. 詹姆斯·奥康纳：《自然的理由——生态学马克思主义研究》，唐正东、臧佩洪译，南京大学出版社 2003 年版。

126. [加] 本·阿格尔：《西方马克思主义概论》，慎之等译，中国人民大学出版社 1991 年版。

127. [美] 约翰·贝拉米·福斯特：《生态危机与资本主义》，耿新建、宋兴无译，上海译文出版社 2006 年版。

128. [美] 蕾切尔·卡逊：《寂静的春天》，吕瑞兰、李长生译，上海译文出版社 2008 年版。

129. 世界环境与发展委员会：《我们共同的未来》，王之佳等译，吉林人民出版社 1997 年版。

130. 面向 21 世纪中国可持续发展研究编委会：《面向 21 世纪中国可持续发展战略研究》，清华大学出版社 2001 年版。

131. [德] 马丁·耶内克、克劳斯·雅各布主编：《全球视角下的环境管治：生态与政治现代化的新方法》，李慧明、李昕蕾译，山东大学出版社 2012 年版。

132. [荷] 阿瑟·莫尔、戴维·索南菲尔德：《世界范围内的生态现代化——观点和关键争论》，张鲲译，商务印书馆 2011 年版。

后 记

中共中央政治局会议通过的《关于加快推进生态文明建设的意见》指出，生态文明建设事关实现"两个一百年"奋斗目标，事关中华民族永续发展，是建设美丽中国的必然要求，对于满足人民群众对良好生态环境新期待、形成人与自然和谐发展现代化建设新格局，具有十分重要的意义。推进生态文明建设，必须大力弘扬生态文明主流价值观，把生态文明纳入社会主义核心价值体系，在社会上普遍形成崇尚生态文明的新风尚。为此，就必须对生态文明理论的一些基本问题，如对生态文明理论提出的背景进行全面介绍，对马克思主义经典作家关于生态文明的基本思想进行深入阐释，对中国古代思想家的生态智慧进行认真梳理，对西方生态理论流派进行准确评述，对全球生态治理的经验及教训进行系统总结，对中国推进生态文明建设的实践路径进行初步探讨等。正是基于这样的考虑，我们撰写了本书。

全书由陈金清提出写作提纲，经陈孝兵、刘龙伏、胡静等讨论确定。参加本书撰写的同志有张卫东（第1章）、陈金清（第2章）、刘保昌（第3章）、刘龙伏（第4章）、李涛（第5章）、陈孝兵（"前言"及第6章）、胡静（第7章）。初稿完成后由陈金清、陈孝兵、刘龙伏修改统稿，最后由张忠家、宋亚平、李乐刚审核定稿，湖北省社会科学院喻琼、陈桂萍、高娟、刘琼波等同志为本书的写作、编排等付出了辛勤劳动，人民出版社哲学与社会编辑部主任方国根编审为本书的出版做了大量细致的工作，在此一并表示衷心感谢。

限于作者水平，本书可能存在这样或那样的缺点甚至错误，欢迎读者批评指正。

编　者

2015年6月5日于武昌